U0175054

当代印度农业发展与治理

岳朝敏　著

汕頭大學出版社

图书在版编目（CIP）数据

当代印度农业发展与治理 / 岳朝敏著 . -- 汕头 :
汕头大学出版社，2023.9
ISBN 978-7-5658-5048-6

Ⅰ . ①当… Ⅱ . ①岳… Ⅲ . ①农业发展－研究报告－
印度 Ⅳ . ① F335.13

中国国家版本馆 CIP 数据核字（2023）第 115636 号

当代印度农业发展与治理
DANGDAI YINDU NONGYE FAZHAN YU ZHILI

著　　者：岳朝敏
责任编辑：邹　峰
责任技编：黄东生
封面设计：黑眼圈工作室
出版发行：汕头大学出版社
　　　　　广东省汕头市大学路 243 号汕头大学校园内　邮政编码：515063
电　　话：0754-82904613
印　　刷：廊坊市海涛印刷有限公司
开　　本：710mm×1000mm　1/16
印　　张：16.25
字　　数：255 千字
版　　次：2023 年 9 月第 1 版
印　　次：2023 年 9 月第 1 次印刷
定　　价：68.00 元
ISBN 978-7-5658-5048-6

引　言

印度在 1947 年独立后，经历了多次农业“革命”，农业发展成效明显。“绿色革命”使印度扭转了粮食净进口局面，基本实现粮食自给，解决了印度人的吃饭问题；“白色革命”使印度成为世界最大牛奶生产国，保障了印度人“蛋白质安全”；“蓝色革命”推动印度成为世界渔业大国，确保了印度人“营养安全”。进入 21 世纪以来，印度经济进入全面发展时期，年平均经济增速长时期维持在 8% 以上。农业产量增长表现相当出色，多种农产品产量居世界第一，例如牛奶、豆类、黄麻及麻纤维；产量世界第二的农产品包括大米、小麦、白糖、花生、蔬菜、水果和棉花。香料、种植园作物、家禽家畜和水产产量也居世界前列。尽管整体上看，印度农业发展取得了相当不错的成就，不过其农业发展没有跟上国民经济的整体步伐，且农业整体滞后的趋势仍在持续。

从农业对国民经济的贡献和影响来看，印度依然是一个农业国家，54.6%[1] 的劳动力从事农业及相关领域工作，农业占印度经济增加总值的比重接近 1/5（2021/2022 财年为 18.8%）。不过随着印度服务业和制造业在国民经济中的比重上升，农业产值的比重整体呈下降趋势。莫迪政府上台后试图打通工农业生产、流通领域的各个障碍环节，但由于多重复杂的国内因素，其雄心勃勃的改革难以

[1] 印度农业与农民福利部 2021/2022 年度报告，第 1 页。

撼动农业发展的核心难题。长期以来，出于对农业和农民的保护，印度政府对内实施极为保守的农业政策，对外经济政策、区域合作等方面也受到不同程度掣肘，使其国际合作空间受到挤压。随着印度的工业化、城市化进一步发展以及人口快速增长，当代印度农业发展面临的形势更趋严峻，农业治理面临着更多挑战。

印度圣雄甘地认为印度的根在乡村，农业是印度经济的灵魂。印度历史上长期食物匮乏，这决定了印度独立以后的农业发展基调。粮食自给自足成为印度独立后农业发展的基本指导思想，并贯穿整个农业发展历程。就印度而言，农业不仅是一个产业，更是一种生活方式，至今仍是印度百姓最重要的一种生计。在粮食产量自给自足方面，印度取得了不错的成就。粮食产量从独立之初 1950/1951 年的 5200 万吨增至 2020/2021 年的 3.1 亿吨。农业占 GDP 的比重下降，主要是由于农业部门的增速相对低于工业和服务业的增速。但是，值得注意的是，农业部门的增速几乎很少达到 4% 的目标增速。在 1960/1961—2020/2021 年，印度粮食产量年均复合增速为 2.54%。

对当代印度农业发展与治理进行全面深入研究，具有多重重要意义。

一、在构建“中印 +”新型关系模式背景下对中印农业合作的意义

印度农业市场的巨大潜力可能成为中印合作的下一片“蓝海”。印度国土面积虽然不及中国 1/3，但其可耕地面积却比中国多 41.1%，人均耕地面积比中国多 47.5%”[1]。印度约 14 亿人口中 70% 依靠农业或相关产业为生。印度农业生产总值居全球第二，而其农产品出口总量仅占世界农业贸易的 2.5%。[2] 但自 1991 年印度经济改革以来，印度保持着农产品净出口国地位，其农产品出口贸易长期保持顺差。由于印度农业技术水平相对不发达，农业灌溉、农产品加工、道路交通、仓储物流等相关农业基础设施落后，农业经济发展潜力尚未得到有效

[1] 此数据来源为联合国粮农组织官网 2021 年数据。

[2] 《印度经济调查 2020/2021 年》，第 237 页。网址：https://www.indiabudget.gov.in/budget2021-22/economicsurvey/doc/vol2chapter/echap07_vol2.pdf，查阅时间：2022 年 8 月 5 日。

释放。在中印积极构建“中印+”新型关系模式的背景下，中印农业领域的合作前景十分值得期待。但从目前的政策思维和合作现状看，中印农业合作除了需要破除传统地缘思维，还需要更多创新模式，并在多方利益中寻求平衡点。

二、研究印度农业发展与治理对中印传统安全与非传统安全合作的重要意义

这包括：粮食安全、农业生态安全、水资源安全等。

1. 粮食安全

印度是全球主要大米出口国之一，2018 年大米出口量排名世界第一。更重要的事实是，印度已经于 2023 年被正式确认为世界第一人口大国。一方面是人口的快速增长，另一方面是粮食生产环境的恶化，对粮食安全问题的焦虑导致印度国内反对大米出口的声音持续增加。由于印度在食品承受能力（affordability）、自然资源及韧性（natural resources and resilience）等重要指标上均存在较大风险，在《经济学家》发布的 2019 年《全球粮食安全指数报告》中印度仅仅排名 72/113。中国农业承载着世界第一庞大的粮食消费需求，虽然是全球第一产粮大国，但多年来也保持着世界最大粮食进口国身份。印度农业的发展状况和前景不仅关乎印度的粮食安全，整体上看也必然对中国的粮食安全有着不容忽视的影响。

2. 农业生态安全

农业生态安全是维护区域农业可持续发展的核心。生态、经济和社会系统通常是农业生态安全评价指标体系的重要构成。印度作为中国的重要邻国，同时也是“一带一路”沿线的重要节点，其农业生态安全问题对于维持地区稳定、保障粮食安全、为区域经济可持续发展提供良性环境和持续动力具有重要意义。

3. 水资源安全

印度大部分国土属热带季风气候，全年干湿两季分明，年降雨总量大，但是由于降雨主要集中于湿季，旱涝交替，水资源安全形势始终紧张。印度 40% 的

用水需求依靠地下水资源，近年来，随着印度经济的快速发展，工业化、城市化对水资源的需求急遽膨胀，印度地下水资源几近枯竭。作为用水“大户”的农业近年来用水也逐年增加，更加剧了印度水资源危机。近年来印度为争夺国际河流水源而屡屡与周边国家起冲突。有关中印“水资源战略”的议题是最能挑起印度民众敏感神经的议题之一。水资源安全合作已经成为中印非传统安全合作的重要内容。

目录

第一章　印度农业资源综述

第一节　土地

印度国土总面积298万平方千米（不包括中印边境印占区和克什米尔印度实际控制区等）[1]，其中土地利用面积占国土面积的93.64%[2]，可耕地面积（2018年）为1.564亿公顷[3]，约占国土总面积的47.58%。根据联合国粮农组织的数据排名，印度（2018年）耕地总面积排名全世界第二，仅次于美国，可耕地面积约占世界的1/10（中国驻印度大使馆官方主页数据），人均面积达1.95亩。从耕地条件看，印度的耕地大部分位于占国土面积40%的平原上，而占国土面积1/3的高原和占国土面积1/4的山地大部分海拔在1000米以下。[4]低矮平缓的地

---

[1]　数据来源于中国驻印度大使馆官方主页（印度国家概况）。

[2]　印度农业与农民福利部2021/2022年度报告。网址：https://agricoop.nic.in/sites/default/files/Web%20copy_eng.pdf。

[3]　数据来源：联合国粮农组织 http://www.fao.org/faostat/en/#data/RL/visualize。

[4]　本段用到的数据分别来自印度农业普查《AGRICULTURAL CENSUS, 2015/2016》，http://agcensus.dacnet.nic.in/NL/natt1table1.aspx，印度政府门户网站。

形在印度全国占有绝对优势，对发展交通运输极为有利，同时具备了使用大型农业机械化的天然潜在优势，而且大部分为适宜农业生产的冲积土和热带黑土，土壤肥沃，农业生产条件得天独厚。

第二节 气候

一、气温与降水

印度地处北纬 8°—37°，跨热带、亚热带和温带等多个气候带，气候特征多样。根据柯本气候分类（Köppen climate classification），印度大致可以归为以下多种气候类型：热带潮湿、热带潮湿 / 干旱、热带 / 亚热带半干旱、亚热带湿润、温带大陆性等。据此，印度一年大致可以划分为四个季节：冬季（1—2 月）、夏季（3—5 月）、雨季（Monsoon season 6—9 月）、后季风季（Post-monsoon period 10—12 月）。每年有两次季风造访印度，分别为 6—9 月的西南季风（或称夏季季风）和 10—12 月的东北季风（或称冬季季风）。各季雨热区分较为明显，其主要特征如下：

（1）冬季。冬季可能从 12 月延续至次年 4 月初。1 月及其前后通常是印度日均气温最低的时期，印度北部、西北部大部分地区日均气温通常在 10—15℃，而南部地区大部分日均气温在 20—25℃。

（2）夏季。印度南北地区夏季普遍高温，西北部夏季可能一直延续至 7 月。南印度和印度西部部分地区通常在 4 月气温升至最高，北印度气温通常在 5 月达到峰值。整体上看，印度夏季气温通常为 32—40℃。

（3）雨季。6—9 月的西南季风通常为印度带来 80% 的年降雨量，几乎覆盖全国所有地区。来自印度洋的西南季风通常在 5 月底 6 月初登陆印度西岸，并逐步向印度全境推进。潮湿的夏季风带来丰沛的降雨，是印度年降水量的主要来源。

（4）后季风季。西南季风撤出后，主要有两个局部降雨期。其一是在 10—

12 月东北季风影响下，印度南部会迎来一波降雨。从这一季节开始，大部分印度天气转晴，全国各地逐步进入凉季。与此同时，源自欧亚大陆的气流在南亚次大陆形成的季风随着夏季季风的撤退在印度推进，从而逆转风向形成东北季风。东北季风也会给印度带来可观的降水量，这一季降水量约占印度全年降水量的 11%。东北季风带来的降水对南印度尤为重要。以泰米尔纳德邦为例，东北季风带来的降水量甚至超过西南季风期间的降水量。总体上看，印度南部大部分地区在东北季风期获得的降水量占全年的 30%—60%。

另一次局部降雨通常发生在每年的 10 月至次年 3 月，印度西北地区会迎来一波冬季降雨，这跟被称为“西部大气扰动”的超热带系统过境有关。除此之外，除了夏季 4—5 月产生的局部雷雨之外，印度没有能给其他地区带来降雨的较大规模的天气系统。

总体上看，除克什米尔以及北部喜马拉雅山区等区域外，印度大部分地区气候终年温暖，热量资源十分丰富，全国大部分地区全年为无霜期，日照时间长，农作物可全年生长。

二、农业气候区

从气象学角度，印度被划分为 35 个气象分区，按更详细的分类，还可以划分为 424 个气候区。从农业气候角度，根据土壤类型、降雨、气温、水资源等农业气候因素的共性，印度被划分为 15 个农业气候区，分别为：西部喜马拉雅区、东部喜马拉雅区、恒河平原下游区、恒河平原中游区、恒河平原上游区、泛恒河平原区、高原东部及山地区、高原中部及山地区、高原西部及山地区、高原南部及山地区、东部沿海平原及山地区、西部沿海平原及高止山区、古吉拉特平原及山地区、西部干旱区、岛屿区。

划分农业气候区的目的在于：①基于不同气候区的生产潜力和前景，力图在全国范围实现主要商品的供需平衡；②力图使农产品生产者净收益最大化；③更多地创造就业，尤其是促进无地农业工人就业；④从长远着眼，为科学地可持续地利用自然资源提供一个框架，特别是土地、水和森林等资源。在农业气候区划分的基础上制定适合每个农业区的土地和水资源开发战略和种植模式，以及适宜的林木、畜禽养殖和水产等非种植业生产活动。

第三节 水资源

印度淡水资源约占全球淡水资源的 4%。境内河流众多、水系发达。主要有四大水系：喜马拉雅水系、德干水系、沿海水系、内河水系。最重要的河流有 12 条，这些河流的总流域面积超过 252.8 万平方千米，覆盖了印度国土面积的 85%。包括河流、湖泊、人工河塘、回水区域（backwater）等陆地水域面积 31.41 万平方千米，在全世界所有国家中排名第四[1]。

印度地处热带，绝大部分国土属热带季风气候，全国大多数地区降雨量充沛。据印度政府水资源信息系统数据显示，截至 2021 年 3 月，印度多年全国年均降雨量达到 1114.5 毫米[2]，年均水汽蒸散量 490.3 毫米[3]，15 厘米土壤容积含水率均值 17.461%[4]。据估计，印度年平均地表水流量约为 18690 亿立方米。由于地形、水文及其他制约因素，每年只有 6900 亿立方米水能被利用，外加 4320 亿立方米地下水，因而总共有 11220 亿立方米水资源可供利用。以 2000 年为例，印度实际使用的水总量大约为 7500 亿立方米，其中大约 84% 用于灌溉。2001 年印度人均可用水资源为 1829 立方米。随着人口增长，人均可用水资源量呈进一步下降趋势。据估计，到 2025 年，可能降至人均 1342 立方米。2001 年，印度全部水消耗中 83% 用于农业灌溉，随着其他用途水资源需求的增加，农业灌溉可用的水资源占比也将下降。据估计，到 2025 年农业可用水资源比例将会降至 73%。

印度全年的降水比较集中，这对控制洪水、雨水的储蓄和水量的人工调剂均有较高要求。特别是随着饮用水、工业和能源用水等其他各种用水需求增加，对

[1] 数据来源：联合国粮农组织 http://www.fao.org/faostat/en/#data/RL/visualize。

[2] 数据来源：印度水资源信息系统网站 https://indiawris.gov.in/wris/#/rainfall。

[3] 数据来源：印度水资源信息系统网站 https://indiawris.gov.in/wris/#/evapotranspiration。

[4] 数据来源：印度水资源信息系统网站 https://indiawris.gov.in/wris/#/soilMoisture。

农业灌溉用水形成巨大压力。1950年，印度农业的灌溉能力仅为2260万公顷。印度独立后，扩大灌溉能力一直是政府制定计划时优先考虑的目标。自20世纪60年代以来，印度大力兴建大、中、小型各类农业灌溉设施，特别是小型灌溉设施的发展使印度耕地灌溉面积达到1.39亿公顷，占耕地总面积的88.5%，其中有效灌溉面积分别为播种面积的39%和耕地面积的30%。[1]

第四节 生物资源[2]

印度的陆地面积约占世界陆地面积的2.4%，但是大自然的慷慨赠予使印度成为世界上生物多样性最为丰富的国家之一。全球确定的34个生物多样性热点中印度代表了其中4个（分别是：喜马拉雅、印度—缅甸、西高止山、巽他古陆）。印度被记录到的物种占全世界有记录物种的7%—8%，拥有超过46000种植物和91000种动物。[3]其中，许多是印度所特有的。经发现并记录的印度特有鸟类69种，在全球排名第十位；特有的爬行动物156种，在全球排名第五；特有的两栖动物110种，全球排名第七。另外，印度也被确认为全球八大栽培植物起源和多样性中心之一（瓦维诺夫中心 Vavilovian centres），迄今已发现300多种栽培植物的野生祖先和近亲，这些植物在野外环境下仍在继续进化。不同的土壤、气候和地形条件及稳定的地质情况让印度生态系统和生境极为广泛，包括：森林、草地、湿地、沙漠、干旱/半干旱、寒冷干旱以及沿海和海洋生态系统等。丰富的生态系统和生境为多种珍稀动植物提供了栖息地和生长环境。例如，泛喜马拉雅寒冷干旱地区是大型猫科动物的据点；已知印度的沙漠植物有682种，其中6%以上

---

[1] 数据来源：印度水资源部政府网站 http://wrmin.nic.in/index2.asp?slid=306&sublinkid=411&langid=1。

[2] 本部分数据除另有注明的外，均来自联合国生物多样性公约组织 https://www.cbd.int/countries/profile/?country=in#facts。

[3] 数据来源：印度环境、森林与气候部“Biodiversity for Sustainable Development” http://moef.gov.in/wp-content/uploads/2017/08/Message-for-MEFCC-on-22-May-2015-1.pdf。

属印度特有；寒冷的沙漠是珍稀濒危动物的聚居地，其特有的植物种类丰富，具有重要的经济价值。

印度有多种湿地生态系统，从高寒沙漠湿地到滨海暖热湿地，对应着多种多样的动植物群。印度主要的河流及其支流穿越不同的地质气候带，在数万千米的总流程中，呈现了多种多样的生物特性。目前，在印度发现的淡水鱼类有783种，其中223种为印度特有种类。印度海岸线总长7517千米，专属经济区202万平方千米，广泛涵盖河口、潟湖、红树林、回水、盐沼、岩石海岸、珊瑚礁等，为上千种鱼类提供了繁衍生息的环境。目前印度的鱼类资源种类总共有2411种，全世界已知的80%鱼类在印度都有分布。印度已凭借丰富的鱼类资源成为世界第二大渔业生产国[1]。

第五节 人口与劳动力

2011年印度人口普查结果显示，截至2011年，印度人口总数12.11亿[2]，根据该人口普查报告预测（见表1-1）2021年印度人口总数为13.39亿，到2036年印度人口总数将增至15.22亿，2011—2036年期间人口年平均增长率为1%。到2036年印度的人口密度将由2011年的368人/平方千米增至463人/平方千米。2011年印度的人口年龄中位数为24.9岁，预测到2036年，印度人口年龄中位数为34.5岁。2011年15岁以下的人口比例占印度总人口的30.9%，15—59岁的人口占比为60.7%，到2036年这一年龄组的人口占比将增至64.9%。2021年末，15—24岁的印度人口将由2011年的2.33亿增加到2.51亿，到2036年，15—24岁的人口数也将保持在2.29亿。根据2011年印度人口普查情况，总的来看，印度24岁及以下人口总数占印度人口总数的50.2%，到2036年这一组别的人口数

[1] Siddharth Malik，“联合国2020海洋大会筹备会”印度秘书处发言稿（2020.2.4）https://www.un.org/sites/un2.un.org/files/india-ocean_conf_intervention-1.pdf。

[2] 印度目前的人口数据是以2011年印度人口普查数据为基础进行预测和推算而来。本部分相关人口数据均来自印度内政部2020年7月《人口报告》。

量占总人口的比例将为35.3%。2011—2036年印度人口总共增加3.11亿，其中15—59岁的劳动年龄人口占增加总数的81.4%。2011—2015年，印度总和生育率为2.37，预测到2031—2035年，总和生育率将保持在1.73。2011年，印度的城市人口占总人口的31.8%，到2036年，城市人口比率将升至38.2%。2011—2036年印度人口预计总共增加3.11亿，其中73%，约2.18亿，为城市人口增长。

表1-1　印度人口增速及预测

时间	增速（%）	时间	增速（%）
2009—2011年	2.5	2021—2025年	1.94
2011—2015年	2.37	2026—2030年	1.81
2016—2020年	2.13	2031—2035年	1.73

第二章　印度农业概况

第一节　土地利用

印度不仅是亚洲耕地面积最大的国家，根据联合国粮农组织的数据，印度也是耕地面积仅次于美国全球排名第二的国家，达 23.5 亿亩（2018 年数据），可耕地面积约占国土面积的一半。2015/2016 财年，印度实际耕种总面积为 1.97 亿公顷，为土地总利用面积的 64.03%，其中净耕种面积 1.4 亿公顷，为土地总利用面积的 45.33%，复种一次以上的耕地占净耕地面积的 41.3%，达 0.58 亿公顷，种植强度为 141.25%。本年度净灌溉面积 0.67 亿公顷，占净耕地面积的 48.2%。其中 22.55% 为沟渠灌溉（0.152 亿公顷），47.79% 为管井灌溉（0.322 亿公顷）。该年度总灌溉面积 0.966 亿公顷，占总耕种面积的 49.03%，灌溉强度为 143.57%。[1] 根据印度农业与农民福利部 2021/2022 年度报告，印度土地净播种面积 1.3935 亿公顷，占国土总面积的 42.4%，种植强度为 141.6%，印度农业净灌

[1]　印度农业与农民福利部：Agricultural Statistics at a Glance, 2019。

溉面积 7160 万公顷，占净播种面积的 51.4%。[1]（见表 2-1）

表 2-1　2018/2019 年印度土地利用情况 [2]

	土地分类	面积（万公顷）
1	森林	7201.1
2	非农业用地	2734.4
3	不可耕种的土地	1716.8
4	永久牧场及其他草场	1037.6
5	可耕种的荒地	1221.9
6	种植杂项树木的耕地	315.4
7	长期休耕地	1163.3
8	暂时休耕地	1453.1
9	净播种面积	13935.1
	农业用地（5+6+7+8+9）	18088.8
	耕地（8+9）	15388.2
	种植强度	141.6%

[1] Annual Report 2020-21, Department of Agriculture, Cooperation & Farmers' Welfare, Ministry of Agriculture & Farmers' Welfare, Government of India。

[2] 数据来源：印度农业与农民福利部 2021/2022 年度报告。网址：https://agricoop.nic.in/sites/default/files/Web%20copy_eng.pdf。

第二节　农业生产情况

一、农业生产总体情况

（一）概述

印度粮食生产分夏季（kharif）和冬季（rabi）两季。夏季粮食产量占全年粮食产量的主要部分，即50%以上的粮食和油籽产量。由于夏粮生产主要依靠季风（monsoon）带来的降雨，冬粮生产则同时依赖灌溉水源和季风后降雨，因而，理想的季风雨水不仅有利于夏粮生产，通常也会更好地提高冬粮产量，从而缩小两季粮食产量的差距。

长期以来，印度农业持续增长均以价格激励和增加投入为主要手段，比如灌溉、化肥、种子、农药、推广服务、信贷等。另外，印度农业还存在一个较为突出的问题是农业生产区域差距较大，尤其是印度东部地区农业生产落后更为典型。另一个突出的问题是作物之间发展不均衡。“绿色革命”以来，多数农业技术革新，例如种子技术，以及其他先进的农业技术都局限于小麦和水稻，而农业科研和推广体系较少顾及其他作物。为了缩小农业生产区域差距，提高农业落后地区作物产量，印度政府先后实施了有针对性的粮食增产特别计划。比如在印度东部地区实施了“水稻生产特别计划（SRPP）”，在粮食主产区实施“粮食生产特别计划（SFPP）”，等等。

1967/1968年开启“绿色革命”之后直至90年代，印度农业年均增长率为2.62%。这一增速略高于同一时期印度人口的增速。80年代之前主要以小麦产量的高速增长为特征，进入80年代之后，水稻产量开始明显加速增长，跟小麦增速基本持平。水稻产量跟小麦产量一起成为印度粮食产量增长的主要贡献因素。

20世纪90年代被认为是印度粮食经济的转折点，也是印度粮食实现自给自足的转折点，其标志是种子技术带来的革命性突破提升了以小麦和水稻为代表的粮食生产力水平。50年代印度粮食产量年均增长3.22%，主要归功于种植面积增加。60年代印度粮食产量年均增长1.72%，被迫大量进口粮食。70年代印度粮食产量年均增长2.08%。80年代印度粮食产量年均增长3.5%，这是绿色革命的结果。绿色革命使印度粮食实现自给自足，从粮食进口国转变为粮食出口国。90年代印度粮食产量增长速度放缓至1.7%，这也几乎相当于同期人口年均增长速度。90年代印度粮食作物产量增速降低是多种因素综合作用的结果，主要包括：这一时期，粮食作物种植面积已经趋于稳定。由于可耕地面积有限，进入90年代以后，印度粮食播种面积增长已经极为有限。实际上，自1970/1971年以后，印度粮食播种面积基本在1.25亿公顷左右波动。加之推动70年代绿色革命成功的种子革命也几乎达到了产量极限，粮食产量增长缺乏新的推动因素。此外，这一时期尽管小麦和大米产量依然保持增长，但是杂粮作物和豆类产量减少，这也是拉低粮食整体产量增速的重要因素。

20世纪90年代初期，经过独立以来的40年发展，印度农业得到了长足发展。农业抵御不利自然因素的能力得到增强。尽管至这一时期，印度主要农作物面积只有大约1/3具备灌溉条件，但是农业产量仍然获得显著提高。这一时期印度粮食生产结构出现了一些根本性的变化。其一，在“水稻生产特别计划”及其他农业政策推动下，水稻产量的增长对粮食产量增长的贡献已经远远超出小麦产量增长的贡献。其二，冬季粮食作物的产量占全年粮食总产量的份额稳步提升。“六五计划”时期，冬季粮食作物产量占全年粮食总产量的42%；到“七五计划”时期，这一比例提升至43.7%。而与此同时，杂粮作物和豆类作物产量比例呈下降趋势。

长期看，印度农业增长低于非农增长，但是高于人口增长率。1950/1951—2006/2007年，粮食年均增长率为2.5%，而同期人口年均增长率为2.1%。因而印度粮食基本上实现了自给自足，1976/1977—2005/2006年，几乎很少进口粮食，仅偶尔进口一些作为结构性补充。不过，经济自由化改革以后，粮食产量年增长率有所下降，低于人口增长率，导致人均占有粮食，特别是谷物和豆类人均占有量降低。这期间，所有主要的作物种植面积、产量、单产和灌溉面积年增长率都出现了明显下降。1989/1990—2005/2006 年，粮食作物面积年均减少 0.26%，主要是由于杂粮作物种植面积减少。

印度农作物产量相对其他国家比较低，同时还存在较大的地区差异。

（二）灌溉情况

1. 印度农业灌溉方式和面积 [1]

据最新可查的印度联邦政府数据，印度农业灌溉率为 52.03%[2]。据评估，印度可灌溉土地面积最大潜力大约为 1.4 亿公顷。这就意味着即便印度灌溉潜力全部被利用，仍然至少有约 10% 的耕地永远无法得到灌溉。而印度夏克提部（Jal Shakti）指出，即便印度灌溉潜力得到最大限度利用，仍然会有 40% 的净播种面积无法获得灌溉。实际上，印度一些重要的邦，例如马哈拉施特拉邦，可耕地灌溉面积不足 20%。几乎实现了耕地 100% 灌溉的邦仅有旁遮普邦。其次是哈里亚纳邦、北方邦、中央邦和西孟加拉邦，均超过 50%。（见表 2-2）印度的农业灌溉 60% 是通过地下水实现的，其中，德里邦、哈里亚纳邦、旁遮普邦和拉贾斯坦邦和中央直属区地下水灌溉率为 100%。[3]

表 2-2　印度各邦农业灌溉率情况

印度灌溉率排名前十的邦		印度灌溉率排名后十的邦	
邦名称	灌溉比例（%）	邦名称	灌溉比例（%）
旁遮普邦	97	贾坎德邦	5
哈里亚纳邦	86	梅加拉亚邦	10

[1]　本部分数据来源于《印度农业部 2021/2022 年度报告》。

[2]　本部分数据来源于《印度农业部 2021/2022 年度报告》。

[3]　radheshyam Jadhav: Data Focus: Why India is not able to irrigate all available agricultural land? 载于 *the Hindu Business Line* 2022 年 8 月 17 日。网址：https://www.thehindubusinessline.com/data-stories/data-focus/data-focus-why-india-is-not-able-to-irrigate-all-available-agricultural-land/article65779169.ece。

续表

印度灌溉率排名前十的邦		印度灌溉率排名后十的邦	
邦名称	灌溉比例（%）	邦名称	灌溉比例（%）
北方邦	77	阿萨姆邦	11
中央邦	66	“阿鲁纳恰尔”[1]	13
西孟加拉邦	55	喜马偕尔邦	14
比哈尔邦	47	马哈拉施特拉邦	15
本地治理	46	锡金邦	15
德里邦	42	曼尼普尔邦	16
古吉拉特邦	33	奥里萨邦	16
特伦甘纳邦	33	那加兰邦	17
拉贾斯坦邦	33	喀拉拉邦	18

（本部分数据来源于《印度商业在线》网站[2]）

印度从“一五计划”开始至今，净播种面积与净灌溉面积之间的面积差情况改善较慢。在开启“五年计划”之前，全国灌溉能力为2260万公顷。经过数十年的发展，农业灌溉面积比率略超50%，其中16%为大中型灌溉工程，其余为塘堰、管井等各类小型灌溉项目。[3]（表2-3）此外，灌溉比率情况还存在较大的区域差异。由于印度国内存在的水资源季节性和区域性分布不均，印度国内不时

[1] “阿鲁纳恰尔”，是印度所设的一个邦，此地区位于中国西南部、印度东北部边界，绝大部分都由中国政府宣称主权，称为藏南，并将该地区划入西藏自治区的错那、隆子、朗县、米林、墨脱、察隅六县的管辖范围之内。中国政府不承认印度控制该地区或者设立此邦的合法性。

[2] radheshyam Jadhav: Data Focus: Why India is not able to irrigate all available agricultural land? 载于 *the Hindu Business Line* 2022年8月17日。网址：https://www.thehindubusinessline.com/data-stories/data-focus/data-focus-why-india-is-not-able-to-irrigate-all-available-agricultural-land/article65779169.ece。

[3] 根据《印度农业部2021/2022年度报告》，为52.03%。

有呼吁进行水资源地区调剂。

表 2-3　印度农业各类灌溉方式情况 [1]

	灌溉方式	面积（万公顷）
1	政府人工灌溉渠	1626.4
2	私人渠	16.5
3	水渠总灌溉面积（1+2）	1642.9
4	蓄水池	166.8
5	管井	3470.8
6	其他井	1104.2
7	其他水源	770.7
	净灌溉面积（3+4+5+6+7）	7155.4
	总灌溉面积	10266.7
	总灌溉面积与总播种面积的比	52.3%
	净灌溉面积与净播种面积的比	51.53%

2. 印度农业灌溉系统发展

印度全年降水的 3/4 集中在 6—9 月这 4 个月。季风带来的雨水让干涸的大地吸饱水分，灌满水库、河流、塘堰，抬高地下水位，为夏季作物成长收获提供保障，也为冬季作物生产储备水源。印度独立以来，建设高效的灌溉系统、提升灌溉能力和灌溉效率一直是印度政府农业战略的优先考虑事项。尤其是独立之初，扩大灌溉面积被作为提高粮食产量战略的主要内容。印度农业长期战略也始终离不开发展灌溉设施，一方面更有效地利用已有灌溉设施，另一方面在需要的地区新建灌溉设施。从数据上看，印度农业灌溉面积保持着持续增加。

[1]　《印度农业部 2021/2022 年度报告》。

（1）灌溉潜力。印度在整个“五年计划”实施期间创造的灌溉能力大约为1.4亿公顷。[1]但是，潜在灌溉面积（Irrigation Potential Created, IPC）与实际利用灌溉能力（Irrigation Potential Utilized, IPU）之间的差值不断拉大。原因大致可以归结如下：缺乏恰当的运营和维护；并不完善的水分配系统；灌区开发未完成；农业种植模式发生变化；灌溉土地被改作他用。

（2）灌溉体系。印度的灌溉体系涵盖大中型灌溉工程、灌区开发、水池/塘/堰、地下水以及各类小型灌溉设施。印度对各类型灌溉工程的界定标准为：可耕地灌区（Culturable Command Area, CCA）超过10000公顷的为大型工程，2000—10000公顷的为中型工程，2000公顷以下的为小型工程。印度独立之初大力修建大中型水利灌溉设施。但由于小型灌溉项目建设快且能解决更多就业，20世纪70年代后期印度开始重点发展小型灌溉设施。自80年代后，印度农业灌溉设施新增部分主要为小型灌溉设施。小型灌溉项目包括地下水和地表水项目。地下水项目包括管井、浅管井和抽水装置。地表水项目包括水池、水库、导流项目以及河水溪流提灌项目等。

由于许多河谷水利工程因为资金短缺而一再拖延，为了推动灌溉工程尽早完工，1996/1997年印度政府启动了“加速灌溉效益项目（Accelerated Irrigation Benefit Programme, AIBP）”，该项目以早期贷款方式由中央为邦政府提供额外贷款，以帮助特定大型灌溉项目和多功能项目尽早完工。自1999/2000年起，该计划将印度东北地区、山区和部分干旱地区小型地表水水利工程项目也纳入其中。为扩大灌溉而采取的其他措施包括：提升水资源管理水平、在缺水及干旱地区安装滴灌和喷灌系统、利用地表水和地下水联动、让农民参与灌溉用水管理。灌溉能力利用不足的问题依然存在，特别是大中型灌溉项目问题更突出。“粮食生产特别计划”尤其重视小微型灌溉设施，包括地下水和地表水设施。地下水设施包括水井、浅管井和泵井，地表水设施包括池塘、水库、引流项目、河流与溪流的提灌设施等。“八五计划”将建造小微型灌溉设施列为重点内容之一，特别

---

[1] 数据引自《印度经济调查2015/2016年》。2014年莫迪总理执政以后进行的改革终止执行“五年计划”。

是东部地区，因其地下水位优势受到特别关注。2002 年 2 月，印度中央政府又推出一项“快速通道计划（Fast Track Programme）”，为可以在一年之内完成的大中型灌溉工程项目提供全额资助。“灌区开发和水资源管理计划（CAD）”于 1974/1975 年开始启动。为了克服项目执行中的一些问题，使项目更有效，该项目于 2002/2003 年进行了重整改造，仅保留能让农民受益的部分，增加了有关改进水供应和排水系统不足的新内容。2004 年对“灌区开发和水资源管理计划”进行重组，以提升水资源管理水平和更好利用灌溉用水。“十五计划”开展了“水体修复、翻新十点计划”。该计划覆盖由邦政府执行，各邦在设计灌溉能力为 40—2000 公顷的工程项目中选择一两个进行试点，为“全国水资源开发工程”做铺垫。2005 年印度政府批准的“与农业直接相关的水体修复、翻新与恢复国家计划”由中央政府和邦政府按照 3 ∶ 1 的比例分担成本。该计划覆盖流域为 1—2000 公顷的水体。同年，在世界银行支持下的水体修复项目也在水体丰富的各邦开始运行。

（3）灌溉设施利用效率。独立后的印度发展灌溉系统大致经历了这样一个过程：由重点发展大中型水利灌溉工程到重点发展小型水利灌溉设施。在不断创造的灌溉潜能和实际利用灌溉能力之间存在一个较大的差值，且这个差值长时间呈持续扩大趋势，也就是实际利用灌溉水平大大低于设计灌溉能力，即一边建设一边闲置。这个问题在大中型水利工程项目中更为突出。大中型水利设施实际利用率大大低于其灌溉能力，其原因主要在于缺乏灌溉“最后一千米”连接问题，这是由于由旱作农业向灌溉农业转换需要修建相应的地面设施，而这些工程进展通常并不会很顺利。此外，农民的参与度低也是一大原因，因为农民需要花费较长时间适应新的种植模式。针对这个问题，印度政府在 1974/1975 年度启动了一项“灌区开发项目（CAD）”，旨在减小灌溉设计能力和实际利用灌溉能力之间的差值，以充分利用已有灌溉工程特别是大中型灌溉工程的灌溉能力。该项目由中央政府拨款，目标是充分利用已建成灌溉工程的灌溉潜力，创造有利条件，从而将水有效地输送到农田并为进行农田开发、农田排水以及农田水管理创造有利条件。该项目广泛地涵盖田间渠道建设、土地整饬、农田排水等田间基础设施建设，引入瓦拉班迪（warabandi）水资源管理系统[1]轮流供水确保农田获得公平有保障的供水。该项目还包括农业投入品与信贷供应安排、农业推广、市场和仓库建设、地下水开发等。该项目提升农业灌溉水平的同时，也着眼于解决就业和其他农业经济活动。该项目目标具体由各邦执行，不过由于缺乏资金以及征地困难，项目执行进展较为缓慢。该项目覆盖全国大多数大中型灌溉工程。“十五计划”（2002—2007年）期间对该项目进行了调整，更加强调对大中型项目及其他工程的水管理。

（4）灌溉水平邦际差异。各邦之间由于扩张灌溉能力和进展各不相同，从而使各邦灌溉水平存在较大差距。部分邦的大中型灌溉工程建设比较落后，例如比哈尔邦、奥里萨邦、中央邦、古吉拉特邦和马哈拉施特拉邦等，而部分邦在利用地下水资源灌溉方面发展很快，例如旁遮普邦、哈里亚纳邦和北方邦等。总体上看，灌溉系统较为发达的包括旁遮普邦、哈里亚纳邦、北方邦西部部分地区、安得拉邦部分地区以及泰米尔纳德邦。这些地区也是印度“绿色革命”率先开始和成功的地区。其中，灌溉比最高的几个邦（旁遮普邦、泰米尔纳德邦和北方邦）均超过50%。灌溉比最低的邦不到25%，主要集中在环喜马拉雅地区和印度东北地区，其中最低的阿萨姆邦等灌溉比低于10%。[2]为了统一全国水资源开发和使用政策，从而实现水资源利用最佳效益，印度于1983年成立了“水资源委员会”。该委员会在1987年出台了统一的“全国水政策”。该政策将饮用水列为头等优先计划，其次是灌溉。

（5）水资源面临的问题。除了灌溉用水，城乡对淡水需求的增长给水资源增添了进一步的压力。此外，化肥和农药的大量广泛使用以及工业企业不断产生的新的有毒物质对水资源产生的污染正在成为日益严重的问题。从20世纪90年代起印度几乎所有的河流、湖泊和水体都受到了不同程度的污染。印度中央水务委员会（Central Water Commission）通过设在全国各地的监测点对水质进行监测。对水资源开发中的环境影响开始给予重视，环境影响评估成为所有大型水资源开

[1] 瓦拉班迪水资源管理系统发源于旧印度旁遮普（包括今印度北和巴基斯坦南），是对河流流域水资源管理与分配的一种有效模式，在印度广泛应用于灌溉系统管理。

[2] 数据引自《印度经济调查2015/2016年》。

发项目的必要程序，在计划阶段必须完成。

（6）“流域开发和雨水收集计划”。这主要是一个水土保持计划，其理念就是将雨水保存下来在“流域”内进行综合开发利用，促进多元化和综合农业耕作制度发展，提高公共资源管理水平；同时通过这一计划建立一套家庭生产的替代体系，以增加“流域”内社区农户家庭收入和营养水平。这里的“流域”是一个地理概念，一定区域内雨水集中到一个地方。一个“流域”包括一个或几个村子，既有耕地也有非耕地，土地所有权性质不同，农民的行为彼此利益攸关。这种划分“流域”的办法考虑土地的不同用途，让农业及相关活动获得良性发展。该计划由印度农业部、农村发展与环境和森林部负责执行。“十五计划”定下的目标是使“流域开发和雨水收集计划”覆盖1500万公顷旱地。

（三）产量与面积

1. 农业各类作物面积（2018/2019 年数据）（见表 2-4）

表 2-4　2018/2019 各类农作物种植面积

作物	面积（万公顷）
全部粮食（food grains）	12695.2
所有谷物（包括小米）	9932.3
稻谷	4541.6
小麦	3158.8
所有豆类	2762.9
调味品及香料	397.3
水果、蔬菜	1130.3
粮食作物（food crops）	14807.8
油料作物	2745.3
甘蔗	554

续表

作物	面积（万公顷）
棉花	928.7
全部非粮作物	4924.2
全部播种面积	19732

2. 主要农作物生产情况[1]（见表 2-5）

表 2-5　主要农作物生产情况

时间 主要作物	种植面积（万公顷）			总产量（千万吨）[2]			单产（千克/公顷）		
	2017/2018 年	2018/2019 年	2019/2020 年	2017/2018 年	2018/2019 年	2019/2020 年	2017/2018 年	2018/2019 年	2019/2020 年
大米	4377	4416	4366	11.28	11.65	11.89	2576	2638	2722
小麦	2965	2932	3136	9.99	10.36	10.79	3368	3533	3440
杂粮	2429	2215	2399	4.7	4.31	4.78	1934	1944	1991
豆子	2981	2916	2799	2.54	2.21	2.30	853	757	823
粮食合计	12752	12478	12700	28.5	28.52	29.75	2235	2286	2343
油料作物	2451	2479	2714	3.15	3.15	3.32	1284	1271	1224
甘蔗	474	506	460	37.99	40.54	37.05	80198	80105	80497
棉花	1259	1261	1348	3.28	2.8	3.61	443	378	455
麻纤维	74	71	67	1.0	0.98	0.99	2435	2508	2641

印度粮食作物主要分为两季：冬季粮食作物（旱季）、夏季粮食作物（雨季），

[1]　Annual Report 2020/2021, Department of Agriculture, Cooperation & Farmers' Welfare, Ministry of Agriculture & Farmers' Welfare, Government of India.

[2]　棉花的产量单位为千万担，每担为 170 千克，黄麻及木槿纤维的产量单位为千万担，每担为 180 千克。

近年来两季粮食产量情况（见图 2-1）。

图 2-1　近年来两季粮食产量情况

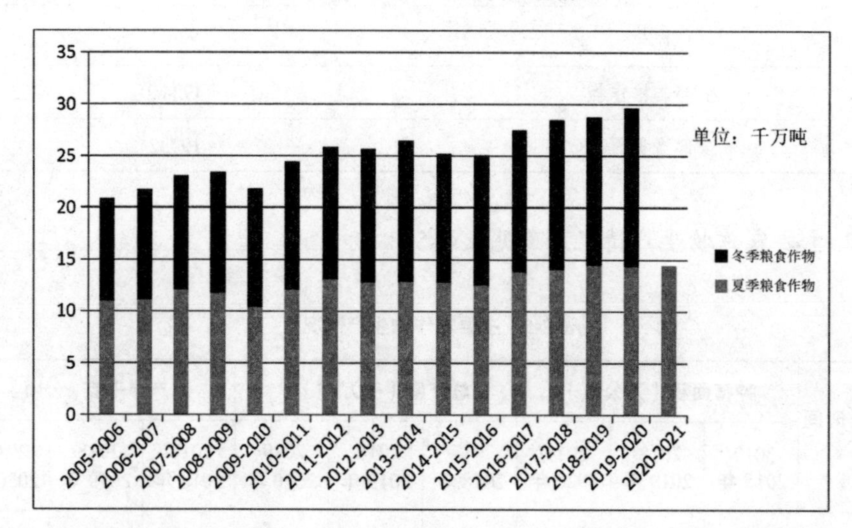

（四）农业经营主体

印度农业经营主体较为分散。根据印度 2015/2016 年农业普查数据，印度农业经营主体大约有 1.464 亿个，其中 86.08% 为小农或边际农（持有土地面积 2 公顷以下）。全印农业经营主体平均持有土地面积为 1.08 公顷。女性是印度农业生产的重要力量。印度农业生产经营者有 30.33% 为女性，农业劳工中女性的比例为 40.67%，不过在全部土地所有者中只有 13.95% 为女性。[1]

二、农业各部门生产情况

（一）主要粮食作物

“绿色革命”后，小麦产量增长是印度粮食产量增长的主要贡献因素。

[1]　Annual Report 2020/2021, Department of Agriculture, Cooperation & Farmers' Welfare, Ministry of Agriculture & Farmers' Welfare, Government of India.

1950/1951 年，印度小麦占全国粮食比重为 13%，到 1988/1989 年，这一比重上升至 32%。同一期间，水稻的比重保持在 41%—42%，大致没变，而杂粮比重则由 29% 下降至 19%。小麦播种面积占冬季粮食作物播种面积的 53%，占冬季粮食产量的 73%，是印度最重要的冬季粮食作物。小麦播种面积中 78.2% 为灌溉种植。1988/1989 年推出的“特别粮食生产计划”进一步促进了 8 个小麦主产邦的小麦生产。该计划主要措施包括：推广高产小麦品种、扩大种植面积、推荐合理使用化肥、有效灌溉、控制杂草、确保电力和柴油供应等。

进入 20 世纪 90 年代后，水稻产量逐渐超过小麦，但小麦仍然对稳定印度粮食生产起着重要作用。同时，小麦种植面积逐渐失去扩张趋势，提高小麦产量的战略主要依靠优质品种和种植技术。

1. 小麦

印度生产小麦的邦主要有北方邦、旁遮普邦、哈里亚纳邦、梅地亚邦、比哈尔邦、古吉拉特邦和拉贾斯坦邦。印度“绿色革命”效果自 20 世纪 60 年代末期开始显现，其最明显地体现在小麦产量的高速增长。以两种主要的粮食产量做对比，印度独立初期，小麦产量仅为水稻产量的大约 1/3，到 90 年代中期，小麦产量已经超过水稻产量的 80%。

2. 水稻

水稻是印度农业最重要的谷物。20 世纪 90 年代初期印度水稻种植面积为 4200 万公顷，但是灌溉面积仅占水稻种植面积的 43%，其余为旱作水稻，靠天吃饭，因此水稻产量波动很大，这也是这一时期印度粮食产量波动大的主要因素之一。印度东部地区实施的“水稻生产特别计划”以及粮食主产区实施的“粮食生产特别计划”，推动水稻种植面积和单位产量双双提高。1990/1991 年度，“粮食生产特别计划（SFPP）—水稻”项目扩大推广，该项目在原有实施内容基础上，增加了促进印度长香米出口计划。该计划在包括北方邦、旁遮普邦、哈里亚纳邦在内的总共 19 个水稻产区推进实施。

3. 杂粮

杂粮作物是印度重要的粮食作物，也是备受“歧视”的粮食作物。印度杂粮种植区域大多是在生产条件差的干旱半干旱地区，其典型特征是雨量少或者降雨量变化大。印度独立以后，农业面临的首要任务是快速提高粮食产量，解决印度人的吃饭问题，因此全方位优先保障主粮小麦和大米生产。杂粮在印度的食品经济中有很强的替代性，不仅在资金、技术、政策等方面受到全面“冷落、歧视”，印度政府甚至明确规定禁止在生产灌溉条件比较好的耕地种植杂粮作物。这不仅导致杂粮作物产量长期增长缓慢，而且种植效益低，愿意从事杂粮种植的农民通常为小农和边际农。杂粮作物也极少能得到灌溉，大多“靠天吃饭”。印度杂粮作物种类丰富，主要的品种包括：高粱、珍珠小米（bajra）、玉米、龙爪稷（ragi）、小米、大麦。杂粮作物的种植面积大致占印度粮食作物种植面积的 30%（3800 万公顷 /12700 万公顷）（1989/1990 年数据）。生产杂粮的区域主要集中在：拉贾斯坦邦、古吉拉特邦、马哈拉施特拉邦、卡纳塔克邦、安得拉邦、泰米尔纳德邦、梅地亚邦、北方邦和比哈尔邦。杂粮生产的一个困局是，传统上用于生产这些杂粮作物的土地条件较差，缺乏相关技术突破，大多为靠天吃饭，人工灌溉面积不足 10%。一旦遇上降雨量丰富的年份，虽然单位产量得以提高，但同时很多原本种植杂粮的耕地被改种具有更高价值的粮食作物，例如小麦。因为随着印度灌溉面积增加，一些具备灌溉条件的耕地被改种别的收益更高的作物，所以灌溉越发展，杂粮作物种植面积反而进一步缩小，最终结果是杂粮作物产量始终难以提高。

由于杂粮作物多年来产量增长缓慢，在印度粮食总产量中的比重呈持续下降趋势。杂粮作物产量难以提高的主要原因包括：第一，种子原因，高产 / 杂交品种种子供应不足。由于政策“歧视”，对杂粮作物的高产品种开发很少，这些作物缺乏可靠的高产优质品种种子供应导致农民种植积极性不高，最终结果是高产品种种植面积小。第二，由于杂粮作物基本上为旱作种植，对天气有极高的依赖性，而天气因素的不确定性带来的风险也使得农民不愿意对种植杂粮作物进行投入。杂粮作物中，高粱是最重要的一种作物，主要产区在马哈拉施特拉邦、梅地亚邦和卡纳塔克邦。

由于杂粮作物是印度饮食结构的重要组成部分。在基本解决印度粮食问题后，“七五计划”末期，印度政府开始采取措施提高杂粮作物产量。具体措施包括：其一，扩大高产品种的种植面积；其二，通过流域综合开发保持土壤湿度，推广作物旱作技术；其三，有潜力的地区扩大种植面积；其四，及时充分地供应农资；其五，在种子和信贷方面提供支持，为不确定性天气做好预案；其六，因地制宜摸索适应区域需要的种植经验。

4. 豆类

印度出产豆类品种丰富，最主要的豆类品种包括鹰嘴豆(gram)与木豆(arhar)，两者产量占豆类产量的50%以上。主要种植地在古吉拉特邦、哈里亚纳邦、梅地亚邦、马哈拉施特拉邦、奥里萨邦、拉贾斯坦邦和北方邦。其中鹰嘴豆产量大约占豆类产量的40%。豆类年均产量为1200万—1400万吨。印度独立以来，其豆类产量增长比较慢，主要原因是缺少提高产量的技术突破。“绿色革命”之后，印度大多数粮食作物产量均获得了不同程度增长。唯一增速下降的是豆类作物。这导致自20世纪60年代开始，印度人均日占有豆类量呈下降趋势，1961年为69克每人每天，1968年为56克每人每天，1995年下降为37克每人每天，1998年为33克每人每天。这一方面是由于人口增长的影响，更重要的是豆类产量增长缓慢所致。印度豆类单位面积产量低且进展缓慢，主要的原因包括：种植豆类的耕地大部分为边角零星碎地、次等地，且多为旱作种植模式，加上印度“种子革命”未触及豆类品种，主要原因在于未能培育出高产的豆类新品种。因而在印度主要粮食作物产量获得突飞猛进增长时，豆类产量却增长缓慢。这使得豆类产量长期以来成为印度农业经济的最明显一块短板。

在印度的宗教文化和饮食习惯背景下，印度民众食物中的蛋白质来源较为有限，豆类是印度大多数人的蛋白质主要来源，对印度人的膳食营养有着特别重要的作用。豆类为印度人提供了最有价值的蛋白营养，其蛋白质含量比大多数谷物高。到“七五计划”末期，印度豆类种植面积和产量占印度粮食种植面积和粮食总产量的比重分别为18%和8%，仅有8%的豆类种植面积为灌溉种植。豆类主产区主要集中在中央邦、马哈拉施特拉邦、奥里萨邦、拉贾斯坦邦和北方邦，这五个邦的豆类产量占全印豆类产量的68%。由于豆类作物主要依靠旱作种植，受天气因素影响产量波动大，加上豆类作物一直作为非优先发展作物，无论是价格支持还是种植技术支持方面，豆类对农民都缺乏足够的吸引力。一直以来，印度人口在快速增长，而豆类产量却增长缓慢，导致印度人均日豆类占有量呈下降趋势。为了提升印度人的"蛋白质安全"，"七五计划"末期，印度政府在全国发起实施了"全国豆类发展工程（NPDP）""粮食生产特别计划（SFPP）—豆类"，其中后者为前者的补充计划。"全国豆类发展工程"的主要目标是通过采用因地制宜的技术革新提高豆类产量，涵盖印度主要的六大豆类品种。具体措施包括：通过示范区试验不同品种、化肥、农药使用效果；由邦农业大学对推荐作物品种进行适应性种植试验，以验证作物品种是否适宜农民种植；提供虫害防治技术支持；对农业技术推广人员进行培训教育。"粮食生产特别计划—豆类"作为豆类发展的补充计划，在13个邦实施，主要项目计划包括：鹰嘴豆和木豆防虫害植物保护伞计划、以折扣价发放绿豆 / 黑豆（moong/urad）种子，扩大这两种豆类的种植面积。豆类还被纳入"油籽任务计划"。此外，"技术任务计划"也将对豆类作物的技术攻关纳入计划之中。总之，为提高豆类产量，印度政府实施了一套包括作物生产技术、价格支持以及市场干预等措施的综合促进计划。同时，为了增加国内豆类的供应，印度放开豆类进口，到"七五计划"末期，豆类进口呈逐年增加趋势。

5. 油籽

印度植物油主要来源于九大类油籽，即：油菜籽 / 芥菜籽、花生、芝麻、红花籽、小葵子、大豆、向日葵、亚麻籽和蓖麻籽，其中前七种为印度食用植物油来源，后两种则为非食用植物油来源。花生和油菜籽 / 芥菜籽是印度最重要的食用植物油来源作物。20世纪80年代"黄色革命"初期，花生和油菜籽 / 芥菜籽二者占印度油籽总产量的份额总计约78%。随着多种油籽生产的发展，到20世纪90年代末期，花生和油菜籽 / 芥菜籽两大油籽产量在九大油籽总产量中比重降至62%。大豆和向日葵是引入印度较晚的油籽种类，在"黄色革命"的推动下，逐渐成为印度食用油不可或缺的来源，对印度食用油供应起着补充作用。油籽主要产区包括古吉拉特邦、安得拉邦、卡纳塔克邦、中央邦、北方邦、马哈拉施特拉邦、拉贾斯坦邦、奥里萨邦和泰米尔纳德邦。其中，古吉拉特邦是印度夏季油料作物的最大产区，北方邦则是冬季油料作物的最大产区。

在政策扶持下，20 世纪 80 年代末，油籽产量得到大幅提高，种植面积，特别是油菜籽 / 芥菜籽种植面积和单位面积产量得到较大提升。冬季油料作物 50% 为灌溉所覆盖。但是印度油籽产量仍然远低于国内需求。印度油籽生产主要依靠旱作种植，“七五计划”末期，旱作油籽种植面积占油籽种植面积比重大约为 84%。为减少对进口食用油的依赖，80 年代，政府加大了油籽生产支持力度，主要措施包括，夏粮作物：①在中央邦和奥里萨邦将不适合种植水稻的耕地转为种植大豆；②将大豆种植引入奥里萨邦、北方邦、比哈尔邦、马哈拉施特拉邦和古吉拉特邦；③在古吉拉特邦花生种植地里间作向日葵；④在中央邦夏粮作物休耕地里种植大豆。冬季作物：①在北方农业区将低产小麦地改种油菜和芥菜；②在甘蔗地里间作芥菜；③在灌溉条件有限的冬季作物休耕地里种植花生；④在冬季作物种植期，在安得拉邦、卡纳塔克邦、马哈拉施特拉邦和泰米尔纳杜邦引入向日葵种植。同时，继续推进中央资金扶持的“全国油籽发展工程（NODP）”和“油籽生产推进工程（OPTP）”。此外，印度政府为了推动油籽生产，提高食用油产量，1986 年推出了“油籽技术任务计划”，以食用油自力更生为目标，推动油籽生产、加工和管理技术的开发。该计划采取了四管齐下的战略，包括：①提高油籽生产种植技术以提高油籽产量和增加农民收入；②提高油籽加工技术和油籽收获后技术以通过传统和非传统渠道增加产油量；③加强对农民的服务，尤其是技术支持、种子、化肥、农药、灌溉和信贷方面的服务；④改善制度性支持及收获后服务：对农民给予油籽价格支持，对加工企业给予金融和其他必要的支持。

1989/1990 年，为了更有效地提高油籽产量，印度政府将两大油籽发展工程计划（“全国油籽发展工程”和“油籽生产推进工程”）合并为“油籽发展项目（OPP）”，该项目主要是为促进油籽生产的相关活动提供金融支持，包括生产和销售优质油籽种子、与植物保护相关的化学品和装备，以及组织新技术示范等，其资助模式为中央和邦按 75 ：25 的比例分摊。油籽制种和农业研究委员会

（ICAR）的示范项目则100%由中央财政资助。1989年1月，中央政府宣布一项“油籽综合政策”，该政策强调了对农民在油籽种植技术、油籽生产投入品和油籽价格方面的支持，同时也强调对消费者的保护。作为这项决策的一部分，印度政府指定全国乳业发展委员会（NDDB）作为市场干预机构（MIO），收购油籽和食用油建立粮油储备，一方面保障农民获得有利出售价格，另一方面在市场淡季释放库存抑制价格上涨。

随着油籽计划的推进，印度油籽和食用油产量大幅增加，印度国内市场食用油供应趋于宽松。食用油进口替代战略取得成效，印度随即减少了食用油的进口量，1988年开始停止向黄油（人造黄油）工厂供应折扣价进口食用油，只以商业价格供应进口食用油，1989年进一步完全停止供应进口食用油。此外，自1988/1989年开始，全国乳业发展委员会（NDDB）被指定为食用油市场干预机构，此举一方面是为了维护生产油籽的农民利益，另一方面是为了维持食用油的市场价格稳定。干预的手段仍然是采购和市场投放。

油棕被认为是单位面积出产食用油最多的油料作物，其产量是传统油料作物的4—5倍。1986年，由印度政府组成的专家委员会确认了575000公顷适合种植油棕的土地，这些土地分布在9个邦，分别是安得拉邦、卡纳塔克邦、喀拉拉邦、泰米尔纳德邦、阿萨姆邦、马哈拉施特拉邦、奥里萨邦、特里普拉邦和西孟加拉邦。其后，印度农业研究委员会（ICAR）又确认了古吉拉特邦和果阿邦也适合种植油棕。发展油棕种植被纳入“油籽技术任务”。推动油棕种植被写进印度“八五计划”。1990/1991年开始，包括建立油棕苗圃、油棕示范园、扩大“种子育芽中央种植作物研究所”的育种能力等在内的项目启动执行。

目前，印度油籽种植面积大约为2879万公顷，其中72%为缺乏灌溉的雨养地，年产油籽大约3610万吨。九大油籽中大豆产量占比36%、花生占比28%、油菜籽/芥菜籽占比28%，这三大类油籽产量贡献了全部油籽产量的90%以上。而芥籽油、花生油和大豆油在印度植物油产量中的占比则分别为28.57%、20.75%和18.5%。四大油籽生产邦——拉贾斯坦邦、马哈拉斯特邦、中央邦和古吉拉特邦生产的油籽占全国总产量的76%。2020/2021年，印度油籽总产量创下历史新

高，达到3610万吨。[1]（见表2-6）

表2-6　近几年印度油籽生产情况

年份	面积（百万公顷）	产量（百万吨）	单产（千克/公顷）
2016/2017	26.17	31.27	1194
2017/2018	24.51	31.46	1284
2018/2019	24.79	31.52	1271
2019/2020	27.14	33.22	1224
2020/2021	28.79	36.10	1254

（二）主要种植园作物

1. 棉花

印度棉花品种多样，包括短绒棉、中绒棉、超中绒棉、长绒棉、超长绒棉。棉花种植区域比较集中，棉花种植面积的99%集中在9个邦，分别是：古吉拉特邦、马哈拉施特拉邦、哈里亚纳邦、中央邦、旁遮普邦、安得拉邦、卡纳塔克邦、拉贾斯坦邦和泰米尔纳德邦。1989/1990年，9个邦的棉花产量占全国棉花产量的99.6%。这些邦分3个种植带。其中西北棉花产业带包括旁遮普邦、哈里亚纳邦、拉贾斯坦邦，主要种植中、短绒棉。南部和西部种植带主要种植长绒棉和超长绒棉。出于增加高品质棉的考虑，棉花种植的重点放在中、长绒棉生产上。20世纪80年代，长绒棉和超长绒棉比重占50%以上，而70年代初期这一比重还只有26%。棉花产量逐步得到提升，这也逐步扭转了印度棉花依赖进口的局面，而使印度棉花自给有余。1986年10月，印度政府宣布了棉花出口长期政策，放开棉花出口。自此，印度成为棉花出口国。但与此同时，质量更好的中、长绒棉仍然短缺。于是在“七五计划”时期，印度政府将1971/1972年开始实施的“棉

[1]　本部分数据来源：《印度农业部2021/2022年度报告》。

花集约发展中央计划”重新修订，重点发展中、长绒棉，在提高棉花产量的同时，提升棉花品质。印度棉花种植到 90 年代初大多仍然为旱作种植，仅有 30% 的棉花种植面积为灌溉种植。棉花传统种植主要是旱作方式。

2. 黄麻

印度政府为促进麻纤维生产，实施了“黄麻集约发展计划”，1988 年出台了《黄麻包装材料（强制使用）法案（1987）》以促进麻纤维消费，不过由于对农民吸引力不高，麻纤维产量增长缓慢。20 世纪 80 年代末，麻纤维需求量逐渐增加，为了提高麻纤维产量和品质，印度中央政府推出了“黄麻发展中央特别计划”，取代原来的“黄麻集约发展计划”。该计划重点在于种子和农资供应、农民技术培训、经验示范、麻纤维分级培训以及脱胶池建设等。

3. 糖

印度是世界主要的糖生产国之一。根据印度制糖业协会（ISMA）的信息，印度糖产量居世界首位，糖出口量位居世界第二[1]。印度糖的主要原料是甘蔗。印度甘蔗在热带亚热带区域均有种植。亚热带甘蔗种植区包括：北方邦、比哈尔邦、哈里亚纳邦和旁遮普邦；热带种植区域包括：马哈拉施特拉邦、安得拉邦、泰米尔纳德邦和卡纳塔克邦。甘蔗产量在多年的政策激励下稳定增长。首先从价格上规定了甘蔗法定最低收购价（SMP），也被称为“政府建议价”，由中央政府确定，并且定期上调，以使蔗农获利。为了鼓励农民种植甘蔗，政府还会提前公布甘蔗定价，而糖厂从农民手里收购甘蔗时通常支付的价格高于中央政府规定的收购价。印度政府拨款的“食糖发展基金”为糖厂提供低息贷款并通过提高糖

[1] 印度制糖业协会：“Sugar production: India, Maharashtra expect to beat last year’s record”，网址：http://www.indiansugar.com/NewsDetails.aspx?nid=54509http://www.indiansugar.com/NewsDetails.aspx?nid=54509。印度制糖业协会数据显示，印度 2022/2023 年榨季糖产量预计为 3650 万吨，而根据巴西政府官网数据，2022/2023 年榨季巴西糖产量预计为 4030 万吨（https://www.gov.br/en/government-of-brazil/latest-news/2022/sugarcane-production-is-expected-to-increase-in-the-2022-2023-harvest）。

厂在自由市场出售糖的配额而让糖厂获利。另外，为增加甘蔗产量也采取了一系列技术措施，例如：提高甘蔗制种质量；增加灌溉，提高化肥施用效率；改进甘蔗宿根管理；鼓励糖厂参与甘蔗发展项目；通过各种推广系统推广甘蔗种植技术，等等。

白糖是印度最重要的农产品之一。由于印度甘蔗和白糖产量增长缓慢且波动较大，为了稳定白糖市场供应和价格，印度独立后很长一段时间对白糖执行双重定价机制，即政府按照预先确定的价格向糖厂收购固定比例的白糖产品，然后通过公共分配系统出售白糖，糖厂剩余的白糖则在公开市场自由出售。随着甘蔗和白糖产量的增长，糖厂可以在公开市场自由出售的白糖份额逐步提高，1988/1989 年度这一比例为 55%，1990/1991 年度，为了刺激白糖生产，印度政府将糖厂自由出售的比例由原来的 55% 提高至 75%。同时，政府收购价也在逐步提高。

4. 茶叶

茶产业是印度历史最悠久的产业之一，也是印度组织良好的产业之一，其优越的地理位置是印度出产的优质茶叶的保障。印度是茶叶生产大国。根据印度茶叶协会[1]数据，2021 年，印度生产茶叶 133 万吨，仅次于中国，居世界第二[2]。印度茶叶品种多样，既有传统茶，也有 CTC 茶、绿茶和有机茶。印度出产的高品质茶叶包括大吉岭、阿萨姆传统红茶和具有独特色、香、味的高海拔蓝山茶（Nilgiris）。

印度也是茶叶消费大国，茶叶是印度最常用的饮料产品。从 20 世纪 80 年代中后期开始，印度国内茶叶消费快速增长，“七五计划”初期大约为 32.8 万

---

[1] 印度茶叶协会（Indian Tea Association）成立于 1881 年，是由印度最重要也是历史最悠久茶叶生产商组织。该协会在形成政策、以行动促行业发展与增长以及联系茶叶委员会和政府及相关机构方面发挥着多重作用。该协会拥有 425 个茶园成员，代表了印度 60% 以上的茶叶产量和 40 多万直接就业人员。

[2] 数据来源于印度商工部，查阅网址：https://www.indiantradeportal.in/vs.jsp?lang=0&id=0,31,24100,24122。

吨，2021 年印度国内消耗掉茶叶 116 万多吨，相当于消费掉当年茶叶产量的 87.36%。另一方面，印度也是世界茶叶出口大国，茶叶是印度传统的出口商品，也是印度的主要出口农产品之一。茶叶出口不仅是印度央地两级政府重要的收入来源，作为一种劳动密集型行业，印度茶叶种植行业雇佣劳动力超过一百万，是印度重要的产业之一。因此，茶产业对印度经济有相当重要的作用。

自 20 世纪 80 年代开始，印度茶叶产量进入了较快增长轨道。印度最大的茶叶生产邦是阿萨姆邦，其次是西孟加拉邦。这两个邦的茶叶产量占全国茶叶产量的 75%—80%。印度南部部分邦也出产茶叶，主要集中于泰米尔纳德邦和卡纳塔克邦。由于农业气候因素的差异，印度南北茶叶种植区的单位面积产量差异较大，北方种植区平均单位面积产量低于南方平均单位面积产量，平均低大约 25%。在政府推动下，南印度茶叶种植得到推广，茶叶生产发展较快。20 世纪 90 年代初期，南印度的每公顷茶叶产量已经超过北方传统茶叶产区每公顷产茶量。泰米尔纳德邦和喀拉拉邦是南印度的主要产茶地。为促进茶叶生产，增加出口创汇能力，印度政府自 20 世纪 80 年代后期制定了多个短、长期茶叶发展计划，印度茶叶委员会[1]负责执行各类茶产业政府计划。为提高茶叶产量实施的促进措施如：确定顶级茶园，增加在北方邦和奥里萨邦的茶叶种植面积，茶叶委员会主导下推行一系列茶叶生产促进计划，这些计划项目以贷款和补贴的形式提供资金支持，其中贷款项目包括："茶叶种植金融计划""茶叶机械及灌溉设备租购计划""大吉岭利息补贴计划""扩大种植资本补贴计划""水管理计划""新茶品种资助计划""复种补助计划"、以合作社形式建立茶园、新茶叶单位融资计划、先进茶叶包装约定贷款计划、"补种补贴计划""茶叶推广种植利率补贴计划""茶叶灌溉 / 排水利率补贴计划"等。90 年代初期，为了推动茶叶出口创汇，印度政府实施了财政金融刺激措施，并通过"（茶叶）品牌促进基金计划"向茶叶出口商

[1] 印度茶叶委员会（Tea Board of India），设立于 1953 年，总部位于加尔各答，在全印设有 17 个办事处。除了发展和监管职能，该委员会还直接参与茶叶推广活动，包括组织联合参加国际展览会、博览会，组织供需见面会，派遣和接待贸易代表团。该委员会也承担各类茶叶市场拓展活动，例如市场调研、市场分析、消费者行为跟踪和相关进出口商信息分析等。

提供无息贷款。

5. 咖啡

印度最早从 1600 年开始种植咖啡[1]，其商业化种植咖啡始于 18 世纪，当时来到印度的英国人在南印度的森林地带开辟了咖啡种植园。此后，印度咖啡逐渐获得了发展，并在世界咖啡产业版图上获取了一席之地。印度咖啡主要种植于高止山脉东、西两侧生态敏感区域浓密的天然树荫下。该区域是世界上 25 个生物多样性热点区域之一，而咖啡的种植本身也进一步增添了该区域生物多样性，并为这些偏远山区的经济社会发展起到了助力作用。

1950/1951 财年印度的咖啡种植面积为 9.25 万公顷，产量为 1.8893 万吨，2020/2021 财年，种植面积增至 42.29 万公顷，产量增至 33.4 万吨，占世界咖啡产量的 3.28%。印度传统咖啡主产地为卡纳塔克邦、喀拉拉邦、泰米尔纳德邦。2020/2021 财年，三邦咖啡种植面积分别占全国咖啡种植面积的 52.8%、18.5% 和 7.7%，合计 79%。2020/2021 财年三邦咖啡产量占比分别为 71.4%、19.8% 和 5.2%，合计 96.4%。印度出产的大部分咖啡供出口。2020/2021 财年印度咖啡出口 31.07 万吨，占世界咖啡出口量的 3.95%。根据印度咖啡委员会数据，2021/2022 财年，欧洲是印度咖啡传统出口地，出口占比最高的国家依次为：意大利（17.97%）、德国（9%）、比利时（7.45%）、俄罗斯（7.29%）、土耳其（3.68%）、约旦（3.38%）、波兰（2.94%）、利比亚（2.75%）、美国（2.44%）、马来西亚（2.11%），这 10 个国家消费了印度出口咖啡的 58.21%。[2]

20 世纪 90 年代初期，印度国内咖啡年需求量大约 6 万吨。随着经济和人口的增长，印度咖啡消费逐年增长。2020/2021 财年，印度国内消费咖啡增至 12.27 万吨，约占世界咖啡消费总量的 1.23%。[3]

---

[1] 数据来源于印度咖啡委员会官网：https://www.indiacoffee.org/。

[2] 本部分数据来源于印度咖啡委员会官网，查阅地址：https://www.indiacoffee.org/Database/DATABASE3_Jan2022.pdf。

[3] 本部分数据来源于印度咖啡委员会官网，查阅地址：https://www.indiacoffee.org/Database/DATABASE3_Jan2022.pdf。

此外，咖啡种植也为当地提供了宝贵的就业机会。2020/2021 财年平均日雇佣劳动力 67 万人[1]。

根据《1942 咖啡法》，印度国内（个别区域除外）生产的咖啡，均需交由印度咖啡委员会拍 / 售卖。该法同时允许咖啡生产者保留不超过 30% 产量份额用于国内销售。印度政府在 20 世纪 90 年代对该法做了修改，修改后的《咖啡法》自 1994 年 1 月开始生效，其将生产者可以自由售卖的份额提升至 50%，这部分自由售卖份额既可以在国内市场出售，也可以在国际市场出售。剩余的 50% 份额则由咖啡委员会统一拍卖。

6. 橡胶

印度本土生产的天然橡胶基本能满足本国需求，仅有少量进口。

从印度独立到 20 世纪 90 年代，印度天然橡胶产量增长缓慢，但由于国内需求增长也不快，所以直到 90 年代初，国内天然橡胶市场主要依靠本土生产，仅有 5% 依靠进口。随着 1991 年印度执行新经济政策以后，这一情况开始发生变化。国内对天然橡胶的需求增长开始加快，国内天然橡胶产量在快速增长。1950/1951 年，印度天然橡胶产量为 15830 吨，1990/1991 年为 33 万吨，增长了 1985%，这四十年间年均增长 7854 吨，而 1995/1996 年增至 50.7 万吨，而 1990—1995 年五年间，年均增长 35400 吨。天然橡胶产量的增长最主要的贡献因素在于种植面积增加，其次是单位面积产量的提高。1950/1951—1990/1991 年，印度天然橡胶单位面积产量从 284 千克增加到 1130 千克，增长率为 298%。喀拉拉邦是印度天然橡胶主要的生产地，其次是泰米尔纳德邦。这两个邦天然橡胶种植面积的和约占印度天然橡胶总面积的 86%，产量则超过总产量的 75%。其余 14% 的种植面积分布于马哈拉施特拉邦、特里普拉邦、梅加拉亚邦、米佐拉姆邦、曼尼普尔邦、阿萨姆邦、那加兰邦、安达曼 - 尼科巴群岛、果阿邦、奥里萨邦等。

印度橡胶种植面积的 80% 由众多小种植户经营，大多数橡胶种植园为小型

[1] 本部分数据来源于印度咖啡委员会官网，查阅地址：https://www.indiacoffee.org/Database/DATABASE3_Jan2022.pdf。

种植园，平均规模仅为 0.5 公顷。印度政府 20 世纪 80 年代通过价格、金融和技术等多种措施促进橡胶生产。印度橡胶传统产区主要位于喀拉拉邦和泰米尔纳德邦南端。在政府推动下，一些非传统橡胶种植地区也引进了橡胶种植，主要有：卡纳塔克邦、特里普拉邦、阿萨姆邦、梅加拉亚邦、米佐拉姆邦、曼尼普尔邦、那加兰邦、安达曼 - 尼科巴群岛、果阿邦、马哈拉施特拉邦以及奥里萨邦等。80 年代后期，随着印度国内对天然橡胶的需求猛增，橡胶供应出现短缺，印度不得不通过进口满足国内需求。随着供需缺口扩大，印度橡胶委员会开始采取多种措施提高橡胶产量，主要包括：扩大橡胶种植面积；广泛种植高产品种；通过“种植发展计划”给小种植户提供补贴和贷款，鼓励小种植户种植橡胶；其他措施还包括为种植户提供高产品种种植原材料、以折扣价提供种植物资、鼓励合作生产并通过金融支持提高橡胶加工和销售水平。至 90 年代中期，印度国内天然橡胶需求的 96% 由本土供给满足，其余的通过进口解决。90 年代后，在政府的大力推动下，印度橡胶产量增长较快，种植面积也有较快增长。

（三）畜牧业及乳业

印度畜牧业在印度的整体经济中所发挥的作用比通常认知上的要宽泛得多，是印度政府农业多元化战略的一个重要组成部分。畜牧业产值占印度农业产值的 26%，畜力贡献值除外，其中 2/3 由乳品业产值贡献。畜牧业及乳品业在印度农村经济中的作用十分突出。畜牧业是农村地区和城市郊区重要的就业途径，尤其是为干旱地区、山区、部落区和其他落后地区居民提供了自我就业和补充就业机会，同时是低收入无地农民、小农和边际农的重要收入来源。印度牛奶 90 年代产量是 50 年代初的 4—5 倍，但是由于人口快速增长，人均日占有牛奶量增长不足一倍。畜牧业是印度经济中农业的重要分支部门。近些年来，印度畜牧业以较快速度增长。莫迪政府上台后的 2014/2015—2018/2019 财年年均增速为 8.24%。2018/2019 财年，印度畜牧业为农业增加值贡献的份额为 28.63%，为整体经济增加值贡献的份额为 4.2%。

印度近年来一直保持着世界第一大牛奶生产国地位，牛奶产量占世界牛奶总产量的大约20%。牛奶产量多年呈持续增加趋势，1991/1992年印度牛奶产量5560万吨，2019/2020年牛奶产量增至1.984亿吨，自2014/2015财年开始，年均增长率达6.27%，2019/2020财年，印度人均日牛奶占有量提高至407克。牛奶产量和人均日牛奶占有量邦际差异非常大。例如，牛奶产量最多的北方邦2019/2020财年牛奶产量超过3000万吨，而印度东北地区各邦牛奶产量不足百万吨。人均日占有牛奶量最多的旁遮普邦超过1200克，最低的东北诸邦则不足100克。

除了牛，印度还是产羊大国。根据联合国粮农组织的数据，印度产山羊数量占世界16.1%，绵羊数量占6.4%。饲养家畜是印度3.7%农业家庭的主要收入来源。从事养羊的家庭主要是资源贫乏家庭，饲养羊也可以为许多农民在歉收时节带来补贴收入，特别是边际农、农村妇女和无地农民。

此外，根据世界粮农组织的统计数据（FAOSTAT, 2019），印度生产的鸡蛋数量位居世界第三位，2014/2015—2019/2020财年，年均增长4.99%。该数据还显示，印度肉类产量位居世界第五。

奶业是印度农业部门发展最成功的产业，主要归功于印度中央政府主导推动的“洪流计划”。这是20世纪70年代初（1970年），印度中央政府针对奶业发展实施的中央计划，其目标是解决奶供应不足的问题。该计划将奶农以合作社的形式组织起来，合作社一端连接奶农，另一端连接市场，在生产者和消费者之间起着桥梁作用。该计划分阶段进行：第一阶段（1970—1979年），作为试验，该计划率先在印度四大国际都市推行，目标是将27家奶舍联合起来统一为市场供应液体奶。第二阶段（1980—1985年），该计划在全国所有邦推行，大约34500个奶合作社被组织成136家奶舍，统一为乡市场供应液体奶。第三阶段（1985—1994年），在国际组织的帮助下推进，其中世界银行提供资金援助，欧共体（EEC）以脱脂奶粉和黄油的形式提供商品市场援助。在这一阶段，超过60000个奶合作社被组织成173家奶舍，成员包括600多万奶农。这一阶段除了生产液体奶，也生产奶粉。印度政府在80年代后期实施了“乳业发展技术使命计划”，为系统地发展乳制品业制定政策框架。

家禽养殖业一方面能提供就业机会和额外收入，尤其是社会弱势群体、妇女和受过教育却找不到工作的年轻人，另一方面，家禽也是印度大众动物蛋白质的重要来源之一。因此，家禽养殖业也是印度农村经济最重要的组成部分之一。印度家禽主要是鸡。发展家禽业的主要战略包括通过增加优质鸡苗供应、营养均衡饲料供应、禽类健康管理、市场营销和诸如储藏运输等基础设施的提升等，提高禽蛋和禽肉的产量。90年代初大量的畜禽养殖场被建立起来。禽蛋和禽肉产量在20世纪70年代和80年代呈高速增长。

（四）渔业

印度拥有漫长的海岸线，总长8000多千米。渔业在印度经济中有着重要作用。渔业为沿海人口提供了大量就业岗位，提高了人口营养水平，同时也是重要的食物来源和创汇手段。印度渔业产量在1950/1951年度为75万吨，到1993/1994年度上升到468万吨。1984/1985—1993/1994年的十年间，渔业年均增长6%，其中海洋渔业和淡水渔业增长率分别为5.5%和6.8%。这一时期，海洋渔业产量高于淡水渔业产量，但是淡水渔业增长速度高于海洋渔业增长速度。印度农业与合作部推出了多项渔业发展计划。包括：通过渔民发展署（Fish Farmer's Development Agencies）实施的“淡水鱼养殖发展计划”；通过微咸水渔民发展署（Brackish-water Fish Farmers Development Agencies）实施的“微咸水鱼养殖计划”；通过“沿海海洋水产发展计划”引入现代水产捕捞工具，使渔民能够扩大作业范围和捕捉到远洋鱼类；对总长不超过20米的海洋动力渔船实行柴油消费税减免；另外，在世界银行帮助下，实施一项“鱼虾养殖工程计划”，该计划包括在安得拉邦、奥里萨邦和西孟加拉邦发展对虾养殖业，在比哈尔邦和北方邦发展内陆水产养殖。

渔业一方面是印度大众的蛋白质来源之一，另一方面也是增加就业和创汇的一个重要部门。20世纪80年代后期，印度政府开始重视渔业生产，启动了淡水鱼养殖计划：“水产养殖发展计划”和“全国鱼苗发展计划”。这两项计划有效推动了淡水鱼产业发展。80年代初期，印度淡水鱼产量占印度鱼类产量的36%，到90年代初期，这一比重上升至40%。同时，印度禁止外国渔船拖网捕鱼并推动传统渔船机动化，这些举措使得印度90年代初期海洋鱼产量有效增长，并推动海产品出口增长。

为促进海洋渔业发展，采取的措施包括：外国渔船拖箱捕鱼、传统渔船机动化并对机动船实行退补燃料柴油中央消费税。“八五计划”为水产养殖设定了产量目标和养殖面积目标。这一阶段推出了“水产养殖户发展部门中央资助计划”，有选择地使用机动渔船开展近海远洋捕捞。为了提高出口导向的虾产量，在世界银行帮助下实施了虾养殖工程计划。该计划在东部沿海地区开展，包括西孟加拉邦、奥里萨邦和安得拉邦。所有沿海地区对虾养殖户建养殖池塘都会得到政府补贴。

“六五计划”开始，政府启动了两项淡水水产发展计划，分别为：“水产养殖发展计划”和“全国鱼苗发展计划”。这些计划项目对推动印度淡水鱼养殖发挥了巨大作用，淡水鱼产量比重由 20 世纪 80 年代初的 36% 提升至 90 年代初的 41%。

印度水产在增加食品供应、创造就业、提高人口营养水平和创汇方面都起着重要作用。不过一直到 20 世纪 80 年代末期，印度水产增长比较缓慢。1980/1981 年印度鱼类产量为 244 万吨，2019/2020 财年，鱼类产量达到 1416 万吨的历史新高。在“蓝色革命”推动下，印度成为世界上第二大渔业生产国，其鱼类产量约占世界鱼类总产量的 7.58%。渔业部门对国民经济增加值和农业经济增加值的贡献率分别为 1.24% 和 7.28%。2019/2020 年印度海产品出口 129 万吨。渔业为 1600 万人直接提供了生计，并且通过其延伸产业链还间接地提供了双倍的就业机会。通过渔业部门直接或间接就业的人数总共达到 2800 万人，大多数为边缘弱势群体。

由于渔业产业的重要性，2019 年印度政府成立了独立的渔业部。该产业近些年保持持续增长，其年均增长率保持在 7% 以上。其产值占农业 GDP 的份额为 6.58%。印度已经成为世界上主要的海产品出口国，渔业则是印度最主要的出口创汇产业之一。2018/2019 年，印度出口海产品 139.256 吨。美国和东南亚是印度海产品的主要出口目的地，分别占印度海产品出口的 34.81% 和 22.67%。印度因其漫长的海岸线、辽阔的专属经济区（200 多万平方千米）和大陆架（53 万平方千米），渔业资源丰富而多样。另外，19.1 万多千米河流和运河，120 万公顷冲积湖，236 万公顷塘堰，354 万公顷水库和 124 万公顷回水水域和 120 万公顷咸水区为印度提供了丰富的内陆渔业资源。[1]2018/2019年印度渔业总产量1342万吨，其中海洋水产371万吨，内陆水产971万吨。内陆水产产量仅为潜在产量的58%，海洋渔业产量占潜在产量的71%。未来发展潜力巨大。

尽管印度内陆渔业和水产养殖业在绝对数量上有所增长，但其丰富的水域资源很大一部分未被利用或者利用不足，在经济增长方面其潜力还有待实现。

2019年印度出台的“内陆渔业及水产养殖政策”，其目标即充分利用渔业资源、促进渔业投资、提高渔业生产技术从而使渔业为印度经济贡献增长点。该政策的具体措施主要包括：

（1）内陆渔业：保护本土资源，恢复河流自然生态系统；人工水库改由邦渔业部门管理，以进行科学发展和有效治理；保护和恢复天然湿地生态系统；为喜马拉雅山区和东北各邦制定渔业发展政策、法律和保护方案。

（2）水产养殖：制定邦和地区行动计划；重新界定土地使用类别，使渔业和水产养殖成为农业的构成部分；为小农单独制定发展计划；简化农产登记和租赁要求；鼓励私营部门生产鱼苗、鱼饲料等水产养殖必需材料；制定必要的监管框架。

（3）其他政策措施：所有水产养殖投入材料必须强制登记；对外来物种进行监管；改进疾病监测；水产品种多元化；发展收获后和营销基础设施；加强渔业合作社；加强现有的福利和社会保护计划，与其他同类计划衔接，以提高渔民和农民养殖户福利；通过定期普查，加强内陆渔业和水产养殖数据库建设。

（五）园艺作物

印度从“四五计划”开始重视园艺作物种植。“七五计划”时期，水果和蔬菜产量年均增长率分别为2.2%和11.7%。“七五计划”期间，为促进水果生产推出了多个中央项目，包括菠萝和香蕉包装项目、优质苹果生产技术改良、精品果园计划等。由于椰子在印度既被作为一种油料作物也被作为一种食用性作物，

---

[1] 《印度经济调查2018/2019年》，第189页。网址：https://www.indiabudget.gov.in/budget2019-20/economicsurvey/doc/vol2chapter/echap07_vol2.pdf，查阅时间：2022年7月21日。

所以是一种重要的农产品。印度政府为此专门成立了椰子开发委员会，“七五计划”时期，实施了多项计划促进椰子产业综合发展。香料作物在“七五计划”时期也开始受到重视，并推出了香料综合发展计划。主要的香料作物包括：胡椒、生姜、姜黄和辣椒。此外，印度政府从“七五计划”时期也启动了多项发展计划，提高多种园艺作物产量，包括腰果、可可、槟榔等。

印度园艺作物广泛覆盖水果、蔬菜、椰子、腰果、香料和观赏植物。在干旱地区和山地，园艺作物对构建健康的农业生态系统有着重要作用。印度园艺作物发展在这一时期面临的制约因素包括种植材料匮乏、包括信贷和推广服务等在内的辅助性要素缺乏、不易储存造成的损失、缺乏收获后技术、相关基础设施薄弱。对此，印度政府采取了相应的措施。“七五计划”期间印度蔬菜产量大幅增加，椰子被宣布为油料作物以鼓励其生产，同时椰子生产受到椰子发展委员会支持，产量大幅增加。印度这一时期香料产量大约为180万吨，其中年均大约出口12万吨。辣椒是最重要的出口香料，80%的香料出口收入来源于辣椒出口。腰果是印度的另一重要出口作物，主要出口腰果仁。

印度农业气候带多样化使其园艺栽培作物丰富，蔬菜、水果、花卉、香料和种植园作物等各类品种丰富。其中香蕉、芒果、椰子、腰果等产量全球第一，另外，土豆、洋葱、西红柿等产量世界前列。20世纪90年代，园艺种植产品出口占农产品出口的25%，主要包括：水果、蔬菜、花卉、腰果、香料等。90年代开始，印度花卉产业迅速发展起来，尤其是鲜切花出口展现出了较大的增长潜力。印度“八五计划”对园艺种植业进行了大力扶持，重点发展温室、塑料地膜和滴灌设施。1995/1996年度，将早期对一公顷以内的小规模园艺种植者的政策性补贴扩大至所有园艺种植户。1996/1997年进一步提高了补贴额度，对小农、边际农和表列种姓/表列部落的补贴提高至每公顷25000卢比或园艺设施成本的90%，而对其他农户这一标准费则提高至25000卢比或70%。鼓励发展低成本温室大棚，既用于发展出口导向型意愿种植项目，也用于高海拔区种植非应季蔬菜。

三、农业经济与国民经济

（一）农业地位

作为全球最大的农业经济体之一，印度农业部门及其相关产业对国民经济有着至关重要的作用。

第一，农业及相关部门就业占比最高。印度农业部门及相关行业是印度最大的就业部门，为半数以上的印度人口提供生计。直接和间接依赖农业就业的人口比例在所有印度产业部门中占比最高。根据《印度农业部 2021/2022 年度报告》，印度劳动力总数中的 54.6% 从事农业及相关行业劳动，57.8% 的农村家庭从事农业生产。[1]

第二，农业及相关部门在国民经济占比近 20%。（见图 2-2）印度的耕地面积约占全球耕地面积的 11.24%，淡水资源约占全球 4%，而印度人口（13.8 亿人，2020 年数据）占世界总人口的 18%。1980/1981—2019/2020 年的四十年间印度农业年均增长 3.2%，这几乎是同一期间人口增长速度（1.7%）的 2 倍。所以，印度得以从独立之初的粮食净进口国转变为粮食净出口国，2018/2019 财年印度农业顺差是农业总产值（A-GDP）的 3.7%[2]，2021/2022 财年印度经济总增加值（GVA）中农业经济贡献了 18.8% 的份额。[3]

---

[1] 《2021/2022 年印度农业报告》。

[2] Dr. Ashok Gulati & Ms. Ritika Juneja, TRANSFORMING INDIAN AGRICULTURE, National Dialogue: Indian Agriculture Towards 2030 https://niti.gov.in/sites/default/files/2021-01/2-Abstract-Final-Transforming-Agri-English.pdf.

[3] Annual Report 2020-21, Department of Agriculture, Cooperation & Farmers' Welfare, Ministry of Agriculture & Farmers' Welfare, Government of India.

图 2-2　印度农业占 GDP 比重

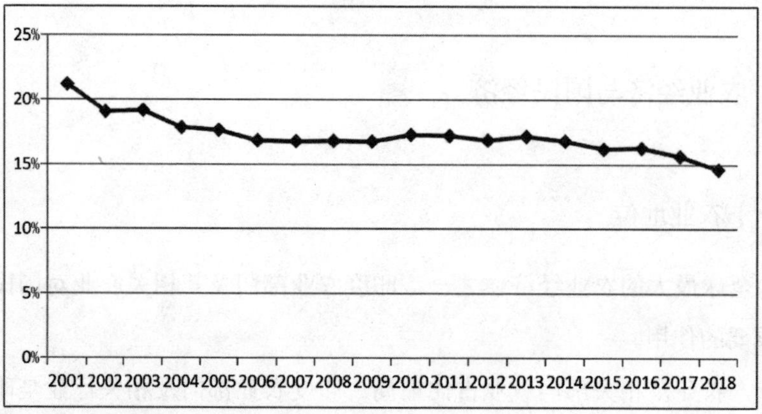

（数据来源：联合国官网）

第三，农业对经济的正外部效应。印度 1991 年开启了具有转型意义的经济改革。尼赫鲁一手打造的具有社会主义色彩的公有体制被私有化取代，仅保留原子能、军用航空、铁路运输和舰船等行业为国营控制。放弃独立以来推行的贸易保护主义，转而拥抱外资，采取降低进口关税、扫除境外资本进入印度投资的种种障碍，废除许可证制度等措施。1991 年的经济改革开启了印度长达 20 多年年均经济增速超过 7% 的高增长时期。莫迪总理执政以后终止执行“五年计划”发展模式，并于 2015 年 1 月组建印度国家转型委员会，开启印度全面转型进程。像印度这样的发展中国家，其经济转型在很大程度上有赖于农业及相关部门的表现。农业是印度最有弹性的产业，对印度经济缓冲有较强的正外部效应。2019/2020 年印度农业对国民收入的贡献由 2014/2015 年的 18.2% 下降到 16.5%，反映正在发生的经济转型产生了一定效果。政府提出的农民收入倍增目标要实现，需要解决的障碍性问题包括：农业信贷渠道畅通、保险覆盖的面和度以及灌溉设施等。另外，印度农业机械化程度相对较低，目前为 40%，跟其他金砖国家相比，差距较大，例如，中国目前的农业机械化程度为 60%，巴西为 75%。畜牧养殖业和农产品加工被作为促进农业增长的重点产业，原因在于近年来畜牧养殖业的年均增长率超过 8%，以及其对就业、收入和营养安全的重要性，而食品加工业近年的年均增速保持在 5% 以上，且食品加工行业一方面有助于减少农产品收获后的浪费，另一方面为农产品创造了更大的市场。2020 年在国际形势影响下，印度经济大幅下滑 7.2%，除农业以外的所有部门出现负增长，仅农业部门实现了 3.4% 的正增长，农业部门展现了相当大的弹性，为印度经济、就业和生计提供了有力缓冲。

从印度农业与印度整体经济长期发展轨迹看，农业对整体经济的影响是很明显的，但存在一定的迟滞性。印度农业年度增长受天气因素影响比整体经济增长波动更大，例如，2015/2016 年度仅比上一年度微增 0.6%，2016/2017 年度农业增加值大幅增长 6.8%，随后连续两年走低，2019/2020 年度农业恢复增长，增速超过经济总体增速。这种波动可能对整体经济形成扰动，但也可能对整体经济产生缓冲作用，例如 2020/2021 年度，印度经济大幅下滑，农业部门持续增长，成为唯一实现正增长的经济部门。

另一方面，从长期发展趋势看，印度农业及相关部门增速是不足的。（见图 2-3）根据《印度经济调查》的预测，印度要实现 8% 的 GDP 增速，那么农业增速有必要保持在 4% 以上。印度农业增速不足的主要原因被解释为 60% 的农业靠天吃饭。从印度农业气候长期规律看，很难有连续三到五年的良好农业天气助力农业丰收，每隔几年的干旱使得灌溉成为农业增长的关键因素之一，而灌溉能力提升慢以及灌溉效率不高、农业资本形成率下降、农业结构不合理等则是印度农业正在面临的现实困境。印度农业增速要实现突破，没有大的变革是无法实现的。

图 2-3　近年印度农业及相关部门增加值与印度国民经济总增加值增长水平（以 2011/2012 年为基准）

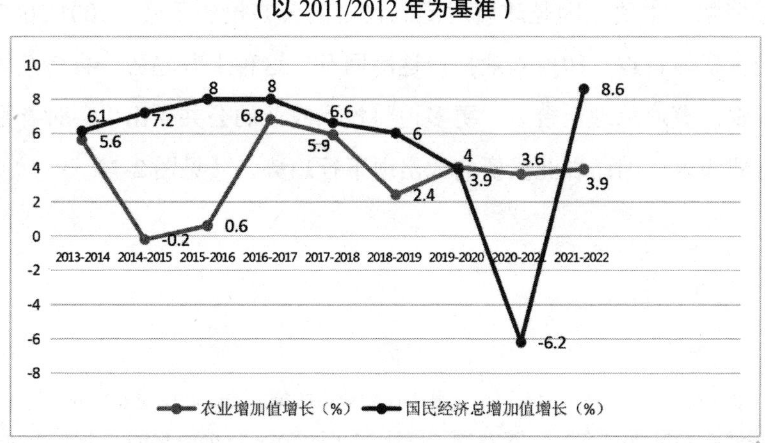

（数据来源：印度农业与农民福利部2020/2021年度报告、2021/2022年度报告。其中2020/2021年和2021/2022为预估值）

此外，印度农业成本与价格委员会（CACP）2014年2月的《夏季作物价格政策》报告中指出，随着时间的推移，产量的增加与各种作物的实际平均生产成本呈反比关系。举例来说，冬季作物产量增长10%会使各种作物的平均实际生产成本下降2.1%—8.1%。[1]影响产量的因素有很多，比如种子品种和质量、土壤质量、灌溉（包括水质）、化肥（包括施用比例）、农药、劳动力、推广服务等。此外，农民获得的农产品价格、获得特定价格的确定性和保障也能激励农民选择种植特定作物并激励其在耕作中的投入。

（二）农业资本形成

印度农业投资在20世纪70年代以前呈增长趋势，“绿色革命”期间达到高峰，80年代以及90年代的“后绿色革命”时期，印度农业投资表现出趋势性下降，尤其是农业领域的公共投资下降更明显，其主要原因在于公共支出的很大一部分由投资转向了以补贴和对各种减贫计划进行转移支付的形式形成的消费支出。与此同时，农业资本形成率与总的资本形成率之比也出现下降趋势。（见图2-4，图2-5）但另一方面，虽然公共投资下降，私人投资却是有所增长的。概括地说，这一时期印度农业公共投资特征表现为总体增长停滞，公共投资下降，私人投资增加，公共投资在农业总投资中的比例下降，私人投资比例相应上升，而农业投资占GDP的比例呈下降趋势。（见图2-6）90年代中期后，印度农业投资出现一波连续降幅，主要原因是政府对灌溉设施的公共投资下降。2001/2002年成为一个农业投资转折点，印度农业投资逐渐回升。这种上升趋势一直持续到莫迪总理执政前夕。莫迪总理上台后，更多地将投入农业的公共支出以各种补贴和转移支付的方式投入，因而农业投资曲线出现下行趋势。（见图2-7）

---

[1] 印度农业成本与价格委员会：《夏季作物价格政策》，2014.2，第67—69页。转引自印度《印度经济调查2014/2015年》，第78页。网址：https://www.indiabudget.gov.in/budget2015-2016/es2014-15/echapter-vol2.pdf，查阅时间：2022年。

图 2-4　2004—2011 年农业及相关部门资本形成（GCF，以 2004/2005 年为基准）[1]

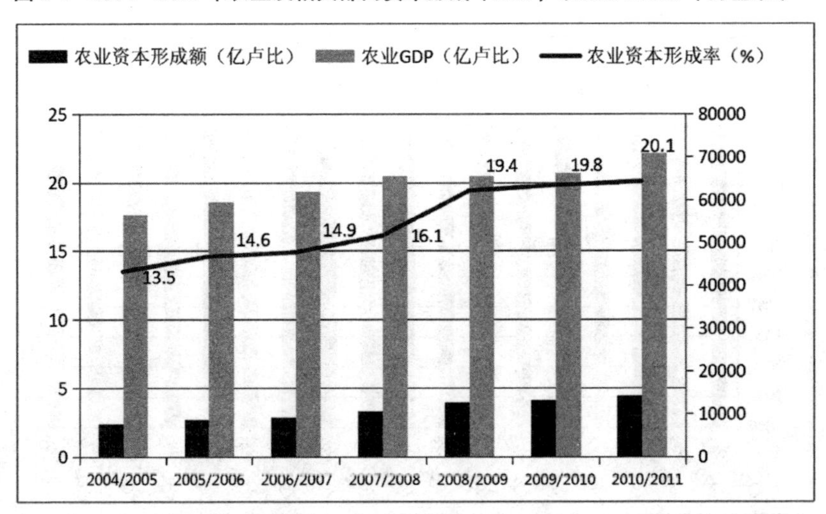

图 2-5　2013—2020 年农业及相关部门资本形成（以 2011/2012 年为基准）[2]

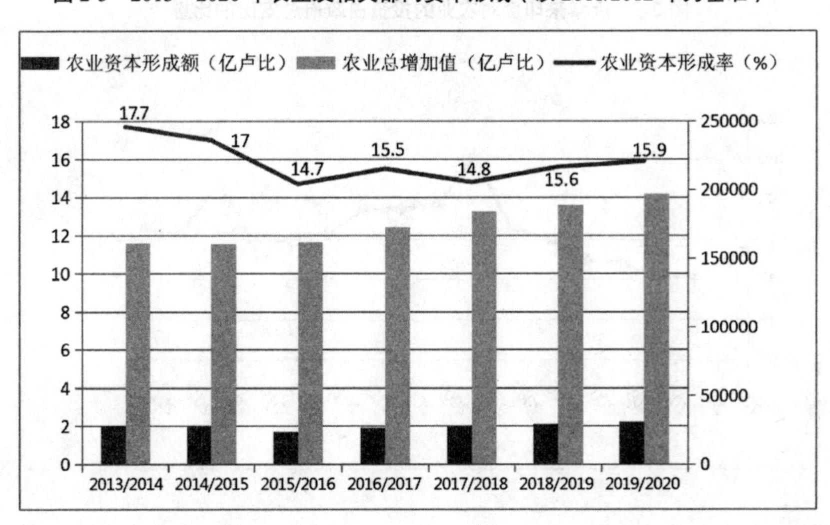

[1]　数据来源：《印度经济调查 2011/2012 年》。

[2]　数据来源：印度农业与农民福利部 2020/2021 年度报告、2021/2022 年度报告。资本形成率 = 农业及相关部门资本形成总额（GCF）/ 农业总增加值。

图 2-6　印度农业投资公私比例（以 1980/1981 年为基准）[1]

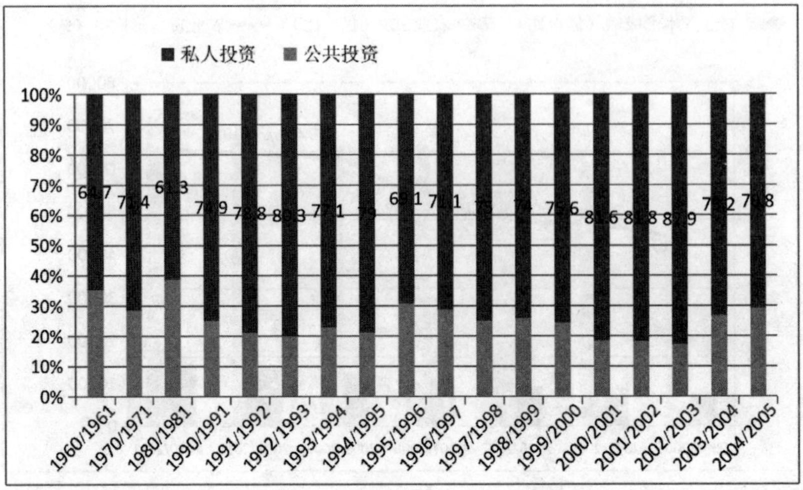

图 2-7　近年来印度对农业的投资占政府总支出的比重[2]

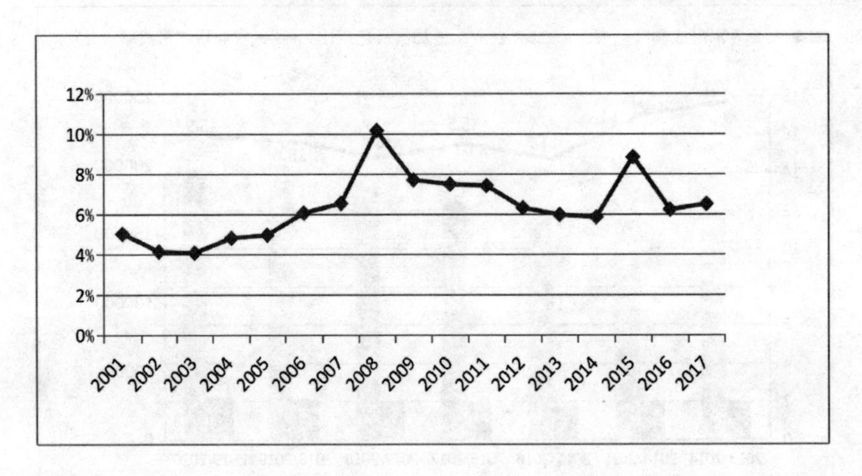

“后绿色革命”时期，政府对农业的公共投资下降，而私人对农业投资出现上升趋势，这离不开政府的政策推动。首先是农业信贷环境改善以及农产品贸易

[1]　数据来自《印度经济调查 2005/2006 年》，其中 1960、1970、1980、1990 数据基准年为 1980/1981，1995—1999 基准年为 1993/1994，2000—2004 基准年为 1999/2000。

[2]　本组数据来自联合国官网国别档案：https://country-profiles.unstatshub.org/ind#goal-2。

自由化均有利于提高私人对农业领域的投资。另外，政府还采取措施强化资本形成来推动农业发展，主要措施包括：制定农业多元化路线图，重点是园艺、花卉、畜牧和水产；强化农业基础设施；推出国家水体修复计划；重点关注微灌溉、微金融、微保险和乡村信贷；在每个村子设立“知识中心”；设立国家农业战略研究基金；通过创造信贷增长点在乡村地区提供城市便利设施。

（三）农业进出口

根据世贸组织的统计数据（2018 年），印度农产品出口与进口贸易额分别占全球农产品出口和进口贸易总额的 2.15% 和 1.54%。2018/2019 财年和 2019/2020 财年，印度农产品出口额与印度农业生产总值（农业 GDP）的比率分别为 9.9% 和 8.3%，同期农产品进口额与农业生产总值的比率分别为 4.9% 和 4.8%。

1. 出口

印度是耕地大国、农业生产大国，近年来主要农作物大米、蔗糖、香料等种植面积和产量大大增加，农产品出口也实现了快速增长。主要出口农产品包括：大米、蔗糖、香料、棉花、油饼、咖啡、茶叶、蓖麻油、腰果以及蔬菜、水果等。（见表 2-7）印度农产品出口主要目的地国家包括：美国、越南、阿拉伯联合酋长国、孟加拉国、沙特阿拉伯、伊朗、中国、马来西亚、印度尼西亚、尼泊尔、荷兰、日本、巴基斯坦、泰国和英国。如今印度已发展成为重要的农产品出口国，2019/2020 财年 4—11 月，印度农产品出口占本期全部出口商品的比重为 10.9%，2020/2021 财年 4—11 月，这一比重增长为 14.4%，其中贡献最大的农产品包括：原棉（同比增长 140%）、大米（不包括印度香米，增长 118%）、糖（增长 72%）、饼粕（增长 32%）、印度香米（增长 13%）、新鲜蔬菜（增长 12%）、香料（增长 8%）。（见图 2-8）

图 2-8　近 5 年印度农业及相关部门出口情况

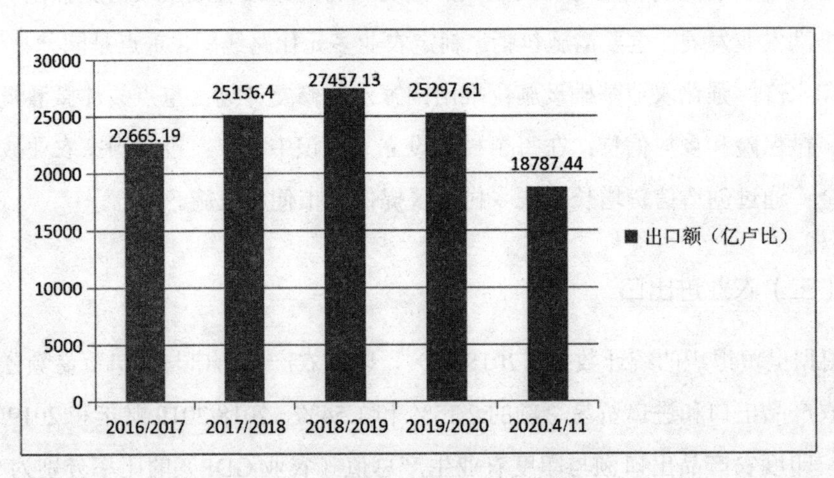

表 2-7　印度农产品出口前 10 位商品

排名	商品	2016/2017 年		2017/2018 年		2018/2019 年		2019/2020 年		2020/2021 年	
		出口量（万吨）	出口值（亿卢比）	出口量（万吨）	出口值（亿卢比）	出口量（万吨）	出口值（亿卢比）	出口量（万吨）	出口值（亿卢比）	出口量（万吨）	出口值（亿卢比）
1	印度香米	398.52	2151.29	405.69	2687.07	441.46	3280.43	445.48	3102.63	304.75	2002.67
2	其他大米	677.08	1692.99	881.85	2343072	764.8	2117.12	505.63	1440.03	702.51	1977.98
3	香料	101.45	1911.13	109.63	2008.49	113.39	2321.78	119.34	2564.2	102.17	1909.38
4	牛肉	132.36	2616.14	135.03	2603.52	123.34	2509.14	115.23	2266.11	70.52	1548.92
5	食糖	254.4	865.95	175.79	522.56	398.97	952.31	579.85	1398.16	456.98	1212.14
6	原棉（含废棉）	99.61	1090.73	110.15	1220.01	114.31	1462.76	65.78	753.95	59.73	608.55
7	饼粕	263.23	541.01	357.08	704.32	449.33	1055.75	265.58	586.14	219.09	524.16
8	蓖麻油	59.92	452.15	69.71	673	61.94	617.01	59.39	632.38	48.57	436.77
9	新鲜蔬菜	340.41	579.07	244.8	529.77	319.25	567.91	193.05	461.73	177.27	382.67
10	各类加工食品	0.0	305.38	0.0	354.9	0.0	461.34	0.0	458.68	0.0	376.93

续表

排名	商品	2016/2017 年		2017/2018 年		2018/2019 年		2019/2020 年		2020/2021 年	
		出口量（万吨）	出口值（亿卢比）	出口量（万吨）	出口值（亿卢比）	出口量（万吨）	出口值（亿卢比）	出口量（万吨）	出口值（亿卢比）	出口量（万吨）	出口值（亿卢比）
农产品及相关制品出口总计		22665.19		25156.4		27457.13		25297.61		18787.44	

（数据来源：印度农业与农民福利部2020/2021年度报告）

2. 进口

按商品价值金额计算，2019/2020 年度，印度排名前 10 位进口农产品分别是：植物油、新鲜水果、豆类、香料、原棉（含废棉）、腰果、糖、可可制品、芝麻、咖啡。（见表 2-8）2020/2021 财年 4—11 月，印度农业及相关部门进口比上年同期下降 3.55%，主要由于原棉（含废料）进口大幅减少（－ 79%），另外，香料、腰果、豆子进口分别减少 33.6%、15.7% 和 6.5%。由于国际卫生形势的影响，同时期印度全部商品进口整体出现更大幅下滑，农业及相关部门的进口与全部商品进口的比率由上年同期的 4.4% 上升为 5.9%。印度农产品进口主要来源地分别为：印度尼西亚、乌克兰、美国、阿根廷、马来西亚、巴西、新加坡、阿富汗、中国、泰国、越南、阿联酋、科特迪瓦、澳大利亚和缅甸。（见图 2-9，图 2-10，图 2-11）

表 2-8　近 5 年印度排名前 10 位的进口农产品情况

	商品	2016/2017 年		2017/2018 年		2018/2019 年		2019/2020 年		2020.11	
		出口量（万吨）	出口值（亿卢比）	出口量（万吨）	出口值（亿卢比）	出口量（万吨）	出口值（亿卢比）	出口量（万吨）	出口值（亿卢比）	出口量（万吨）	出口值（亿卢比）
1	植物油	1400.99	7304.77	1536.1	7499.59	1501.93	6902.38	1472.21	6855.82	927.26	5051.7
2	新鲜水果	104.02	1124.1	99.47	1252.46	112.42	1393.17	99.37	1413.71	63.73	947.14
3	豆类	660.9	2852.39	560.75	1874.86	252.79	803.53	289.81	1022.14	153.23	714.84
4	腰果	77.43	902.71	654	913.43	83.96	1116.23	94.14	902.63	66.88	589.88
5	香料	24.04	575.78	22.23	638.53	24.06	793.27	32.09	1018.69	21.83	495.2

续表

	商品	2016/2017 年		2017/2018 年		2018/2019 年		2019/2020 年		2020.11	
		出口量(万吨)	出口值(亿卢比)	出口量(万吨)	出口值(亿卢比)	出口量(万吨)	出口值(亿卢比)	出口量(万吨)	出口值(亿卢比)	出口量(万吨)	出口值(亿卢比)
6	食糖	214.62	686.86	240.3	603.58	149.06	317.54	111.77	247.32	150.73	353.05
7	含酒精饮料		358.11		387.61		467.87		464.35		255.11
8	原棉（含废棉）	49.87	633.74	46.91	630.68	29.93	438.34	74.43	937.12	14.31	170.54
9	其他油籽	11.72	39.48	12.74	36.46	22.05	74.54	41.09	152.78	35.33	153.82
10	各类加工食品		211.62		224.97		256.02		263.59		130.41
农产品及相关制品进口总计			16468.06		15206.12		13701.94		14744.58		9726.77

（数据来源：印度农业与农民福利部2020/2021年度报告）

图 2-9　近 5 年印度农业及相关部门进口情况

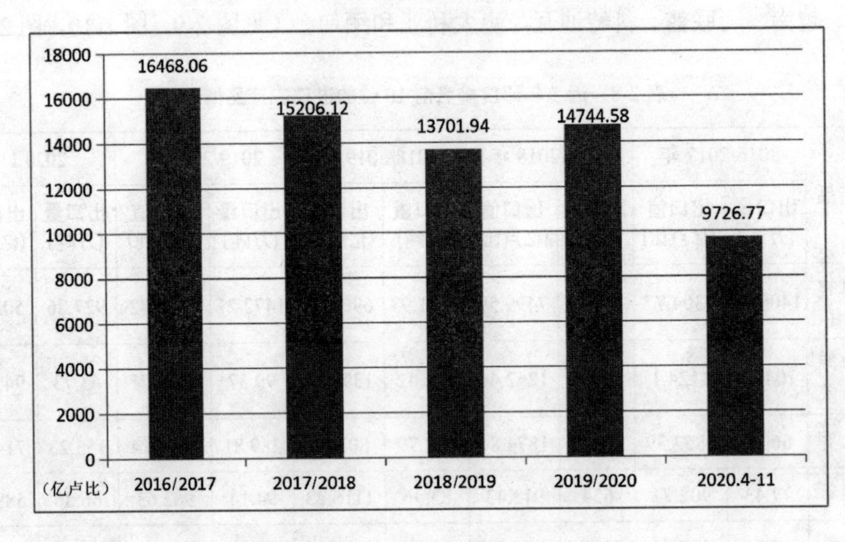

（数据来源：印度农业与农民福利部2020/2021年度报告）

图 2-10　2019/2020 财年印度进口农产品及相关制品份额示意图

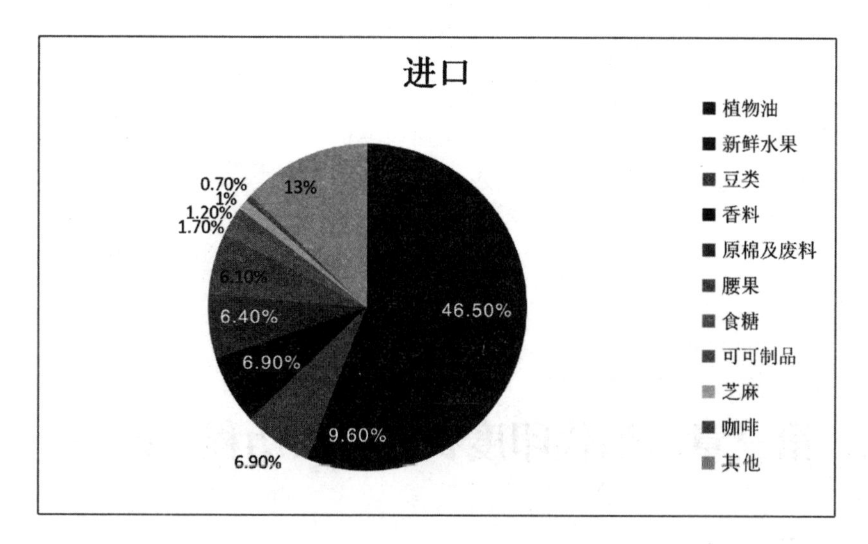

图 2-11　2019/2020 财年印度出口农产品及相关制品份额示意图

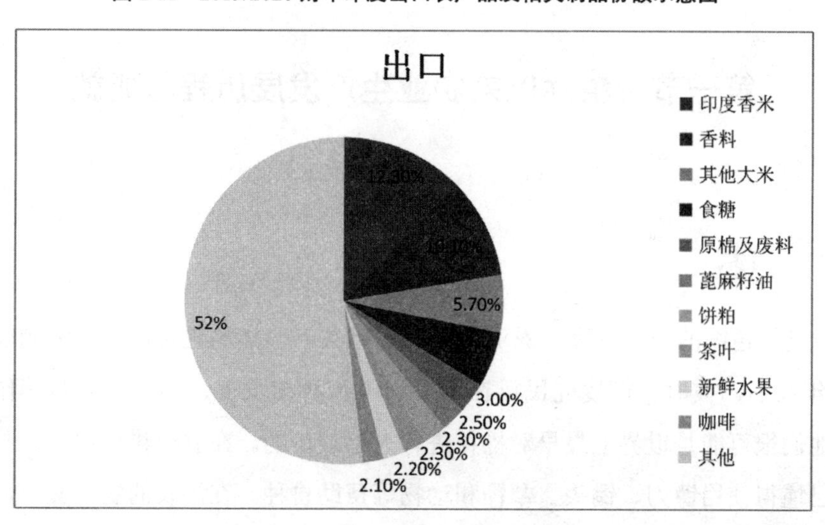

（数据来源：印度农业与农民福利部2020/2021年度报告）

第三章 当代印度农业发展历程与改造

第一节 独立以来农业生产发展历程与成就

一、背景

印度是传统的农业国家，农业发展历史悠久。已知的史实可以追溯到公元前3000年前后，彼时，印度先民已在印度河流域种植大麦、小麦、胡麻等作物，并且他们很可能是世界上最早对棉花进行人工栽培的。在农业耕作中，这些印度先民已懂得使用镰刀、锄头、犁铧和动物等帮助耕种。在漫长的农业文明演进过程中，印度农作物种类不断丰富，粮食作物、经济作物、蔬菜水果等都有栽培，畜禽饲养也在印度早期农业文明中有较大发展。总体上看，近代以前的印度农业在人类文明史上是相对较为发达的。进入近代，印度农业逐步衰落，尤其是欧洲殖民者的到来，加速了印度农业的衰落。印度沦为英国殖民地的同时也沦为英国的工业原料基地，大规模品种单一的经济作物取代传统的作物种植，殖民者的掠夺不仅造成农民的贫困、土地的贫瘠、整个社会经济发展的断裂，更直接造成印度农业发展迟缓，也是后来频繁发生饥荒的根源。据统计，在英国殖民期间，仅1860—1908年不到50年的时间里，印度就爆发了20次饥荒，1943年爆发的孟加拉大饥荒，死亡人数达350万人。1900—1947年，印度总共2600万余人死于饥荒。20世纪三四十年代，印度由粮仓变为举世闻名的“饥饿之国”[1]。1937年，盛产水稻的缅甸从英印殖民地分离出去后，印度被迫进口大米，“1947年印巴分治使占人口82%的印度，仅占有粮食种植面积的75%，灌溉面积的69%，盛产小麦的西旁遮普和信德也归属巴基斯坦”[2]。分治更加剧了印度的“粮荒”，让印度农业面临更大困难和压力。

二、生产关系改造

（一）封建农业生产关系

1947年，印度人在复杂的情绪中迎来国家独立。独立之初的印度，首先要解决的是3.6亿人口的吃饭问题。然而落后的印度农业根本无力担此重任，发展农业生产成为新政府的当务之急。因而，独立初期的印度国大党尼赫鲁政府发起了“粮食增产运动”，但这只是过渡阶段新政府在英印政府“粮食增产计划”基础上提出的权宜之计。独立时，印度继承了封建农业生产关系，土地权力集中在少数地主/柴明达尔手中，而实际耕种者/佃农并没有任何权利或者保障。根据地主、农民和政府三者之间的不同关系，又分为不同的制度，分别为柴明达尔制（Zamindar）、马哈瓦尔制（Mahlwari）、罗特瓦里制（Ryotwari）。其中柴明达尔制是最为普遍的一种，全部私有农业用地中57%为柴明达尔制，罗特瓦里制和马哈瓦尔制分别占38%和5%。[3]

[1] 李军、黄玉玺、胡鹏著：《全球化中的大国农业：印度农业》，北京：中国农业出版社2017年12月版，第30页。

[2] 张敏秋：《印度解决粮食问题的措施》，载《中国农村经济》1988年第12期，第57页。

[3] Report of the Expert Committee and Moderl Law on Agriculture Land Leasing，第28页。

1. 柴明达尔制

柴明达尔制下，土地通过层层转租，在地主和农民之间发展出大量中间人。根据当时英国政府的《西蒙委员会报告》的调查结果，一些土地租佃甚至有多达50个中间人出现。[1] 而最终耕种土地的农民通常需要将收成的50%以上用于支付土地租金。柴明达尔制较为流行的地区包括：西孟加拉邦、比哈尔邦、奥里萨邦、北方邦以及安得拉邦和中央邦部分地区。

2. 罗特瓦里制

罗特瓦里制是农民直接从政府手里租用土地并交租税，农民对土地没有所有权，租期通常为20—30年，但是农民可以将土地转让、抵押或者分租给别人，承让方享受同等权利。这种制度消除了地主和农民之间任何形式的中间人。该制度在马哈拉施特拉邦、古吉拉特邦、阿萨姆邦、泰米尔纳德邦、玛蒂亚邦比较常见。

3. 马哈瓦尔制

马哈瓦尔制是以整村为单位，农民根据租用土地面积大小支付租金，由村集体指派的人负责征收。这种租税制多见于旁遮普、北方邦以及中央邦部分地区。

（二）土地改革

封建的农业生产关系是低效率、不平等和不公正的。尼赫鲁政府清楚地认识到，必须改造印度农村的封建生产关系，消除土地耕种者与国家之间的各类中间人，让土地耕种者能够从耕作中获益，否则，印度农业难以得到有效激励并获得实质性增长。因此，尼赫鲁政府确定了以制度改革为基础、土地改革为核心的农业发展战略。土地改革的三大关键措施分别是：废除中间人制度、土地租佃制度改革、规定土地持有最高限额。

---

[1] A N Agrawal: Indian Economy: Problems of Development & Planning. Wishwa Prakashan, A Division of New Age International, (P) Limited, Publishers (30th Edition), 2004, P263.

1. 废除中间人制度

这项措施于 1954 年即完成。通过废除中间人制度，清除了农民和政府之间的所有中间人，2000 万农民直接同政府建立联系，其中 600 万农民成了土地主人，他们总共拥有 700 万亩耕地。此外，大量荒地、私人林地被收归政府，也一并分配给无地农民。

2. 土地租佃制度改革

殖民时期遗留下来的土地租佃制度，从土地投入和产出角度看，具有明显的破坏性。无论在哪一种租税制下，谁都没有动机和动力对土地进行合理利用和进行必要的投入，低投入和低效激励对印度农业发展的破坏性显而易见。从社会后果看，租佃制产生严重分配不公。农民耕种土地不仅没有分得公正的份额，而且还会因为恐惧失去土地租赁权而甘心接受压榨和盘剥。此外，土地大量向大地主手中集中的现象十分突出。相关数据显示，殖民统治时期，59% 的地主为小地主（持有土地不足 1 公顷），他们拥有的土地仅占全部土地的 14.9%，而占比仅 1.2% 的大地主（持有土地面积 10 公顷以上者）却占有 17.4% 的土地。[1]

在土地租佃制度改革中，不同的邦制定了不同的法律，大体上又分为两类：一是完全禁止土地租佃，二是对土地租佃进行法律规范。

（1）禁止土地租佃。立法禁止任何情况下租佃农用土地。采取这种做法的邦有：查谟 - 克什米尔邦、喀拉拉邦和曼尼普尔邦。

（2）对农业用地租佃进行法律规范。大多数邦采取这种做法。具体的法律规定具有很大差异：

a. 固定土地租金。1951 年以前，通常超过 50% 的土地收益要用于支付租金，某些情况下甚至可能达到 70%—80%。除了支付租金，佃户还需要向地主提供无偿服务。在大多数地方，租金通常是用实物支付，而非现金。印度“一五计划”中确定了土地租金最高限额的指导性原则，即不得超过土地收益的 20% 或

[1] A N Agrawal: Indian Economy: Problems of Development & Planning. Wishwa Prakashan, A Division of New Age International, (P) Limited, Publishers (30th Edition), 2004, P264.

25%。各邦相应地颁布了法律来规范佃农的租金。不过，各邦确定的规定却不尽相同，甚至同一个邦内不同地方也可能存在差异。

b. 保障佃农的租佃权。规定除非在特定情况下如果地主想要收回土地自己耕种，一些邦规定了收回土地的最高限额，另一些邦规定只有在佃户有多余土地的情况下地主才能收回自种，还有一些邦干脆不允许地主收回土地使用权。安得拉邦、泰米尔纳德邦、拉贾斯坦邦和西孟加拉邦并没有立法禁止租佃土地，但是法律却有一些限制条款。比如，西孟加拉邦只允许分成，安得拉邦规定租期最短 6 年，有任何特殊理由需终止租赁需要向特别司法官员申请。泰米尔纳德邦也没有立法禁止租佃土地，但是通过立法保障佃农的租佃权，除非佃农违反了相关条款（①佃农不付租金；②佃农毁损土地；③佃农转租土地给别人；④土地被用于非农用途），地主不得收回土地驱逐佃农。如果佃户违反了相关条款，地主想要收回土地，地主须向税务官员提出申请。

c. 允许满足条件的地主将耕地出租给他人，比如：有肢体或精神疾病的、寡妇、未婚 / 分居 / 离异的女性、武装部队工作人员等。实行这种规定的有比哈尔邦、卡纳塔克邦、中央邦、昌迪加尔邦、北方邦、乌塔拉坎德邦、喜马偕尔邦、特里普拉邦、特伦甘纳邦和奥里萨邦。其中卡纳塔克邦规定只有海员和军人才能将耕地出租给他人。一些邦也允许特定权属主体出租耕地，比如某些庙产。

d. 赋予佃户土地所有权。土地改革的主要目标之一是让佃农拥有土地所有权。不过最终仅有十多个邦颁布了相应的法律。包括：马哈拉施特拉邦、古吉拉特邦、喀拉拉邦、卡纳塔克邦、阿萨姆邦、喜马偕尔邦、查谟－克什米尔邦、拉贾斯坦邦、中央邦、奥里萨邦。其中旁遮普邦、古吉拉特邦、马哈拉施特拉邦和阿萨姆邦赋予佃户在一定租佃期后从地主手里购买土地的权利。古吉拉特邦、马哈拉施特拉邦规定，如果佃农属表列种姓 / 表列部落（SC/STs），则佃农的租约不能被中止。旁遮普邦没有立法禁止土地租佃，但是规定佃农租佃持有土地超过最高限额的地主的土地，若连续租佃超过 6 年则有权购买所租佃的土地。阿萨姆邦也有相似规定，佃农有权购买其连续 3 年租佃的土地，价格为租金的 50 倍。

各邦有关租佃法的条款各不相同，除以上所述，主要还包括：租佃期限、终止租佃的条件、地主收回土地的权利、佃农优先购买其承租土地的权利、租约的继承、租金规定，等等。

影响评价：对土地租佃的限制性法律规定从几个方面对农业效率产生了负面影响：①法律禁止或者限制土地租佃导致全国各地非法土地租佃盛行。这种情况下，租约要么是口头短期协议，要么频繁地在不同地块间轮换，这样一来，佃农就无法享受法律规定的权利，佃农权益受损的同时，也不会有动力对土地投资提高生产力。②非法租约下佃农无法获得贷款、保险和其他金融支持服务，这又进一步制约其生产力的提高。③法律的限制性规定让许多地主害怕触犯法律失去土地而宁愿让土地闲置撂荒，而与此同时，许多有能力、有劳动力耕种的家庭却不能获取足够的土地，这就造成了土地和劳动力双重浪费。④限制性的土地租佃法还降低了农民的职业流动性。许多拥有土地的农民有能力、有意愿在非农产业就业，但是担心出租土地或者移居他处可能导致失去土地，从而被迫留在农村经营土地。

3. 规定土地持有最高限额

土地改革的一个重要目标是调整土地的持有规模，实现土地再分配。一方面要缩减大地主持有的土地规模，另一方面要将调整出来的土地分给小农。这不仅意味着再分配公平，也有利于提高农业产量以及增加小农的收入。

这项土地改革措施的核心在于为地主持有土地规模设置上限。超过上限的土地即成为“超额土地”。“超额土地”由政府出资购买，然后政府再将这些土地卖给小农和无地农民。

“为持有土地规模设置上限”的政策是印度中央政府于 1972 年制定的。中央政府为这项政策设定了指导性原则，各邦自行出台法律具体执行，并且有较大的自主空间。“土地上限”具体包含几项重要内容：①这项政策规定以家庭为单位，家庭成员包括丈夫、妻子和孩子。这项政策为大家庭做出了额外规定：如果一个家庭拥有孩子的数量超过 5 个，则每多一个就可以多持有规定数量的土地。但同时规定，一个家庭持有的全部土地数量不能超过最高限额的 2 倍。②为不同的土地规定差异化持有上限。比如：有稳定灌溉水源且一年两熟及以上的土地，规定上限为 10—18 英亩，其中又视情况确定具体的限额，例如土地产量等因素。

灌溉水源的不同属性也影响土地具体限额，使用私人水源的土地1.25英亩等同于使用公共水源的1英亩，但最高上限最终都不能超过18英亩。对一年一熟的土地，土地持有上限放宽至27英亩。以上土地以外的其他土地的持有上限则规定为54英亩，部分沙地和山地持有上限可能超过54英亩。若同时持有不同类型的土地，则把多种类型土地按照一定比例折算成其持有的土地限额最低的土地类型，再计算，但最终不得超过54英亩。③各邦制定的土地法都有“例外”规定，这些土地不受限额约束，比如宗教庙产、集体农场等。

经过多年的实践，土地再分配最终结果却是令人失望的。在土地再分配的第一步，即政府购买地主超过土地规定限额部分的土地这一步便不能算成功，因为政府通过这一步获得的土地数量远少于预期，而最后到农民手里的土地更少。其中的原因主要有：①土地超额持有者利用时间差采取各种手段规避土地限额规定，比如售卖、他人代持、虚假交易等。由此产生的法律问题以及其他原因产生的法律问题导致大量而漫长的诉讼。根据印度宪法，土地改革属邦政府负责的事情，非中央政府负责执行，主导邦级政党的富裕农民种姓为避免自身利益受损，设定了足够高的土地最高上限。②政策本身存在的一些概念性瑕疵引发混乱。比如，中央政策和地方法律关于土地主权问题都只涉及土地所有权，并未涉及土地耕种权，导致原本已经转让给佃户的土地被“原地主”收回。另外，中央政策赋予地方邦自行制定法律规定“例外”内容的权力，大地主则利用自身的影响力游说邦政府制定有利于自身的法律规定，因而合法逃避土地限额的制约。这样一来，根本不可能有多少“多余”土地拿出来再分配。③土地权属相关记录不足，以及土地管理低效。在许多情况下，土地权属关系相关记录根本不存在，很多情况下，即便有，也不完善，或者是不明晰的。不少地方的政府官员甚至利用职务之便将土地据为己有或者为亲朋攫取土地提供便利。这些都严重阻碍了土地限额政策的推行。④缺乏有力的政治支持。地方政党受大地主的影响，许多政治人物自身即为大地主，而佃农和小农没有组成有影响力的组织，难以与既得利益者抗衡。这种种因素，使得印度土地再分配改革总体上看是不成功的。

独立后印度中央政府推行的土地改革主要目标是为（第二个五年计划）发展高效率和公平的农业经济创造条件，然而，从改革效果来看，改革只实现了部分目标。后来在20世纪60年代、70年代颁布的限制性租赁法律似乎对农业增长、公平以及农村非农产业发展投资产生了不利影响。

4. 解决土地碎片化问题

解决土地碎片化问题是印度土地改革的另一大目标。土地碎片化主要指两方面：一是土地为众多农民分散持有，人均持有土地数量很少。根据1990/1991年土地持有规模数据，59%的农民持有土地不足一公顷，亦即“边际农”，而他们持有的土地总计仅占印度全部耕地的14.9%。另有19%的农民持有土地面积为1—2公顷，亦即“小农”，这部分土地全部面积占印度全部耕地的17.3%。也就是说，印度农民78%为小农或边际农，他们持有的土地总共占印度全部耕地的32%。二是单个农民持有多块分散在不同地方的小块土地。印度第八次“全国抽样调查”显示，平均每个农民持有的土地被碎片成了5小块。而且，随着农民持有土地数量的增加，农民平均持有的零星土地块数也随之增加。例如，该抽样调查显示：持有土地面积为0.01—2.49英亩的边际农，平均拥有地块数量为2.89；持有土地面积为2.5—4.49英亩的小农，平均拥有地块数量为7.09；持有土地面积为5.5—7.49英亩的中农，平均拥有地块数量为8.19；土地面积为7.5—9.99英亩的，对应的平均地块数量为9.49；土地面积20英亩以上的大地主平均持有地块数量进一步上升至9.89。

造成土地碎片化的主要原因有：①人口增长。印度本身人口基数庞大，独立以后人口快速增长，但与此同时，耕地面积并未明显增长，且非农部门发展迟缓，无法吸收农村大量增加的劳动人口，新增农村人口只能不断汇入农业，进而持续分割耕地；②就业机会匮乏。印度工业制造业发展迟缓，创造的就业机会有限，以IT产业为代表的第三产业发展从一开始便带着结构性缺陷，也不能为广大新增劳动力提供就业机会。最终只能依靠农业解决生存问题。③传统的印度大家庭结构发生变化。传统的家族式印度大家庭使家族土地得以保持完整。在现代教育的影响和西方思想的冲击下，传统的印度大家庭结构逐渐瓦解。家庭中的年轻成员成年后选择自立门户，组建自己的家庭并独立经营土地，家族土地随着家庭成员的独立而被切割分配。这也是印度耕地碎片化的重要因素之一。④继承法的影响。印度承袭了英殖民时期的继承法。该法不但没有禁止大型农场的拆分，而且积极支持对土地的分割和再分割。该法不但保障了每个继承人分享土地份额的权利，而且允许每个继承人对每一块地进行分割。该法也没有规定继承人分割土地的最低下限，也就意味着任何一块土地都可以进行无限分割。⑤农民以土地清偿负债。陷入债务危机的农民被迫用土地偿债在印度并不少见。由于许多印度农民是文盲，一些放债者为了攫取土地，专门欺骗这些农民贷款，然后从农民手中分走土地抵偿贷款。⑥土地的附加意义。在印度，拥有土地是身份、地位的象征，土地能给人以安全感。因而，人们对土地的依恋和热情并不因土地面积的大小而改变。“寸土寸金”对印度人而言除了经济价值内涵，还有着社会价值内涵。其结果就是推动土地进一步碎片化。

土地碎片化具有诸多负面效应，不仅造成土地浪费，增加土地经营成本，增大农业生产管理难度，同时也损失了劳动和资本效率。更重要的是，碎片化土地经营使大规模建设永久性农业基础设施几近不可能，比如灌溉用井和灌溉渠、农产品仓储设施等。这些因素最终成为制约印度农业发展的障碍。

三、历次农业革命

（一）印度农业的（第一次）“绿色革命”

1.“绿色革命”过程及内容

印度独立后，发展农业现代化成为尼赫鲁政府的一项重点任务。首先着手的是土地改革和农村基础设施建设。通过“一五计划”和“二五计划”的努力，印度农业实现了较快发展。但是这一阶段的农业增长并不是因为提高了农业生产效率，而主要是因为扩大了耕种面积和灌溉面积。[1]这一时期人口迅速增长，两个“五

[1] 李军、黄玉玺、胡鹏著：《全球化中的大国农业：印度农业》，北京：中国农业出版社 2017 年 12 月版，第 31 页。

年计划”期间，人口增长了26.3%，而农业生产只增长了14%。[1]即便在粮食丰收的年份，也仍然依赖大量进口粮食解决印度人的口粮问题。1965年开始连续两年的旱灾，让印度陷入独立以来最严重的粮食危机。[2]这种形势下，印度政府不得不进行激进的农业技术革新快速实现粮食增产。

为了使印度粮食增速赶上人口增速，解决印度独立以来尤其是20世纪60年代出现的严重粮食危机，印度政府进行了激进的农业技术革新。从1966年秋季作物开始，引进高产杂交新品种，首先从小麦品种入手，其次是水稻品种。这些品种大多属矮化品种，植株相较普通品种更短，成熟期更短。这样的品种非常适宜在排水、浇灌条件较好的区域种植，在这些地区，二熟甚至三熟作物替代了一熟作物，同时配合大量使用化肥（跟其他普通品种相比，化肥使用量高出4—10倍）。高产杂交品种首先引入旁遮普邦、哈里亚纳邦、北方邦等。这些邦位于印度河—恒河冲积平原，有着深厚的河流冲积层，砂壤土质，土壤有机质含量低。这些地区传统农业并不以小麦、水稻种植为主。农业技术革新的推广使小麦、水稻成为这些地区的主要种植作物。随着高产杂交品种加化肥的农业技术革新获得成功，粮食产量显著增长。

“绿色革命”是基于新技术的农业变革，是由印度政府推动实施的农业发展新战略。它的“新”就在于通过改善投入来实现增产的目标，包括种子革命、化肥的大量使用、提升灌溉水平以及农机器具的使用等。“绿色革命”的核心是“技术革命”。首先是种子。传统种子来源于农民自己培育留存的作物种子，而“绿色革命”推广实验室培育出的种子。其次是肥料。传统农业使用的肥料是腐化植物、动物粪便等生物肥料，“绿色革命”大量推广化学肥料。另外，杀虫剂、人工灌溉系统等的迅速使用和发展，这些新技术联合运用，使“绿色革命”取得巨大成功。由于“绿色革命”从一开始着重发展小麦，从种子、化肥到灌溉和大面

[1] 李军、黄玉玺、胡鹏著：《全球化中的大国农业：印度农业》，北京：中国农业出版社2017年12月版，第31页。

[2] 李军、黄玉玺、胡鹏著：《全球化中的大国农业：印度农业》，北京：中国农业出版社2017年12月版，第31页。

积推广都是以小麦为重点，“绿色革命”的成功主要也是小麦的贡献，因此，从很大程度上说，“绿色革命”其实也是“小麦革命”。

2.“绿色革命”的影响

（1）科学投入。“绿色革命”深刻改变了农业投入的传统思维和习惯。使用杂交新品种逐渐成为农业种植业的主流。1966/1967 财年刚刚开始推广杂交新品种之初，杂交新品种种植面积仅为 220 万公顷，到 1997/1998 财年已经扩大到 7600 万公顷，增加了 35 倍。化肥使用同样增长显著，从 1966/1967 年的 210 万吨增加到 2001/2002 年的 1930 万吨，增长 9 倍。[1]

（2）农业耕作习惯。“绿色革命”促进了农业耕作习惯的变化。从土地整理、播种、浇水、除草、杀虫剂使用到快速收割庄稼等，整个农业生产过程都更加科学。运用新技术进行的农业生产过程中涉及种子、农业机械、化肥、农药等，这些跟工业生产紧密相关，既增强了经济联系，又降低了农业对自然的依赖。

（3）粮食单产提高。新技术大大提高了粮食产量，尤其是“绿色革命”的头几年，增长尤为显著。1967/1968 年印度粮食平均产量为 783 千克 / 公顷，1970/1971 年为 872 千克 / 公顷，1975/1976 年增至 944 千克 / 公顷，1980/1981 年为 1023 千克 / 公顷，1990/1991 年增加到 1380 千克 / 公顷，2001/2002 年进一步增至 1732 千克 / 公顷。

（4）粮食总产量大幅增加。“绿色革命”主要是对粮食作物进行的技术革新，其显著成就是粮食总产量大幅增加。“绿色革命”之前（自 1950/1951 年开始的 15 年时间里），粮食总产量总共仅增加 2200 万吨，“绿色革命”开始后的仅头五年（1965/1966—1970/1971 年），印度粮食总产量就增加了 3600 万吨。但从粮食年总产量来看，1950/1951 年印度粮食总产量为 5080 万吨，“绿色革命”开始的头一年即 1965/1966 年，印度粮食总产量增至 7240 万吨，到 1970/1971 年，进一步增至 1.084 亿吨。

[1] A N Agrawal: Indian Economy: Problems of Development & Planning. Wishwa Prakashan, A Division of New Age International, (P) Limited, Publishers (30th Edition), 2004, P295.

（5）拉大差距。绿色革命的结果加大了小农和大农的经济差距。土地规模更大、经济实力更强的大农更容易享受到“绿色革命”带来的政策、技术和投资收益，从而进一步扩大生产规模、增加投资和提升产量，而小农、边际农在自身经济实力和政策的双重约束下，受益较小，而更容易陷入经济困境。另一方面，“绿色革命”实际上主要在灌溉条件更好的部分邦和地区推进并获得成功，受益地区有限，而更多的邦和地区仅获得了极为有限的发展，因此，“绿色革命”经过前期高速发展反而拉大了农业地区发展差距。此外，由于“绿色革命”在科研、种子、化肥、灌溉等方面优先投入以小麦和水稻为代表的主要粮食作物，这期间粮食增长主要贡献也来自小麦、水稻等作物，尤其是小麦。这也拉大了作物之间的发展差距，结果是延续至今的农业结构失衡。从这一角度来说，这一阶段“绿色革命”实际上起到的作用是有限的，因为实际上可以说“绿色革命”从一开始就是一场“小麦革命”。“绿色革命”采取的措施使小麦单产和总产量均大幅提高。小麦产量的大幅增加对稳定印度国内粮食供应起到了重要作用。但与此同时，其他农作物的产量却没有获得较大的突破性进展。由于小麦价格在政府最低支持价（MSP）下更有利可图，许多非传统小麦种植区甚至水稻传统种植区纷纷改种小麦，比如阿萨姆邦、比哈尔邦、西孟加拉邦等。对于这种大规模改种小麦的风潮，起初有不少人担忧导致印度国内小麦严重过剩，然而随着 1971/1972 年和 1972/1973 年连续两年小麦减产，这种担忧也随即消失。同时，如果将有限的资源投入其他作物的增产，会对小麦生产产生挤出效应，在小麦可以有效替代其他杂粮食物的情况下，这种做法被认为是不可取的。因此，“绿色革命”的一个负面结果是导致印度农业结构严重失衡。

（二）印度农业“白色革命”

印度“白色革命”是在阿南德牛奶联盟有限公司（AMU: Anand Milk Union Limited，简称“阿南德”）模式下发展起来的。“阿南德”是印度的一家乳制品合作社，总部位于古吉拉特邦阿南德镇（ANAND），是印度牛奶及奶制品的主要生产和供应商。该合作社的最初运行模式是奶农生产牛奶，合作社负责加工销售。然而当时合作社面临的一个问题是大量剩余的新鲜牛奶不能及时卖出去而白白浪费，奶农损失收入而陷入生计困境，但同时许多印度人却在挨饿。1954年，联合国儿童基金会（印度）同印度政府合作资助“阿南德”建起印度首家奶粉加工厂，将卖不出去的牛奶加工成奶粉，“阿南德”则向当地贫困儿童提供免费或者补贴价牛奶。此后十多年，联合国儿童基金会（印度）以这种模式资助建立了十三家奶粉加工厂。“阿南德”模式获得了成功并首先在古吉拉特邦复制推广并逐步向全国推广。

20世纪70年代后期，“绿色革命”经过十多年的激进发展，粮食产量得到很大提高。作为养牛大国和牛奶消费大国，印度当时还一直深陷“牛奶荒”的困境。为了增加牛奶产量，从1977年起，印度开展“白色革命”，通过引进、培育、推广优良水牛品种，建立牛奶生产合作社，停止进口一切商品性奶制品，使牛奶产量有很大提高，到80年代后期，印度已成为世界上第三大产奶国。[1]“白色革命”是继“绿色革命”的“粮食战略”之后的“牛奶战略”，它“设计了一个新的三级式牛奶采购和配送战略。牛奶生产、加工和销售的每个阶段都引入了现代技术。奶农通过一系列生产服务获得了有利的采购价格。卫生的液体牛奶和产品通过奶牛场批发销售和散装零售，以消费者负担得起的价格提供给全国各地消费者。“白色革命”最令人印象深刻的是治理模式以及适当、友好、高成本效益技术的应用，这些技术产生了一系列社会经济影响，因为70%以上的牛奶生产者是低保边缘户。除了提供就业机会外，‘白色革命’还可以排除种姓和阶级壁垒、改善经济衰退及社会偏见等不良现象。印度‘白色革命’的成功使其成为世界上最大的牛奶生产国”[2]。同时，奶业也是印度合作化程度最高的农业产业，“包括大约1000万奶农成员的77500个牛奶合作社遍布印度各邦。据统计，印度1950—1951年的牛奶产量仅有1700万吨，而在2003—2004年则高达9200万

[1] 李军、黄玉玺、胡鹏著：《全球化中的大国农业：印度农业》，北京：中国农业出版社2017年12月版，第34页。

[2] “2019金砖国家治国理政研讨会”发言摘要：马亨德拉·拉玛：“印度白色革命与国家治理”，载于国新网 http://www.scio.gov.cn/ztk/dtzt/39912/42173/42176/42179/Document/1669286/1669286.htm。

吨，2011 年达到了 1.18 亿吨”[1]。

（三）印度农业“黄色革命”

印度农业生态条件多样，适合种植 9 种当年收获的油料作物，其中包括 7 种食用油籽（花生、油菜籽、芥菜籽、芝麻、大豆、向日葵、红花籽）以及 2 种非食用油籽（蓖麻籽和亚麻籽）。印度各地均有油籽种植，全国油籽种植面积大约 2700 万公顷，主要是利用较次的土地进行种植，其中 72% 为旱地。随着印度人口的快速增长和人们对食用油消费的增加，国内食用油总需求大幅增加。按照人均每年消费 16 千克食用油计算，若以 13.7 亿人口计，则印度食用油国内总需求大约为 2192 万吨。其中很大一部分食用油需求仍然需要通过进口来解决，主要是从马来西亚和印度尼西亚进口棕榈油。据统计，印度消费了全球棕榈油总量的大约 10%，90% 的棕榈油出口到了印度，总量约 800 万吨，年均耗费大约 100 亿美元用于棕榈油进口。自 1991 年印度经济改革开始，印度政府即着手以进口替代削减棕榈油进口，但多年以来，油棕榈种植发展缓慢，全国油棕榈种植面积仅 37 万公顷。

食用油是重要的基本需求品，特别是在印度，多数人是素食者，动物性油脂无法替代植物性食用油。印度食用油原料中最重要的油料作物包括：花生、菜籽和大豆，另外还有椰子油和棕榈油等。经过绿色革命和其后的长期农业政策导向，印度成功提高了粮食作物、食糖、蔬菜、水果等众多农作物产量，这些农产品在实现了自给的基础上，部分产品还能供给出口。但是食用油供给一直存在很大缺口，乃至随着人口增长，很长时期内缺口不断增大。

印度食用油短缺有其深刻的历史原因。首先是以粮为本的政策导向。印度独立后农业面临的首要问题是解决粮食问题，所以印度政府在独立之初的三十年内的农业政策基本上是围绕以小麦和大米为核心的粮食增产制定的，印度人需求较多的一些杂粮也得到兼顾。20 世纪 60 年代发起的“绿色革命”的主要目标即发展粮食生产，提高粮食产量，主要是小麦产量，其次是水稻。政府在发展水利灌

[1] 佚名：《印度的“白色革命”》，载《湖南农业》1996 年。

溉设施、种子改良、化肥投入以及制定最低收购价等政策方面主要着眼于粮食作物生产、扩产。油料作物可以说长时间处于被忽略的地位。同时，农业新技术并未惠及油料作物。油料作物品种长期沿用的是农民自留的传统品种，种子基因技术、品种改良技术都未能应用到油料作物上。此外，政府在全力提高粮食作物产量的思路下，禁止农民在有灌溉条件的耕地上种植油料作物，因为有灌溉条件的耕地都被规定用于种植粮食作物。由此产生的结果是因为品种和种植条件不利，油料作物不仅产量十分低，还由于抗灾害能力弱，往往可能因为极端天气而使农民颗粒无收。同样重要的是，政府制定的最低收购价也让油料作物种植最终回报率远远低于小麦和大米等粮食作物。因而，农民缺乏种植油料作物的激励和动机。小麦和水稻增产了，豆类产量增长却停滞不前。1952—1965 年印度农业年复合增长率为 2.52%，1967—1979 年耕地面积的增长不足 1.4%，农业年复合增长率为 2.77%。其中主要贡献来自粮食作物增长，而经济作物增长基本上变化不明显。1970/1971 年度印度豆类总产量为 1200 万吨，此后二十年间大多数年份豆类总产量都保持在 1200 万—1300 万吨，仅在 1990/1991 年度所有粮食作物丰收的年份小幅增长到 1400 万吨。豆类是许多印度穷人蛋白质的主要来源，但是豆类生产却停滞不前，随着人口快速增长，印度人均豆类消费显著下降。1971—1991 年，印度人均每天豆类消费由 69 克下降 40 克。油类作物生产情况跟豆类作物相似甚至更糟。豆类和油籽的产量增长跟不上人口增长速度，被迫转向进口。持续食用油短缺使得印度不得不大量进口食用油解决国内供给不足。

其次是配额分配与许可证制度约束。印度政府为了保护占人口大多数的穷人利益，通过政府收购和公共分配系统施行配额分配制度，为了确保政府收购获得足够的农产品供给并控制农产品价格保持总体稳定，对主要农产品流通进行控制，规定农民只能在规定地方通过规定渠道出售农产品，购买和销售农产品的商户必须获得授权持有许可证。在印度粮食实现自足之前，长期“以粮为本”的政策核心，使农业投入基本上围绕以小麦和稻谷为主的粮食作物进行，油料作物、一些杂粮作物和经济作物只能在没有灌溉条件的土地上种植。因此长期以来这些作物产量低、收益低，农民种植意愿低，再叠加上配额制和许可证制度，对油料作物生产和市场销售产生双重限制。在 20 世纪 70 年代后期，为了降低对进口食用油的依赖，印度政府开始重视油料作物生产。除了增加对油料作物生产的投入，比如改良种子、增加化肥使用量、增加灌溉等，还不断提高油料作物的最低收购保护价，但是这个最低保护价实际上仅仅只是起个兜底的保险作用，相较之下，仍然不如主要粮食作物有利可图。

油籽产量不足是食用油短缺的一个主要因素，另外一个重要的因素是食用油加工能力不足，这导致大量库存油籽无法及时加工成食用油。而食用油加工能力不足则主要与工厂设施设备与征地不足相关。

食用油短缺导致对进口食用油的依赖持续上升。进口食用油需要消耗宝贵的外汇，印度在20世纪70年代外汇储备一度几乎枯竭，这在当时的情况下是难以接受的。为了解决食用油危机，政府一方面制定政策打击商人囤积，1977年9月印度政府根据《基本商品法》颁布了《豆类与食用油（短缺控制）法令》，规定批发零售商囤积豆类、食用油、人造植物油的上限，但是进口食用油不在限制范围。其后，又规定了油籽经销商和油坊囤积油籽或油和豆类的上限，着手制定《全国食用油政策》。为控制食用油价格，采取的措施包括：对食用油消耗量巨大的中心城市直接供油，以免其"磁石效应"带动整体油价上涨，这主要是通过进口菜籽油首先投放德里、加尔各答等超大城市，在满足这些大城市需求之后，再向满足一定人口体量要求的城市投放。最后，邦政府可以将食用油战略继续向小城市和村镇延伸，但必须由持有许可证的平价商店出售食用油，并对油价规定上限。另一方面，政府认识到，解决印度这样的食用油消费大国食用油短缺的根本途径还是要依靠自力更生发展油料作物生产。"绿色革命"后期，印度的主要粮食供应已基本实现自给，印度政府得以将"自力更生"的目标放在发展油料作物上。

20世纪80年代后期，印度政府成立了油籽技术委员会，并确定了发展目标：1989/1990年度将油籽产量提高到1600万—1800万吨，高于1980—1985年的平均年产量1100万吨。到2000年，将油籽产量提高到2600万吨。为解决食用油短缺，激励油籽生产采取了特殊措施：①扩大油料作物灌溉面积；②加强农业科研、推广和培训，将农业新技术引入油籽生产，实行作物轮换耕作，改进旱地农业技术，在区域基础上采取适当及时的植物保护措施，并对改进的措施进行示范推广；③增加花生、芥菜籽等主要油籽产量；扩大大豆、葵花籽等非传统油料作物种植面积；④发展多年生油料作物，比如椰子、棕榈油以及其他木本植物油料；⑤发展新的抗虫高产品种，重点是改良种子的生产和销售；⑥提高肥料特别是磷肥在花生、大豆作物生产中的推广使用；⑦提升食用油加工流程，增加食用油供应，例如提高棉籽和米糠的榨油效率，等等。

根据这些战略，印度政府在20世纪80年代启动了“油籽产量最大化综合计划”。该计划由一系列项目分步实施。1986年5月，为减轻食用油进口对外汇形成的压力，促进国内油料作物生产，提升油籽加工和管理水平进而加速实现食用油自给，印度政府启动了“油籽技术任务”项目。该项目复制之前针对粮食、棉花、乳制品采取的成功战略经验，确定油籽短期增长目标，逐步减少印度油籽进口。具体措施包括四个方面：①提高油籽耕作技术，以提高油籽产量、增加农民收入；②提高油籽加工及收获后技术，通过传统和非传统方式增加油产量，减少由于低效率加工形成的油损失；③加强对农民的各类服务，特别是生产技术、种子、肥料、杀虫剂、水利及信贷方面的生产性服务；④对农民提供价格支持，对加工企业提供金融和其他相关支持。对食用油加工、储存和销售行业提供必要的支持。“七五计划”时期，由中央财政拨款的“全国油籽发展工程”项目，旨在为农民提供农资、推广及信贷等各项农业服务，以此助力农民提高油籽产量，涵盖农业生产各个方面：种子生产、分销、储备，化肥分销渠道，有效的农机器具，市场和价格支持。1987年推出“油籽生产推进工程”项目覆盖17个邦246个地区，由中央财政拨款，并由邦政府具体推动执行。该项目在项目实施区扶持四种主要的油籽生产，分别是：花生、油菜籽/芥菜籽、大豆、葵花籽，这四种油籽的播种面积和产量分别占全国的70%和85%。这些计划从生产资料投入和生产技术上帮助和激励农民进行油籽生产。重点领域主要是推广改良油籽种子和杂交种子，改进收获后加工技术，另外还包括价格激励。这些措施取得了明显效果。1987年向日葵和大豆播种面积分别增加了40%和20%。

这些计划推动油籽产量实现了增长，但是相对于这期间GDP年均6%的增速和人口年均1.9%的增速，油籽产量增长远远低于需求（相对于1000万—1100万吨需求，印度年产食用油为600万—700万吨，供应缺口在50%上下）。

印度油籽产量增长的制约因素：以三种主要的油籽花生、芥菜籽和大豆为例，制约因素主要有三：一是种子技术上没有突破性进展，缺乏高产品种种子。二是由于强制性规定，人工灌溉的耕地首先满足小麦、水稻等基本粮食生产需要，80% 油籽种植在旱地上，缺乏灌溉，化肥施用也极为有限，所以单位面积产量低。三是由于油籽生产条件差，极容易因为不利的天气原因而减产绝收，特别是芥菜籽对天气因素更为敏感。这就意味着种植油籽的风险远高于大米、小麦、白糖、高粱、鹰嘴豆、棉花等，导致农民根本不能或者不愿意将油籽作为主要的种植作物。对多数印度农民来说，油籽仅仅是一种补充性经济作物，面对天气的不确定性，种植油籽就像是一种赌博。此外，油籽价格问题也是一个重要因素。在油籽产量过低的情况下，即便将油籽最低保护价提高一倍，油籽的单位面积经济效应也无法与小麦、大米等相比。因此，即便政府解除土地禁令，鼓励农民将小麦和水稻用地改种油籽，农民改种油籽的意愿仍然不高。2002/2003 年，印度农产品进口总额中，仅食用油一项就占 63%。无论是国际食用油价格大幅上涨，还是印度政府试图通过提高食用油进口关税，结果都没能减少食用油进口的增加。

要改变一半以上食用油依赖进口的现状，只能依靠提高国内油籽产量，同时配合积极有利的政策。印度政府将希望的目光投向了油棕。

油棕榈作为多年生木本油料植物，具有产量高、在印度适合种植的区域广等比较优势。这种植物是多年生油料植物中产油量最高的，辅以适当的灌溉和管理，据估计 5 年龄的油棕榈每公顷可以产出 20—30 吨新鲜油果。印度其他油料作物每公顷大约生产食用油 1 吨，相比之下，油棕榈每公顷能产出食用油 3—4 吨，土地利用效率高出至少 3 倍。再加上油棕榈在马来西亚和印度尼西亚规模种植的成功范本，一度几乎被作为椰子的替代作物。1992 年印度政府还推出了“油棕开发工程（Oil Palm Development Project, OPDP）”计划，该计划力图在印度广泛推广种植油棕榈，但是进展十分缓慢。最初确定的适合油棕榈种植的 68 万公顷土地，经过十年推广仅种植了 5 万公顷。进展缓慢的原因主要在于，在印度引进一个作物新品种通常都会遇到的几个普遍问题：一是培育对一种新产品的需求；二是让投资者相信能获得长期投资回报；三是政策环境的稳定性。前两个问题对种植油棕榈这种作物都不会形成阻碍，唯有政策环境稳定性问题是潜在投资人首要顾虑的问题。种植油棕榈不仅仅涉及扩张面积这样的孤立行为，还必须有可靠的加工基础设施，而这离不开有力的制度性支持。油棕榈从种植到投产需要4年，对种植者提供首个5年政策性扶持则是必要的前提条件。此外，油棕榈作为一种水果，其高度易腐性质对收获后阶段基础设施要求更高。

近年来，印度政府加快了推进油棕榈的种植和生产。2021年8月推出了“食用油—油棕榈计划（NMEO-OP）”。这是印度联邦内阁批准的一项由政府财政支持的食用油计划。该计划五年内投资1104亿卢比，其中中央财政承担80.1%，地方财政负责其余的19.9%。重点支持发展地区包括印度东北部和安达曼-尼科巴群岛，这些地区是油棕榈适宜种植区。该计划的主要发展目标是增加油棕榈的种植面积和提高其单位产量。根据这项计划，到2025/2026年将增加65万公顷油棕榈种植面积，届时油棕榈种植总面积将达到100万公顷，2029/2030年达到167万公顷。预计2025/2026年棕榈油总产量达到112万吨，2029/2030年度进一步将产量提升至280万吨。政府向种植园提供资金支持，以解决种植原材料投入问题。其资助资金分两个标准，重点支持的东北地区和安达曼-尼科巴群岛每15公顷资助1000万卢比，其余地区每15公顷资助800万卢比。

总结：印度促进油籽生产的农业战略也被称为“黄色革命”。“黄色革命”将农业新技术引入油籽生产，并且大幅增加了油籽种植面积，成功提高了花生、大豆、芥菜籽、油菜籽等油籽产量，一定程度上减少了对进口食用油的依赖。“黄色革命”让印度跻身为全球主要油籽生产国，其植物油市场规模仅次于美国、中国和巴西，排名全球第四。

总体看，印度“黄色革命”取得了一定的成就，但还不能算成功。目前，印度食用油年均需求量为2200万—2250万吨，其中高达65%依靠进口，即约1300万—1500万吨。2020/2021年度，印度进口食用油1335万吨。[1] 其中56%

[1] Sutanuka Ghosal, Farm Laws Rollback leaves Edible oil Industry in the Lurch，载于《印度经济时报》。网址：https://economictimes.indiatimes.com/news/economy/agriculture/farm-laws-rollback-leaves-edible-oil-industry-in-the-lurch/articleshow/87863135.cms。

为棕榈油，27% 为大豆油，16% 为葵花籽油。[1] 食用油进口成为印度第三大进口商品，仅次于原油和黄金。预计未来 15 年，印度的食用油消费量可能会增加一倍。为减少食用油对进口的高度依赖，保障国内食用油安全，印度将继续挖掘国内油料作物生产潜力。例如继续扩大油棕榈种植。

（四）印度农业“蓝色革命”

印度拥有丰富的河流系统，湖泊塘堰众多，内陆渔业资源丰富，包括：内陆水体面积 735.9 万公顷，河流及运河长度 19.52 万千米，水库水域 290.7 万公顷，塘堰水域 241.4 万公顷，季节性湖泊水域 79.8 万公顷。此外，由于海水回流内陆，形成回水水域 124 万公顷。印度三面环海，拥有丰富的海洋渔业资源，包括：8118 千米长的海岸线，201 万平方千米专属经济区，53 万平方千米大陆架，1537 个鱼类着陆点，3432 个渔村，87.5 万户渔民，400 多万渔业从业人口。[2]

长期以来，印度的渔业潜力并未得到有效利用，水产养殖业较为落后。在“绿色革命”和“白色革命”取得的成就鼓舞下，印度政府制定了综合开发与管理渔业资源战略，时任总理拉吉夫·甘地亲自将其命名为“蓝色革命”。“蓝色革命”是一个长期战略，自 20 世纪 80 年代以来经历了不同政府时期。莫迪政府上台以后进行了部门改组，印度农业部改组为“印度农业与农民福利部”，下属两大分支部门：畜牧、奶业部和渔业部。改组后的各部门将所有正在实施中的各项计划纳入一个总的框架下，并延续了“蓝色革命”的命名。调整后的战略重点为开发和管理渔业，含内陆渔业、水产养殖、海洋渔业（包括深海渔业、海水养殖）以及国家渔业开发局（National Fisheries Development Board, NFDB）开展的所有活动。经调整后的“蓝色革命”（Blue Revolution, CSS-BR）综合计划制定了 5 年

---

[1] Dipak.K.Dash, To Cut Ballooning Import Bill, Govt Targets 3-fold Increase in Domestic Palm Oil Output，载于《印度经济时报》，网址：https://economictimes.indiatimes.com/news/economy/agriculture/to-cut-ballooning-import-bill-govt-targets-3-fold-increase-in-domestic-palm-oil-output/articleshow/85060499.cms。

[2] 印度渔业部：Fisheries Profile of India。http://dof.gov.in/sites/default/files/2020-01/India%20Profile%20updated_0.pdf。

短期计划，2015/2016 财年正式启动，该计划投入 300 亿卢比，以促进渔业部门综合、负责任和全面发展与管理。主要工作内容包括：①国家渔业开发局的各项活动；②发展内陆渔业和水产养殖；③发展海洋渔业、基础设施和收获后行动；④加强渔业部门的数据库和地理信息系统；⑤渔业部门的体制改革；⑥监测、控制和监管以及其他必要干预；⑦渔民福利计划。

“蓝色革命”主要目标包括：①以负责任和可持续的方式增加渔业总产量、促进经济繁荣；②着重运用新技术实现渔业现代化；③确保食品安全和营养安全；④创造就业机会和出口收入；⑤确保包容性发展并增强渔民和养殖户的权能。

2014/2015 年度至 2017/2018 年度，“蓝色革命”的主要成就：①扩大水产养殖面积 29127.73 公顷；②建立 89 个鱼类着陆点；③建立 199 个循环水产养殖系统；④在水库或其他露天水域建立 7636 个网箱养鱼场；⑤设立 389 个鱼类 / 对虾孵化场；⑥ 7441 条传统渔船实现机动化；⑦新建 4 个渔港；⑧建设 318 个收获后基础设施单位，即冰厂和冷库；⑨建设 17499 套鱼类运输设备，即冷藏隔热卡车、带冰盒的动力三轮车、摩托车、自行车；⑩建设 6812 个鱼类市场或鱼类流动市场；⑪ 覆盖 468 万渔民的保险，等等。[1]

从表 3-1 中可以看出，印度内陆渔业产量比海洋渔业更高，增长更为稳定，相较而言，海洋渔业增长波动更大。近年来人工养殖业发展速度较快，十年间鱼苗产量翻了一番还多。

表 3-1　2004—2012 年印度鱼类产量

年份	内陆渔业生产		海洋渔业生产		渔业总产量		鱼苗生产
	产量（百万吨）	增长率（%）	产量（百万吨）	增长率（%）	产量（百万吨）	增长率（%）	百万苗
2004/2005	3.526	1.96	2.779	— 5.53	6.305	— 1.48	20790.64
2005/2006	3.756	6.52	2.816	1.33	6.572	4.23	21988.3
2006/2007	3.845	2.37	3.024	7.39	6.869	4.52	23647.95

[1] 以上数据来源于印度渔业部，网址：http://dof.gov.in/blue-revolution#。

续表

年份	内陆渔业生产		海洋渔业生产		渔业总产量		鱼苗生产
	产量（百万吨）	增长率（%）	产量（百万吨）	增长率（%）	产量（百万吨）	增长率（%）	百万苗
2007/2008	4.207	9.41	2.92	－3.44	7.127	3.76	24143.57
2008/2009	4.638	10.24	2.978	1.99	7.616	6.87	32177.21
2009/2010	4.894	5.52	3.104	4.23	7.998	5.02	29313.17
2010/2011	4.981	1.78	3.25	4.7	8.231	2.91	34110.83
2011/2012	5.295	6.29	3.371	3.76	8.666	5.29	36566.43
2012/2013	5.72	8.03	3.32	－1.51	9.04	4.32	34921.8
2013/2014	6.136	7.28	3.443	3.68	9.579	5.96	41450.0
2014/2015	6.577	7.3	3.491	1.4	10.069	5.2	43390.62

（数据来源：印度渔业部，其中2013/2014，2014/2015两年度的数据为估算数据）

此外，印度政府为发展渔业采取的措施主要包括：2018 年 10 月，批准设立 752 亿卢比的“渔业及水产基础设施发展专项基金”。该基金极大地推动了农民信用卡在渔民和水产养殖户中的普及运用。“渔业发展旗舰计划（Pradhan Mantri Matsya Sampada Yojana, PMMSY）”也是印度“自力更生”计划的一部分，该计划投资 2005 亿卢比。该计划由中央、邦和受益投资人共同出资，计划执行期为 2020/2021—2024/2025 财年，为期 5 年。其目标是到 2024/2025 财年渔业产量提高至 2200 万吨，年均增速 9%；渔业出口收入翻番；渔业部门直接和间接就业人数 550 万人。此外，该计划还为提高渔业生产力设定了目标，即在原来每公顷产鱼 3 吨的基础上提高至 5 吨。该计划目标还包括促进国内水产品消费以及吸引各方对渔业部门进行投资。（见表 3-2，表 3-3）

表 3-2　印度渔业部门对国内生产总值（GDP）的贡献（按现价）

年份	印度国内生产总值（亿卢比）	农林渔产值（亿卢比）	渔业产值（亿卢比）	产值占比（%）	
				渔业占 GDP 比重	渔业占农林渔比重
2005/2006	339050.3	63777.2	3169.9	0.93	4.97
2006/2007	395327.6	72298.4	3518.2	0.89	4.87
2007/2008	458208.6	83651.8	3893.1	0.85	4.65
2008/2009	530356.7	94320.4	4407.3	0.83	4.67
2009/2010	610890.3	108351.4	5037.0	0.82	4.65
2010/2011	726696.7	130694.2	5736.9	0.79	4.39
2011/2012	835349.5	146575.3	6554.1	0.78	4.47
2012/2013	925205.1	166867.6	7805.3	0.83	4.75
2013/2014	1047714.0	188115.2	9682.4	0.92	5.58

（数据来源：印度渔业部）

表 3-3　印度渔业产品出口

年份	出口量（万吨）	出口值（亿卢比）
2006/2007	61.2641	836.352
2007/2008	54.1701	762.092
2008/2009	60.2835	860.794
2009/2010	67.8436	1004.853
2010/2011	81.3091	1290.147
2011/2012	86.2021	1659.723
2012/2013	92.821	1885.626
2013/2014	98.375	3021.326

四、农业成就

（一）跻身农业经济大国

“绿色革命”后，印度粮食产量保持总体增长趋势，1991/1992 年粮食产量为 1.6838 亿吨，到 2019/2020 年粮食产量增至 2.9665 亿吨，年均增速达到 4.423%。（见图 3-1）除却个别年份由于极端天气和自然灾害导致粮食显著减产，绝大多数年份粮食产量持续增长。“绿色革命”成功地使印度摆脱了粮食依赖进口的局面，并开始逐步出口粮食。1991 年印度经济改革之后，粮食出口也表现出总体上升趋势，包括粮食在内的农业国际贸易多年来持续上升。近年农业部门国际贸易基本维持顺差态势。

图 3-1　印度粮食产量

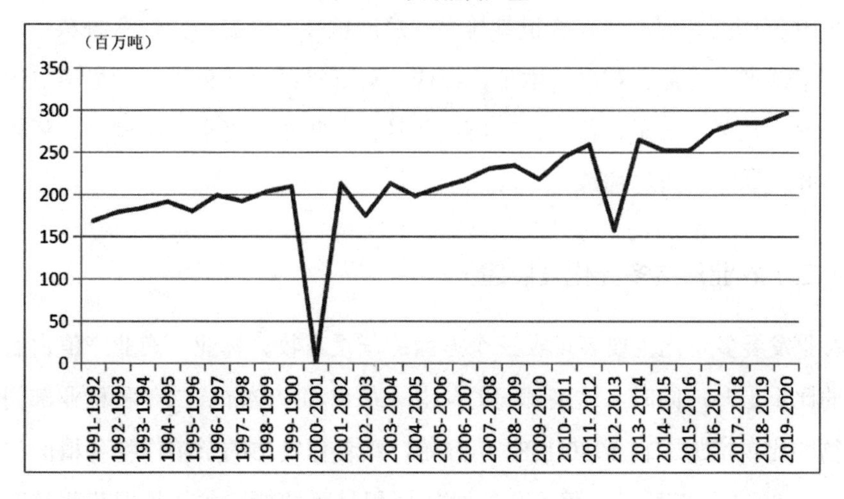

（数据来源：《印度统计年鉴》和印度农业与农民福利部官网）

2020 财年，印度农业出口总值 1.14 万亿卢比（约合 155 亿美元），是全球二十大农产品出口国之一；生产了约占全球 1/3 的拖拉机，2019/2020 年度出口拖拉机 92000 台；截至 2017 年，印度农业机械化水平为 40%—45%，其中农业较为发达的部分邦机械化水平更高，比如北方邦、旁遮普邦、哈里亚纳邦等。

经济作物中，2018/2019 年印度种子市场规模达 31 亿美元；出口蔬菜、水果种子 14796.11 吨，价值 72.343 亿卢比（约合 1.015 亿美元）；2019 年农用化学品市场规模为 41 亿美元，预计到 2025 年将达 81 亿美元。2019 年，印度新鲜水果生产总量排名世界第一，新鲜蔬菜总产量仅次于中国，排名世界第二。2019/2020 年出口蔬菜水果 918.288 亿卢比（约合 12.7738 亿美元），其中水果出口 483.281 亿卢比（约合 6.6875 亿美元）、蔬菜出口 435.013 亿卢比（约合 6.0848 亿美元）；2017 年印度花卉园艺市场为 1300 亿卢比，预计到 2023 年达到 3940 亿卢比，2018—2023 年，复合年均增长率为 20%；2015/2016 年度印度花卉种植面积 24.9 万公顷，出口 16949.37 吨，价值 54.161 亿卢比（约合 7589 万美元）；有 300 家出口导向型组织。

2019 年印度主要粮食作物的世界排名：2019 年小麦总产量 1.04 亿吨，仅次于中国，排名世界第二；稻谷总产量 1.78 亿吨，排名世界第二；黍产量排名世界第一；木豆产量世界第一。

2019 年印度主要经济作物世界排名：总产量排名世界第一的有香料、生姜、秋葵、干辣椒、香蕉、芒果、木瓜、柠檬、黄麻等；总产量排名世界第二的有土豆、洋葱、花菜、茄子、花生、大白菜及甘蓝、腰果、鸡豆、小扁豆、籽棉、甘蔗、茶叶、烟叶、西红柿等。

（二）农业形成多元化发展趋势

农业发展多元化主要表现在三个方面：一是畜牧、林业、渔业产值占农业总产值的比重上升，同时，这些部门的从业人员也相应增加。二是种植业部门中经济作物的比重增加。自 1980/1981 年开始，粮食作物中的杂粮作物种植面积有所减少，而 90 年代以后，非粮食作物种植面积显著增加，尤其是棉花和甘蔗种植面积增长最多。90 年代之后，随着一些关键性农业基础设施的发展，例如冷藏、冷链运输、加工、包装和质量控制等，园艺和花卉产业迅速发展起来。印度牛奶产量居世界第一，鸡蛋产量居世界第五，肉类产量居世界第七。三是粮食作物中的主粮（小麦、水稻）种植面积呈扩大趋势，杂粮的种植面积呈下降趋势。

印度农业从20世纪80年代就开始转向多元化发展，90年代正式提出了多元化发展战略，其标志是1993年3月，印度国会通过的《农业政策决议（APR）》。该决议确定的最高优先任务是削减农村贫困、不充分就业、失业和营养不良，其主要战略为农业多元化和发展以农业为基础的相关工业产业。经过多年的发展，印度农业多元化发展取得了初步成效。畜牧、林业、渔业产值占农业总产值的比重上升，同时，这些部门的从业人员也相应增加。种植业部门中经济作物的比重增加。自1980/1981年开始，粮食作物中的杂粮作物种植面积有所减少，而90年代以后，非粮食作物种植面积显著增加，尤其是棉花和甘蔗种植面积增长最多。90年代之后，随着一些关键性农业基础设施的发展，例如冷藏、冷链运输、加工、包装和质量控制等，园艺和花卉产业迅速发展起来。印度牛奶产量居世界第一，鸡蛋和肉类产量也排名世界前列。此外，农业结构也在发生变化，园艺、畜牧和水产等多元化农业产业获得显著发展。

（三）提高了粮食安全保障

“绿色革命”的最大成果是使印度基本上实现了粮食自给，长期运行的粮食公共分配体系在很大程度上为印度庞大的贫困人口构筑了一道粮食安全屏障。自20世纪80年代之后，印度饥饿人口（营养不良）比例整体上呈下降趋势，但是由于国际粮食危机、国内自然灾害等重大因素的影响，这一趋势不时被中断。（见图3-2）例如，2002年印度发生极端干旱灾害，雨季降水量不足50%，干旱导致印度农业生产遭受重创，尽管随后的两年降雨恢复正常值，粮食产量基本恢复，但是饥饿人口比例仍然继续上升。这说明印度粮食安全的脆弱性和粮食公共分配体系并不完善。近年来营养不良人口比例趋于稳定的下降趋势说明这一情况得到了显著改善。根据联合国可持续发展目标第二项“消除饥饿”目标国别数据信息，2018年印度营养不良人口比例降至14%。从营养不良总人口来看，2018年印度营养不良总人口数为1.892亿人，相较于2001年的1.996亿饥饿总人口仅减少了1040万人。[1]

---

[1] 本部分数据来源于联合国官网可持续发展目标国别（印度）档案：https://country-profiles.unstatshub.org/ind#goal-2。

图 3-2　近年印度营养不良人口情况

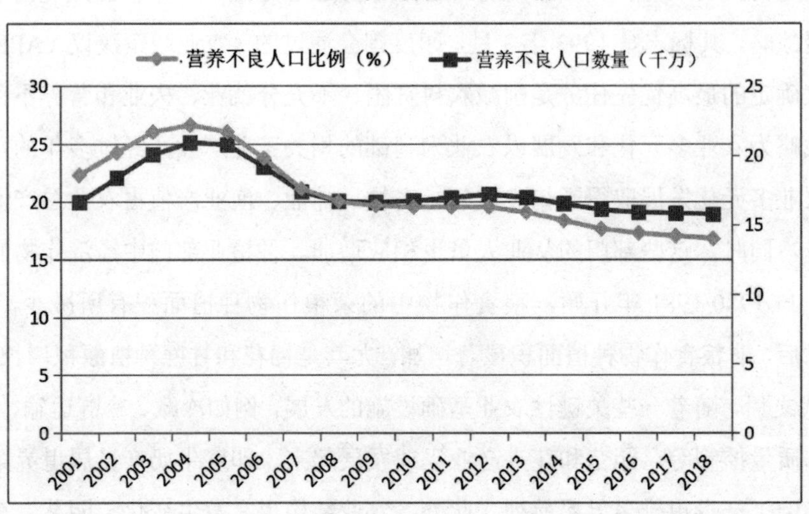

独立以来，印度农业发展速度和成就超越印度史上任何时期。1950/1951年度印度农业生产指数为46.2，到2018/2019年度，印度农业生产指数增长至136.5，增长了近3倍。粮食产量由1950/1951年度的5080万吨增加到2018/2019年度的2.85亿吨，增长了5.61倍。[1]（见图3-3）

图 3-3　农业生产指数

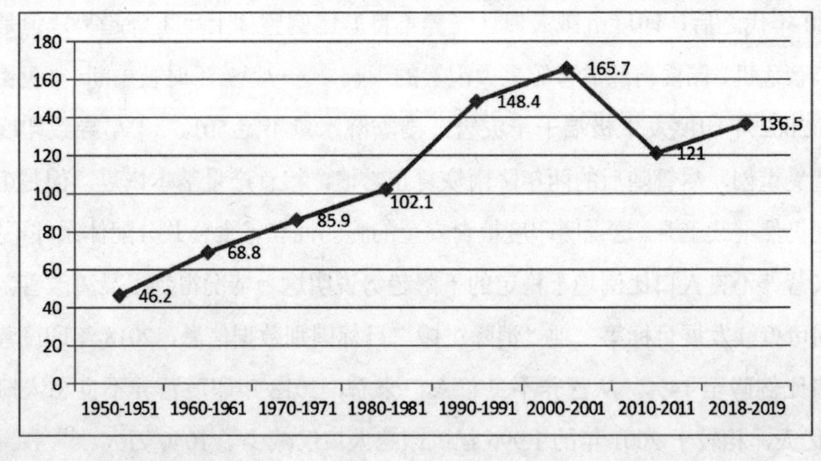

农业总产量实现很大增长。从“一五计划”（1951—1956年）开始，农业产

[1] Agricultural Statistics at a Glance, 2019, p10.

量年均增长 2.7%（1949/1950 到 1992/1993 年）。相较之下，独立之前，1900—1947 年间，印度农业年均增长率仅为 0.3%。所有农产品生产均实现增长，其中粮食生产增长最为显著，这帮助印度摆脱了依靠进口粮食解决口粮的局面，实现粮食自给。粮食大幅增长主要是借助农业科学技术，比如高产新品种和化肥的使用，同时，也跟灌溉面积的增加正相关，而与播种面积的增加影响相关较小。（见图 3-4，图 3-5）

图 3-4　印度独立后多年粮食产量与播种面积比较

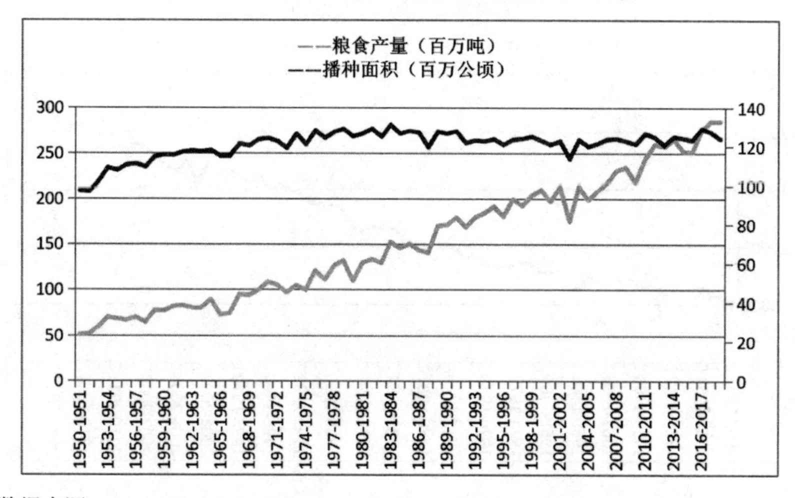

（数据来源：Agricultural Statistics at a Glance, 2019）

图 3-5　印度独立以来多年粮食产量与灌溉面积比较

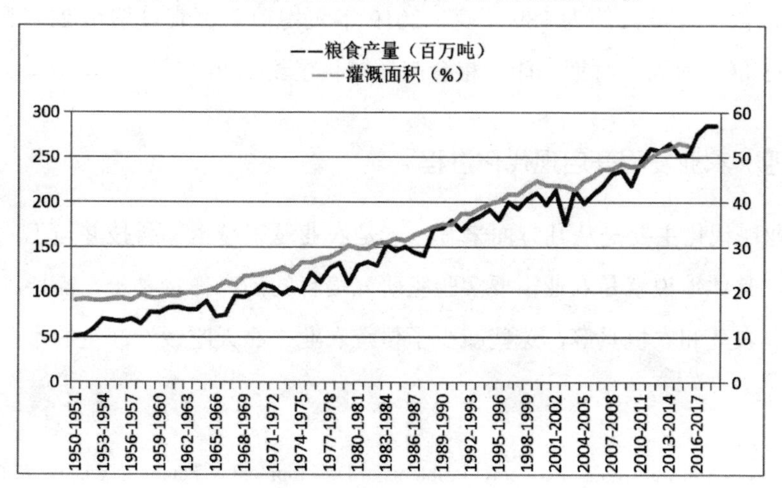

（数据来源：Agricultural Statistics at a Glance, 2019）

粮食总产量的增加最主要的因素是提高了单位面积产量。（见图 3-6）20 世纪 60 年代中期开展农业“绿色革命”之前，农业年平均复合增长率为 1.3%；“绿色革命”之后，农业年平均复合增长率超过 2.5%。这期间耕地面积仅增长不到 0.6%。[1]

图 3-6　印度独立以来多年粮食单位产量

（数据来源：Agricultural Statistics at a Glance, 2019）

值得注意的是，印度增长的人口很大程度上抵消了粮食增长成果。1991 年印度人均粮食占有量大约为 189 千克，2019 年人均粮食占有量增至 217 千克，增长约 0.15 倍，而同一时期，印度粮食产量增长了约 1.76 倍。

（四）农业发展开启现代化进程

农业现代化主要是从几方面来看：一是农业越来越依靠科技并与工业产生密切联系，具体地说就是农业需要实验室研究培育的高产作物种子，需要工业生产的化肥、农药和农机具等，这些减少了传统农业“靠天吃饭”产生的不确定性。

[1]　A N Agrawal: Indian Economy: Problems of Development & Planning. Wishwa Prakashan, A Division of New Age International, (P) Limited, Publishers (30th Edition), 2004, p235.

二是农业生产过程中越来越多地使用到科学方法，比如精耕细作、轮作、间作等。三是经过教育或科技示范田的示范，农民积累了科技知识，转变了态度，逐渐接受科学耕种。

（五）农业增长能力增强

一是兴建农业灌溉设施，提高农业灌溉能力。1950 年印度农业全部可灌溉面积为 2260 万公顷，到 1999/2000 年度，可灌溉面积增至 9470 万公顷。二是兴建和增加了一大批农业研究及教育机构。印度独立后成立了众多农业大学、公共或者半公共农业研究机构以及各类私人农业机构，这些大学或机构增强了土地调查能力、对研究结果进行定点检验能力，也增强了农作物高产新品种的开发能力，农业机械研发能力和农业生物技术能力也极大增强。三是农产品市场和农资市场建设促成了大量农贸市场和农资交易市场的设立。另外，农业信贷的发展、相关采购 / 运销以及仓储体系的完善等都为印度农业可持续发展创造了有利条件。

（六）农业制度改善

印度独立之初的土地改革在一定程度上是有利于农业耕种者的。首先，废除中间人制度的结果是促成两千多万农民直接跟政府打交道，减轻了农民地租过高的压力，许多情况下，佃农通过购买地主土地而直接成为土地所有者。其次，在部分邦，受益于固定租金、租佃权保护等法律保障，佃农的处境因为租佃制度改革而有效改善。最后，受益于土地持有最高限额的法律规定，部分弱势 / 贫穷农户获得了土地或者一定的生存保障。此外，印度各地方政府通过土地整理，对 5180 万公顷分散的、碎片化的农业土地进行合并整理，提高了土地使用效率。

（七）农村贫困改善

这主要是通过系列制度性改革使部分农村贫困人口跨越了贫困线。主要包括：向小农和边际农提供廉价或者补贴农业生产物资、补贴贷款、政府预定采购农民的农产品以及规定最低农业工资等，这些扶持性政策措施有利于稳定农业生产、增加农民收入；通过实施各种乡村发展计划帮助那些季节性失业或者不充分就业者获得工作，增加收入。

第二节　独立以来农业生产环境的发展变化

一、自然生态环境

在全球生态环境恶化的大背景下，印度农业自然生态环境也不容乐观。总体上看，即使在现代科技加持下，印度农业仍然受气候的不确定性影响较大。

（一）水资源问题

印度大部分国土受热带季风气候影响，降水量产生年度不均衡、季节性不均衡，同时也存在较大的区域性不均衡，对农业生产来说最重要的条件——水资源供应具有较大的不确定性和不稳定性。因而，尽管印度总体上看水资源较为丰富，却存在严峻的水资源问题。

印度水资源供应有地表水和地下水。地表水主要是降水和河流。印度一般平均年降水量大约1400毫米，主要集中于夏季降雨季，在长达半年多的干季，印度大部分地区几乎滴水不降。除了季节性不均，地区间降水量差距也很大。例如，在印度西部阿拉伯海沿海地区和东北部靠近孟加拉湾地区的阿萨姆邦，其年均降水量几乎是全国年均降水量的2.5倍，而在部分内陆地区，例如拉贾斯坦邦和拉达克地区，其年均降水量可能仅为全国平均水平的1/4甚至更少。河流为印度提供了重要的水资源。印度大大小小河流众多，但是只有发源于喜马拉雅等山系的少数河流常年接收雪山融水补给不断流，其余河流许多为季节性河流，仅在雨季河水充沛，干季则断流。地下水资源则主要是在恒河—印度河流域较为丰富。总体上看，印度水资源存在严重的结构性短缺，加上庞大的人口，使其人均淡水资源仅为世界平均水平的1/4—1/3。

在水资源约束下，印度农业面临的一大问题是干旱。印度独立以前的殖民时期，干旱在印度频繁导致严重的饥荒，大量人口死于饥饿。据统计，仅在19世纪后半期，印度就发生了大约25次严重饥荒，总共因此损失了3千万—4千万人口。而发生在1770年的孟加拉大饥荒据估计夺去了当时1/3人口的生命。据统计，1871—2015年，印度总共发生了25次严重的干旱（主要降水季——夏季降雨季降水量低于常年平均降水量10%），即1873年、1877年、1899年、1901年、1904年、1905年、1911年、1918年、1920年、1941年、1951年、1965年、1966年、1968年、1972年、1974年、1979年、1982年、1985年、1986年、1987年、2002年、2009年、2014年和2015年。我们看到近年来，严重干旱的发生更加频繁，这主要是由于厄尔尼诺现象所导致的。不过自从1947年印度独立以来，基本未发生过大规模人口死于饥饿的现象。其中，1987年发生的最严重的一次干旱夏季雨季降水量低于常年平均降水量19%，受干旱影响的耕地面积达59%—60%，2.85亿人口受到干旱影响；2002年的大干旱，夏季雨季降水量同样低于常量平均降水量19%，3亿人口和18个邦遭受干旱打击，当年的粮食产量减产2900万吨；2009年大干旱中，夏季雨季降雨量低于常年平均水平22%，导致粮食减产1600万吨。比干旱更频繁发生的是洪涝。洪涝是夏季季风雨季的常客，几乎年年在印度发生，这也是印度农业不得不面临的一个大问题。

（二）土壤问题

印度独立后，为解决粮食问题，在印度政府主导下进行了一系列农业革命。其中20世纪60年代的“绿色革命”推动了以小麦、大米为代表的粮食增产取得显著效果，一举解决了印度人的基本口粮问题。但是“绿色革命”的成功主要是依靠大量使用化肥农药。长期过度使用化肥农药的结果是给土壤造成了严重伤害。让土壤受伤的不仅因为不当使用化肥农药，还有人口增加和工业化过程中产生的土壤污染以及交替发生的干旱和洪涝灾害对土壤的侵蚀损害等。20世纪80年代以来，特别是进入90年代以后，印度进行了重要经济改革，在经济发展的需求下，森林植被遭到大规模破坏，生态环境急剧恶化，水土流失问题更加严重。

针对土壤问题，印度中央政府在2015年推出了“土壤健康卡”计划。该计划向全国 1.4 亿农户发放“土壤健康卡”，卡上记载不同土壤类型的农田针对不同农作物所需要的肥料和养分建议，目的是帮助农民认识“土壤健康情况”，更加明智地使用肥料和水以提高生产力。印度政府为该计划开发了一套数字系统，该系统为全国所有耕地每块土样分配一个固定编号，农民根据编号下载对应的“土壤健康卡”。同时在全国各地设立土壤实验室，由专门机构负责广泛采集全国各处农田的土壤样品，然后由相应的土壤实验室进行测试，由专家分析土壤的优势和劣势，提出对策建议，测试结果和建议显示在对应的“土壤健康卡”上。由于采集土壤样品和上传 / 更新测试结果工作量浩大，短时间内很难完成这项计划，目前也仅在旁遮普邦、哈里亚纳邦、卡纳塔克邦、安得拉邦、古吉拉特邦等部分邦推广，而且即便在这些邦，也仅在部分地区得到实际运用。

（三）土地问题

印度的土地问题主要是耕地的两个变化趋势。一是耕地面积总体减少。印度独立后，以解决粮食问题为目标的农业改革主要途径之一是增加耕地面积。一直到 20 世纪 90 年代之前，印度耕地面积总体上是增加趋势，20 世纪 90 年代开始了大规模的经济自由化改革，开启了印度的城市化、工业化进程，耕地面积增加的趋势被扭转并持续下降。如下图所示，1970/1971 年度，印度第一次农业普查时，耕地面积为 16231.8 万公顷，此后耕地面积持续增加，到 1990/1991 年度，耕地面积达到 16550.7 万公顷，增加了 318.9 万公顷，约为 2%。进入 20 世纪 90 年代以后，印度工业化、城市化用地需求使得耕地面积持续减少。1990/1991—2015/2016 年，印度耕地总面积由 16550.7 万公顷减少到 15781.7 万公顷，减少了 769 万公顷，约为 4.7%。1990—2015 年二十五年时间印度耕地减少的面积完全抹去了 1970—1990 年二十年间的全部增加面积还有余。（见图 3-7）

耕地的另一个变化趋势是土地持有人数量持续增加，而这意味着平均耕地持有面积的减少，也即土地碎片化程度加深。根据《2015/2016 年印度农业普查》报告，印度 1970/1971 年度耕地持有者总户数为 8156.9 万户，到 2015/2016 年度，耕地持有者总户数增至 14645.4 万户，增加了 6488.5 万户，增加约 79.5%。而同一时期，户均持有耕地面积从 2.28 公顷减少到 1.08 公顷，减少约 52.6%。

图 3-7 1970—2015 印度耕地变化情况

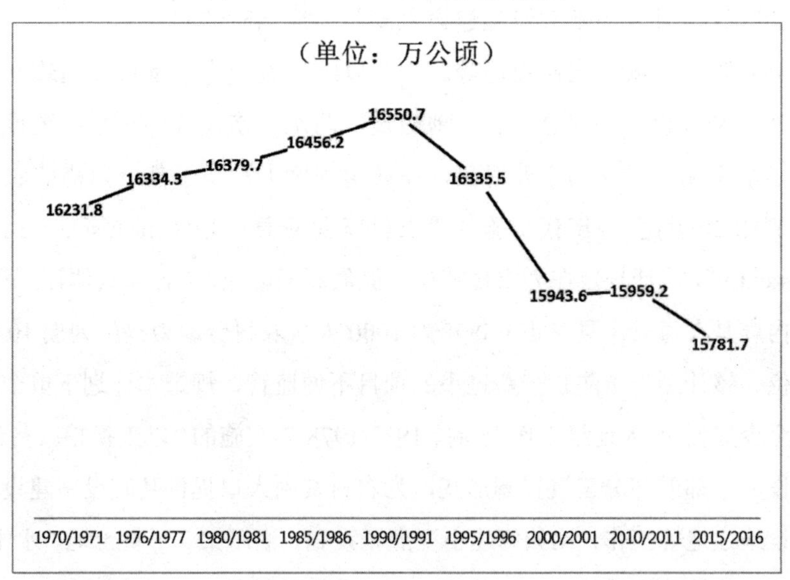

二、农业基础设施

农业基础设施对提高农作物产量和实现农业可持续发展乃至粮食安全等有着至关重要的作用。农业基础设施涉及产前、产中和产后三个阶段，为农业生产各个阶段提供条件和保障。其涵盖与农业相关的各个领域，包括但不限于：产前天气信息、市场信息、土壤信息等，这些信息是帮助农民种植决策的重要依据；农业生产中所需求的种子、农药、化肥、农机器具以及农作物管理技术等是农业生产的关键要素；农作物成熟之后的收获、存储、运输以及跟市场和消费者之间的连接等，这个环节最终决定农业生产成果是否得以价值转化或者在多大程度上实现价值转化。现代农业越来越依赖先进的农业基础设施克服气候等自然条件的不可控与不稳定等不利条件，同时消减区域差异、充分挖掘有限土地资源的潜力进而提升土地承载能力。

印度独立后从殖民者继承下来的农村基础设施极为贫乏。印度政府从“四五计划”时期开始启动了农村基础设施建设计划。这些计划均为劳动密集型建设项目，主要目标是为农村地区建设永久性基础设施，同时也为农村劳动力提供就业机会。这一时期的基础设施建设主要是适应当时的农业生产需要，重点修建水利灌溉设施、粮食仓储设施等。一些以解决就业为根本目标的政府项目将修建道路等基础设施、建仓库、土地改造、防洪防涝设施、小型灌溉设施、植树造林、水土涵养等作为主要对象，在一定程度上解决了部分急需的农业基础设施。例如20世纪70年代实施的“农村就业应急计划（crash scheme for rural employment）”，该计划旨在为农村劳动力提供短期就业，由各邦具体计划和实施。该计划内容是在每一个县（市）每年为1000人次农村劳动力提供为期10个月的就业岗位。该计划为了防止一些过小的项目不便监管，规定本计划下单个项目规模应该至少雇佣50人连续工作15周。1977/1978年实施的“以工换粮减贫计划”，以粮食作为全部或部分工资报酬形式，为农村贫困人口提供基础设施建设以及社区公共设施建造等工作，比如修建小型灌溉设施、灌溉渠、平整土地、水土保持、植树造林、修筑防洪设施、修桥补路、修造公共建筑等。

印度20世纪60年代末启动“绿色革命”以后，把发展小型水利灌溉作为农业新战略的重点措施之一。小型水利灌溉设施投资小、见效快、效率高，是农业新战略的重点措施之一，但是印度电力基础设施落后，农村供电严重短缺，小型水利灌溉需要的电力得不到保障，燃油电力成为农业生产效率的一大制约因素。

20世纪90年代初印度实行经济改革以来，整体经济发展提速。然而，总体上看，印度基础设施发展较为滞后，其中农业基础设施的落后成为制约农业发展的一大瓶颈。90年代末期，印度农业开始转向多元化发展。多元化农业发展战略不仅对运输、仓储等传统农业基础设施提出了更高要求，而且还需要冷链、分拣、加工、包装、质检等农业产业链延伸配套基础设施。粮食谷物可以储放三年以上，而未经加工的蔬菜水果普遍仅能储放一个星期，最长不会超过3个月。直到90年代末印度生产的水果蔬菜仅有不到1%实现加工增值。对蔬菜水果这种不易储藏的农产品进行加工不仅可以避免农产品因为不能及时销售而造成的腐烂变质损失，还可以使农产品增值。因此农业多元化战略的内容不仅涵盖农作物生产种植多元化，还需要将生产链延伸到农产品加工和销售。这就对相应的基础设施提出了要求，包括仓储、冷链、交通运输、分拣、加工、包装、质检等一整套产业链配套设施。

由于缺乏相应的基础设施和有组织的市场销售，蔬菜水果在收获后阶段的损失相当巨大。印度政府“八五计划”时期将这一领域列为重点优先领域。主要是通过政府预算，向包括企业部门在内的各类机构提供软贷款，以帮助建立各种必要的设施，例如预冷装置、冷藏设施、包装仓库，等等。

印度农业基础设施不足的主要原因在于农业投资不足。20 世纪 70 年代和 80 年代，印度农业投资整体开始出现上升趋势。90 年代后，农业投资总量呈上升趋势，但是农业领域的公共投资占比是下降的。80 年代以后，私人在农业领域的投资呈上升趋势，1980/1981 年，农业部门的私人投资占比 61%，实行新经济政策以后，这一占比超过 79%，反映了农业贸易政策的改善。农业领域的公共投资在 70 年代及以前整体上是呈上升趋势的；80 年代后，这一趋势被逆转。这一改变的主要原因在于公共支出资源由投资转移到经常性支出，大部分用于增加食品、化肥、电力、灌溉、信贷和其他农业投入的补贴。农业领域公共投资减缓的其他原因包括：维持现有项目的支出增加，对灌溉、农村基础设施和农业研究的拨款相对较低，更多注意粮食安全，农村地区缺乏有效的信贷支持和信贷基础设施。政府的政策选择是一方面优化对农业的公共投资，另一方面增加农业的资本形成，其战略包括：①增加计划支出并提高发展基础设施的投入比例、更有效地使用资源以提高生产力、确保农民获得更有利的价格以使农民能够将自己的积蓄更多地投入农业。相应的计划项目有：“乡村基础设施开发基金（Rural Infrastructure Development Fund，RIDF）”——为中小型灌溉项目和水土保持工程提供信贷，该基金的资金来源于上一年度未完成农业（优先）部门贷款计划的商业银行，农业与农村发展银行（NABARD）按照未完成计划的数额将资金搜集起来投入到乡村基础设施开发基金。该基金由印度农业与农村发展银行创建于 1995/1996 年，2004 年由“农业基础设施和信贷基金（lok nayak jai prakash narayan fund）”取代。该基金计划包括三部分：一是由邦政府融资用于基础设施，包括小型灌溉、旱作农业、洪水控制、公共冷藏设施等；二是由银行系统融资用于农业和商用基础设施投资，例如微型灌溉、旱作农业、收获后相关支持、农业市场、投资信贷等；三是发展措施以及风险管理机制。该基金2004年开始运作，资金起始来源为未完成农业贷款指标任务的商业银行，其后则由印度农业与农村发展银行向市场融资，其利率比市场利率低2%。②增加国家乡村开发银行股本。③启动“加速灌溉效益计划（Accelerated Irrigation Benefit Scheme）”。④成立“小农农业企业联合会（The Small Farmers' Agri-Business Consortium, SFAC）”，促进农业私人投资。这些项目的长远目标是推动农业投资。

在中央财政捉襟见肘、国民经济各门类产业水平普遍较低的条件下，印度实际上没有能力和条件进行大规模系统性的农业基础设施建设。印度独立以后，比较大规模的农业基础设施建设是修建大中型水利灌溉工程。为应对各类基础设施不足的问题，印度不同的农业领域产生了许多创造性的发展模式。典型的例子如下。

（一）乳品业

乳品业是作为印度农业的补充发展起来的，为众多印度农民提供了补充收入来源，尤其是小农和边际农。由于奶的生产极为分散，在缺乏加工、储存、运输等基础设施的条件下，新鲜奶在到达市场之前造成了大量浪费，一方面造成农民收入损失，另一方面城市人口奶需求得不到满足。为了解决这一矛盾，印度政府在1970年启动了一项奶业发展综合计划项目，通常称为“洪流行动（Operation Flood）”。该计划意在解决奶的供求矛盾，将奶生产者和消费者连接起来。具体做法是将村子里的奶农组织起来成立奶合作社，多个合作社联合组织成立一个奶棚。该计划分步骤进行。第一阶段是先在四个大都市试验性推进，将区域内27家奶棚组织起来联合向都市供应鲜奶；在计划的第二阶段，在全国范围推广合作供奶模式；第三阶段是将鲜牛奶加工成奶粉和黄油。80年代末，印度政府启动了“乳制品发展技术使命计划”，通过各类实地发展方案推动乳制品业发展，同时推动乳制品行业科研工作以及实现乳制品行业可持续发展的政策议题。通过20世纪七八十年代的乳品业创新模式发展，印度乳品业绕开了基础设施障碍，迅速发展成印度农业部门最成功的一个产业。

（二）种子

印度农民通常使用农场自留种子，过度使用自留种子导致种子替换率低和产量低。自 2005/2006 年开始，由印度中央政府、各邦政府、印度农业研究委员会、各邦农业大学、种子合作社和私营部门共同参与推出了“印度种子计划”，目的是鼓励作物新品种开发和保护农民及育种者权益。该计划推动了合格种子供应增加、种子加工能力和储存能力增强，相应的种子基础设施得到改善。

（三）食品加工业

随着农业就业率的下降，非农部门和制造业部门，特别是以农业为基础的农村工业部门，必须创造更多的就业岗位。刺激和发展下游农产品加工业对农业增长来说至关重要。“十一五计划”期间，农产品加工业发展速度领先于农业部门，其平均年增长率达 8.4%。尽管印度多种农产品产量居世界前列，但是其供应链中的损耗量也很惊人。印度中央收获后工程技术研究所 2010 年的一份研究认为该损耗范围在 0.8%—18%。造成这种损耗的因素包括：缺乏可用的农产品集散中心、农产品包装、储存、运输和冷链设施，以及农产品加工水平低。印度发展食品加工产业可以解决相关的诸多问题，例如：农业隐形失业、农村贫困、食品安全、食品通胀、营养水平以及食物浪费等。为此，印度政府采取了一系列措施支持有利于发展食品加工业的现代基础设施和有效的加工设施，例如：设立美食城、建冷链、增值基础设施以及食品保存基础设施，新建、改建现代化屠宰场等。主要计划包括以下两个。

1.“农产品加工总理计划（Pradhan Mantri Kisan SAMPADA Yojana, PMKSY）”

该计划执行时间为 2016—2020 年。其核心是农业—海产品加工和农产品加工集群发展，其目标是建立食品供应和餐饮服务链，并为农业及相关产业价值链创建现代基础设施。该计划的具体建设项目包括：大型美食城、集成冷链、增值基础设施、增加食品加工和保存能力、农产品加工集群基础设施、创建农业价值链前后向联系、食品安全及质量保证基础设施以及人力资源、机构等。

2.“农产品加工及农产品加工集群发展计划（Pradhan Mantri Kisan SAMPADA Yojana, PMKSY）”

该计划是由印度食品加工部实施的中央伞形计划，也是“自力更生”计划的一部分。在该计划下开展多种组成计划，例如：大型美食城；集成冷链和增值基础设施；农产品加工集群基础设施；创建前后向产业链链接；食品加工和保存能力提升。

（四）仓储

为提高国家粮食储藏能力，印度政府通过“私人企业家担保计划［Private Entrepreneurs Guarantee（PEG）Scheme］”以公司合作模式（PPP）兴建房式粮仓。另外，为了使粮食仓库基础设施现代化并延长粮食保存期，印度政府批准了兴建钢制筒仓的行动计划。截至 2020 年底，已建成钢制筒仓储量能力 82.5 万吨。到 2020 年底，印度粮食公司及邦粮食储藏机构总的粮食储藏能力为 8191.9 万公吨（MT），其中房式仓 6691 万吨，立筒仓 1501 万吨。印度粮食公司拥有总储粮能力的49.78%，另外50.22%的储粮能力来自各邦粮食收储机构。截至2021 年1月，印度中央粮储小麦和稻谷总量为 5295.9 万吨。

（五）基础设施发展基金

莫迪总理上台后，其政府推出了一系列农业产业发展计划，设立了产业发展基金，其中包括“乳品加工和基础设施发展基金”（莫迪政府首批计划内容之一）、“渔业和水产养殖基础设施发展专项基金”（该基金成立于 2018 年 10 月，基金规模为 752.248 亿卢比，目的主要是弥补渔业和水产养殖基础设施不足）。在莫迪总理描绘的“自力更生（Atma Nirbhar Bharat Abhiyan）”宏伟蓝图下，农业及粮食管理相关内容包括：① 1 万亿卢比农业基础设施基金 —— 为农田、农产品集散中心和收获后基础设施项目提供资金支持。该计划由印度总理莫迪在 2020 年 8 月 9 日正式发起，计划执行期为 2020/2021—2029/2030 年。该基金为农民、各类农村合作组织、农业企业等提供低利率中长期贷款，以帮助其投资建设收获后管理基础设施以及社区集体农业资产。②推出“渔业发展计划（Pradhan Mantri Matsya Sampada Yojana）”并拨款2000亿卢比。其目标是通过发展渔港、冷链、市场等渔业基础设施实现海洋及内陆渔业综合、可持续、包容性发展。③成立畜牧业基础设施发展基金，该基金是莫迪政府宏大的“自力更生的印度（Atma Nirbhar Bharat Abhiyan）”计划的一部分，计划投入1500亿卢比作为初始资金，激励私人企业、个体投资者、农民生产者组织等对畜牧业投资，创立乳品和肉类加工及增值基础设施、动物饲料加工厂，印度政府提供利率补贴和信用担保，主要是为了支持乳制品加工私人投资，实现附加值和改善养牛基础设施。

（六）收获后技术

印度水果产量大约占世界的10%，大部分产量来自芒果、香蕉、柑橘、苹果、番石榴、木瓜、菠萝和葡萄。印度是仅次于中国的蔬菜生产大国。印度出产各种香料，主要的包括：胡椒、豆蔻、生姜、大蒜、姜黄、辣椒等。园艺产品极易腐烂的特点再加上落后的基础设施以及市场销售缺乏组织性，致使印度每年都有大量的蔬菜、水果在收获后出现损失和质量下降，造成巨大浪费。据估算，各阶段造成的损失高达37%，包括储存、分拣和包装等。20世纪90年代中期这种损失估计为年均300亿卢比。印度“八五计划”开始把这一问题提上议事日程，为投资于蔬菜水果加工、冷藏、包装、运输等所必需的设施设备、技术等领域的私人资本提供贷款。全国园艺委员会（The National Horticulture Board）负责创建园艺产品需要的收获后基础设施，其中重点是建造冷藏设施和提高蔬菜水果冷链运输能力。此外还包括提升蔬菜水果附加值的加工和包装设施等。20世纪末期，为了缩短农民和市场之间的距离，建造更好的基础设施，政府制定了农村基础设施投资的重点方案，通过提供全天候道路、通信和电力设施，实现“村村通连”。

（七）市场

印度农产品主要在由政府监管的正规市场进行交易，这类市场遍布印度各地。中央政府帮助建设市场基础设施和乡村仓库。《1937农产品法》为150种农产品及相关商品订立了分级标准。

农民可及的市场基础设施对粮食作物、经济作物和园艺作物的生产发展有重要影响。印度农业部根据农业市场的发展新趋势拟定《农业市场示范法》，让私人资本可以建私人市场 / 市集、直接交易中心和农贸市场，推动公私合作进行农业市场开发和管理。《农业市场示范法》还为建立洋葱、水果、蔬菜和花卉专业市场提供了依据。此外，该法还对规范和促进订单农业发展做出了安排。该法以专门条款对成立邦级农产品标准局做出规定。引入四个中央部门计划，发展市场基础设施，分别是：发展农业市场研究和信息网络；25% 的后端补助用于建农村仓储设施；在那些根据《农业市场示范法》修改了《农产品市场委员会法》的邦加强农业市场基础设施；通过"小农农业企业联合会"实施创业资金援助计划以推动农业企业项目；在重要的城市中心建以公私合作方式建蔬菜水果等易腐农产品先进终端销售市场。

"十一五计划"期间，开启了农业终端市场建设进程。在印度农业与合作部推动下，在重要的城市中心建立水果、蔬菜以及其他易腐农产品现代终端市场，提供最先进的电子拍卖基础设施、冷链和物流，通过位置便利的初级集散中心运作。终端市场在"轴辐"模式下运行，终端市场为轴，众多集散中心为辐，终端市场与集散中心连接，各集散中心处于主产区中心位置，便于与农民形成联系，以将农民的产品投入市场。公司、个体和合作实体均可修建、取得和运营终端市场。中央政府和邦政府通过提供最高持股比例 49% 的方式对终端市场建设提供财政支持。

（八）农村金融信贷

印度农业信贷网络由多个不同性质的金融机构组成。其中合作信贷机构在短期贷款方面占比最高。合作信贷机构在为偏远贫困乡村农民提供农业贷款方面起了主要作用。农业信贷一方面增长速度快，另一方面逾期问题比较严重。这对参与农业信贷的各类机构都造成了沉重压力，特别是给合作信贷机构和地区乡村银行造成运营困难。1990 年印度政府宣布对农业信贷的豁免政策，更是让相关机构雪上加霜。针对此问题，印度中央储备银行在1994年10月宣布解除对合作信贷机构的利率结构管制和吸收存款的管制，以此增加合作信贷机构的流动性。此外，印度储备银行还通过印度国家农业与农村发展银行设立“农村基础设施基金”，为重要的农业基础设施项目提供贷款。

三、农村经济状况

独立之前，印度人均收入不足250卢比。独立之后，印度政府虽然颁布了多轮土地改革法令，试图改善土地高度集中的状况。但是由于印度的土地改革政策在很大程度上是多方角力妥协的结果，且存在诸多政策的模糊性，土地改革并不彻底。尽管各邦都颁布了土地持有限额令，但富余土地分配却成为一个难以推动的议题，进展十分缓慢。印度政府不得不面对难以撼动大地主土地权属的现实，只能对土地租赁制度进行改革和规范。各邦对租佃权利都进行了立法保障，且规范了土地租金。为改善农村整体经济状况，印度政府采取的主要途径包括但不限于：

（1）通过分散的政策和特别措施对小农、无地农进行扶持，以改善其经济状况。

“绿色革命”初期，为了使小农、边际农等经济上处于弱势的农户跟上农业新技术的步伐，印度政府推动全国各地成立“小农发展社”，以推广农业新技术并改善小农的经济状况。小农发展设在一些特定地区，其主要职能是对各地区小农面临的问题进行甄别并有针对性地制定解决方案、帮助小农解决生产资料问题、农业服务和信贷问题、适时评估计划进展，重点是拥有土地面积1—3公顷较为有发展潜力的小农户。小农发展社的功能还包括为小农提供特别援助服务，比如：平整土地、农机租赁、市场销售等，此外，还为小农的农业投资和生产活动制定示范计划等。小农发展社设立的目标还包括为边际农和农业劳动力提供补充就业或者其他就业机会，因此，小农发展社通常设立在城镇附近或者一些必要的地方，这些地方可能通过一些靠近市场的劳动密集型产业提供更多的工作机会，比如家禽业、奶业和市场园艺等。

印度的奶业合作社是这方面最成功的案例。印度的牛奶生产极为分散。奶业是作为农业的补充发展而来的，为众多农民，大部分是无地劳工、小农 / 边际农，提供了重要的生计来源。1970 年印度中央政府推出的“洪流计划”进一步促成村级奶业合作社联合，组成全国牛奶网络。这些合作社组成了印度全国牛奶网络，将全印牛奶生产者与消费者连接起来。牛奶网络不仅弥合了牛奶供应的季节性差异和地区性差异，同时既让牛奶生产者获得利润也让消费者以合理价格得到合格的牛奶及奶制品。针对“洪流行动”计划以外的地区及山区和落后地区，印度政府推出了“集约化乳品发展项目（Intensive Dairy Development Project）”计划，目标是发展奶牛产业、增加牛奶产量。

牛奶业以外的畜牧业、家禽业也是经济弱势群体的经济支柱。无地劳工超过 50% 的收入来源于畜牧业，尤其是家禽行业。21 世纪初，印度家禽行业就业人口已达 200 万，也是印度经济增长最快的行业之一。为了支持家禽业发展，印度中央政府推出了中央财政支持计划“邦家禽养殖援助计划”。该计划对东北各邦提供 100% 资金支持，对其余的邦给予 80% 的经费补助，以促进乡村庭院家禽饲养。到 20 世纪 90 年代中期，畜牧业产值占印度农业产值的大概 1/4，其中 2/3 由乳品业产值贡献。畜牧业及乳品业在印度农村经济中的作用十分突出。主要由于其是农村家庭的重要收入补充，特别是低收入无地农民、小农和边际农以及农村妇女的重要收入来源；同时为半干旱地区、山区和部落区提供补充就业的重要渠道。根据印度统计局 1993/1994 年抽样调查数据，从事畜牧与乳品行业的就业人口大约有 1900 万，其中接近 1000 万为专职，另外约 900 万为兼职。

20 世纪 80 年代末期，为了帮助农民生产牲畜并改善其经济状况，印度政府制定了短期和长期的全国战略。短期战略是为农民提供一揽子服务，包括技术、改进育种、动物饲料、畜禽健康保险、改进管理和市场营销等。长期战略目标是构建为畜牧业服务和提高动物生产力的机构和制度体系。畜牧行业率先取得突破性进展的是乳制品产业和蛋产业。

园艺作物在印度农业经济中的地位和作用除了保障营养安全、提高土地生产效益、增加出口外，还创造就业机会、改善农民和相关从业者经济状况。园艺作物包括水果、蔬菜、香料、花卉以及椰子，2003/2004 年种植面积总量 1720 万公顷，占印度农作物种植总面积的8.5%，为农业总产值贡献30%。园艺作物发展新举措：①“国家园艺使命计划（National Horticulture Mission）”，主要是为提高园艺作物产量而设定，其目标是到“十一五计划”末期使园艺产量翻番。②“国家竹子任务计划（National Bamboo Mission）”。在印度竹子既生长于森林也在非森林地区种植，既能增加农民的额外收入，也能恢复土壤健康。因而“十五计划”启动了该计划，挖掘竹子产业的潜力。设定的目标是“十五计划”和“十一五计划”期间竹子种植面积达到600万公顷。

（2）农村减贫。早在“五五计划”时期，印度政府就启动了农村地区弱势群体扶助计划：小农、边际农和农业劳工项目（SFDA和MFAL）。农业新技术在印度农业取得的成功却并没有惠及印度农村贫困人口。组成印度贫困人口大军的既有拥有土地的广大小农、边际农，也包括无地农业劳工。农业改革导致农村社会从经济上加速分层。农业中的上层阶级收入的增加促使其逐渐转向接受更节省劳动力的生产方式，而这让农业中的贫困农民和无地劳工生存境地更加恶化。这种趋势要求政府进行制度性改革实现“纠偏”。不过，政府在多方角力中通常采取折中的办法，即“以点带面”，比如，通过一些“应急”救助项目在乡村创造就业，或是针对特定群体或特定地区实施特别计划等。“四五计划”时期，为缩小差距，并提供更多就业机会，针对有发展潜力的小农和边际农、农业劳工分别设立发展机构。1970/1971年共有42个小农发展计划和32个边际农、农业劳工计划获得批准。这些项目通过鼓励农民和农业劳工成为合作社成员，以合作社为主体从事农业生产经营活动。这些项目重点主要放在种养殖业，辅之以其他合适的就业机会。“四五计划”期间，共实施了87个该计划覆盖下的项目，“五五计划”时期增至160个。

1971年针对拥有土地面积1—3公顷的小农，成立小农发展社，有针对性地进行扶持和帮助；针对拥有土地面积不足1公顷的边际农和农业劳工（指在农村有固定住所，其收入的50%来源于农业工资），设立边际农和农业劳工社项目，主要是为受益人提供补贴信贷购买指定农资以提升其农业技术继而增强其盈利能力，另外还通过乡村就业项目为这一目标人群提供补充就业机会；此外，在全国54个最干旱的地区实施“干旱易发地区计划”，以缓解由于干旱造成的经济困境；

在全国降雨量不足且缺乏灌溉设施的地区实施“旱地农业综合发展计划”，该计划覆盖全印6800万公顷农地，通过在各地建立试点项目，研究试验旱地农业技术。继续推动土地改革。独立以来的土地改革实际上成果十分有限。作为土地改革重要内容的“土地持有最高限额”法律条款尽管早已颁布，但由于法律存在的漏洞和执行问题，实际上并未起到促使土地再分配的作用。在1972年7月的首席部长会议建议下，印度中央政府出台一系列新的准则，对“土地持有最高限额”做出新的规定，其主要目的是在全国各地“土地限额令”修订中实现一定程度上的统一，总体上是降低规定的最高限额数量。新规定中“家庭”是申请持有土地最高限额的基本单位，并全国适用，家庭组成的界定是“丈夫、妻子和未成年子女”。土地按不同等级分别规定不同最高持有限额：一类土地指灌溉水源有保障并且一年能种植两季或两季以上作物的土地；二类土地是指灌溉水源有保障且一年能种植一季作物的土地；三类土地是指除一类、二类以外的其他各类土地，包括果园。以一个五口之家为基本家庭单位，一类土地的持有限额为4.05—7.28公顷，二类土地的持有限额为10.93公顷，三类土地的持有限额为21.85公顷。一个家庭超过五个人的，每增加一人可以按规定增加土地持有面积，但是任何情况下一个家庭最高土地持有面积不能超过一个基本家庭单位土地持有限额的2倍。新的土地限额规定将茶业种植园、咖啡种植园、橡胶种植园、可可种植园和豆蔻种植园业纳入最高限额规定范畴。但是由于普遍缺乏土地产权记录，以及政府无力阻止为规避“限额令”而进行的虚假土地转让，加上地方政府在农村上层大地主的势力的影响下，并不积极推动这项措施的执行，因而这项政策目标几乎成为不可能实现的任务。

印度“七五计划”将就业和减贫确定为最重要的目标。截至1986年12月，粮食储备达2360万吨，政府为消化巨额粮食储备采取的主要措施是提高粮食补贴额度，并确保粮食补贴能到达贫困人口，同时，扩大就业计划，通过以工换粮解决失业人口和低收入群体有效粮食需求问题。具体措施包括：向各邦公共分配系统额外分拨大米和小麦；通过公开市场出售/拍卖小麦；以优惠价格向“部落发展计划”和“营养计划”额外分配大米和小麦；向“全国乡村就业计划”和“乡村劳动力就业保障计划”分配更多小麦和大米。

到20世纪80年代“七五计划”时期，印度农业仍然是印度经济最重要的部门。75%的人口生活在农村，农业部门快速增长是印度经济增长和解决农村贫困问题的前提条件。至这一时期，印度农业存在的问题主要还是农业发展失衡，一是区域间的发展不平衡，二是农业内部结构失衡。与此同时，印度的粮食库存居高难下，远超维持弹性库存和粮食安全的理想水平，即便农业生产遭遇恶劣气候或者连续两年降雨量不足，粮食库存高企的状况也同样存在。这种现象意味着风调雨顺带来的农业丰收会加剧印度粮食高库存的经济和财政负担。不容忽视的一点是，印度农业生产发展、粮食产量提高并没有同步带动印度农村就业和提高农民收入。农村贫困问题成为这一时期印度政府重点应对的问题。因为农村普遍贫困必然削弱农业发展基础，制约农业发展的速度和效率，而农业发展情况将影响整体经济的发展。印度政府认识到，其农业发展战略的整体成败最终将取决于是否能够消除农村贫困。1987年，印度政府为了更好地促进不同区域农业平衡发展，在主要的农业气候区因地制宜制定不同的发展战略，当时的计划委员会成立了高级别工作组，负责制定相应的战略行动计划。

旨在实现广大旱地全面可持续发展，确保粮食安全，缩小区域差距并为农村贫困人口提供就业机会，印度政府在“八五计划”期间（1992—1997年）实施了“雨养地区流域开发工程（National Watershed Development Project for Rainfed Areas, NWDPRA）”，主要内容包括：耕地和非耕地以及排水管道整饬；支持生产性农业活动，比如种植示范、有机农业、旱地园艺、农林及燃料木材种植；森林牧场开发；家庭生产系统等。1993年3月，印度国会通过了《农业政策决议（APR）》。APR确定的最高优先任务是农村减贫，改善不充分就业、失业和营养不良。其主要战略为农业多元化和发展以农业为基础的相关工业产业。具体目标主要包括：增加加工、营销和储存设施；发展旱作园艺和灌溉园艺种植；增加生物质生产、提高灌溉潜能利用率并增加储水；加强合作组织和本地社区活力，促进非政府组织参与到农业中。“九五计划”期间（1997—2000年）对NWDPRA进行了调整，纳入的新内容包括以社区为基础的参与式方法在技术选择和资源配置方面更高程度的灵活性。为长期可持续发展而采取分散和适当的制度安排。

“农民信贷卡计划”广泛推广，发放的卡已近亿。2002年出台“自助组织与银行关联方案”，该方案重点关注无法持续获得银行贷款的农村贫困群体，这些人没有可靠的渠道直接接触银行系统，因此该方案目标群体主要是小农、边际农、农业劳工和非农劳工、手工业者、民间匠人以及其他从事个体小本经营的穷人。

消除失业和隐形失业，改善农村极端贫困人口生存条件，解决贫困人口基本需求，包括饮水、居住、医疗和成人扫盲。推出的相应计划包括：“小农发展机构计划（SFDA）”“旱地农业综合发展计划”“干旱地区综合开发计划（DPAP）”“部落区开发计划”“山地开发计划”。“农村综合发展计划”，以就业为目标，让尽可能多的人受惠。该计划以其他减贫计划为依托，涵盖集约农业、混合农业、小微型灌溉、土地开发、家禽家畜饲养、奶业、水产、林业、园艺，另外还包括乡村和家庭手工艺、服务及教育培训等。该计划在全国分散建立数千个社区开发部开展相应的工作。1977/1978年首次实施了一项重要的减贫计划——“以工换粮计划”。该计划为农村贫困人口提供基础设施建设以及社区公共设施建造等工作，比如修建小型灌溉设施、灌溉渠、平整土地、水土保持、植树造林、修筑防洪设施、修桥补路、修造公共建筑等，全部或部分工资报酬是以粮食的形式发放，即政府富余的储备粮食大米或小麦。20世纪70年代后期开始建立的粮食缓冲库存为赈灾和“以工代粮”等各项农村减贫计划提供了足够的粮食支持。

（3）发展灌溉。水利灌溉在印度的功能不止于增加粮食产量，保障粮食安全，还有助于乡村就业、减贫，从而减轻农村贫困人口流向城市的压力。

（4）重视小农发展。农业耕地持有模式反映了印度农业中小农和边际农占主导地位（85%）。这种背景下的农业发展战略应当将小农农业放在优先地位以促进小农、边际农获得可持续生计，并推动减贫。

（5）公共分配系统及食品补贴。公共分配系统目标群体是生活在贫困线以下且无力按市场价获取粮食的群体。该系统的运行程序包括政府采购（按最低保护价收购粮食）、建立和维护仓储、维持粮食库存、粮食分配。公共分配系统是印度的主要粮食安全系统，其两大目标之一是通过补贴粮食向贫困家庭提供最低限度营养支持。中央政府每年针对不同的目标人群公布三个不同的价格，分别是贫困线以上（APL）、贫困线以下（BPL）和极端贫困（AAY），分别针对这些目标人群给予不同的配额标准。对于贫困线以下和极端贫困的家庭，每月配额标准是每家每月 35 千克（小麦、大米），而贫困线以上家庭配额标准则根据中央粮食库存情况决定，各邦标准大致在每个家庭每月 10—35 千克。

2010 年，即“十一五计划”时期，印度中央政府推出了“家禽发展计划”，由三部分组成：一是邦家禽养殖援助，旨在加强已有的邦家禽养殖场以帮助其生产提供适合农村庭院养殖的改良家禽品种；二是发展农村庭院家禽养殖，其主要目标是为贫困线以下家庭增加收入和提供营养补充；三是鼓励家禽产业创业，主要是针对受过教育的未就业的年轻人和有一定经济基础的小农，鼓励其从事家禽相关的商业活动，印度中央家禽风险投资基金计划为个人从事各类与家禽相关的商业活动提供资金支持。

2013 年公布了《国家粮食安全法案》（*National Food Security Bill*）。其目标是通过确保以负担得起的价格获得足够数量优质食品保障食品和营养安全。该法案确定的受益人分为两类——优先家庭（Priority Households，贫困线以下家庭）和极端贫困家庭（Antyodaya Anna Yojana, AAY）。优先保障家庭每人每月免费获得 5 千克粮食和 7 千克超低价粮食（包括大米、小麦和杂粮），极端贫困家庭每户每月获得 35 千克低价补贴粮食（含大米、小麦、杂粮），从而解决了底层 67% 人口的饥饿问题。根据 2011 年的印度人口普查数据，这一群体人口数量大约有 8.14 亿。该法案还特别关注对妇女和儿童的营养支持。孕产妇可以享受孕产期补贴福利，14 周岁以下的儿童享受营养餐福利和根据标准带定额口粮回家。该法案还以低于政府最低收购价格一半的价格给予一般家庭每人每月 3 千克以上粮食资助。该法案使 75% 的农村人口（其中 46% 属于优先保障家庭）、50% 的城市人口（其中 28% 属优先保障家庭）受益。该法案还为特殊群体提供餐食，例如极端贫困者、无家可归者、遭遇紧急情况和受灾的人群等。该法案给予孕产妇为期 6 个月的孕产福利，按月支付现金福利。《国家粮食安全法法案》的实施推动印度定向公共分配系统（Targeted Public Distribution System, TPDS）覆盖的人口从 36% 上升至 2/3。

四、农业改造

（一）主要措施

印度独立之初，从殖民地和动乱中走出来的印度农业生产经受着重重制约。国内粮食短缺状态持续，粮食价格推动通货膨胀，“二五计划”末期，价格指数最高升至127.4%。印度只能依靠大量进口粮食解决粮食短缺的问题，仅1960年，印度粮食进口就达到500万吨。原棉也依靠进口弥补国内短缺。即便1960/1961年度印度粮食增产460万吨，1961年仍然进口粮食340万吨。棉花在增产170万包的背景下，仍然进口108万包，比上年增加进口11万包。印度政府认为印度经济要实现发展不能依靠进口，而必须依靠提高国内生产力来提供粮食和生产所需的原材料。于是围绕提高农业生产力进行了大规模农业改造。

1. 推动农业增长的生产因素改造

1963年7月，成立“农业再融资公司”，为农业及相关产业的发展提供中长期信贷支持。在“三五计划”的制定中，印度国家发展委员会对农业政策进行了重新审查，认为“三五计划”要实现国民经济年均5%的增速，必须制定一套综合的农业刺激政策。于是1963年底，成立了农业生产委员会，由中央部长和计划委员会成员参加，以确保在农业问题上采取综合协调措施。

印度政府确定了农业增长的基本思路是依靠生产性投入的大量增加，减少农业对天气的依赖，这些投入主要包括化肥、水利灌溉、种子、农业和仓储设施。仅以氮肥为例，1960/1961年度，印度农业氮肥消费19.3万吨，1963/1964年度，上升至45万吨，1964/1965年度、1965/1966年度分别增至57万吨和75万吨。

这一时期，政府投放资源主要侧重于有较大农业增产潜力的地区，比如有灌溉资源或者可开发灌溉资源的农业区。这也是“绿色革命”主要在灌溉区大获成功的原因。20世纪60年代，印度在紧急状态下，出于国防的需求，开始进行经济扩张，农业经济的扩张是整个印度经济扩张的一个重要部分。印度政府认识到，没有农业的增长贡献，印度的财政收入、储蓄、出口就难以实现预期目标，经济发展进程中的成本和价格也需要农业经济的发展来平抑。然而，农业政策的成功与否最终还是要看农业层面的落地情况，需要有适宜的政策安排到位，保障农业种植技术传达到农户，相应的资源和必要的优惠激励让农民享受到。为此采取的一项重要保障措施就是指派生产专员，此举主要是针对一些重要的经济作物，另外针对个别邦可能存在的一些具体问题委派研究团队进行针对性指导。

为尽快提高农业产量，“三五计划”初期，成立了农业价格委员会，旨在促进农产品合理价格形成机制；向有条件的邦提供特别援助，以帮助其加快实施在手的农业项目和开展新的快速生产计划；逐步增加化肥进口拨款，以补充国内化肥生产缺口；扩大农产品价格支持计划的覆盖范围，大幅提高粮食收购价格。抑制粮食价格为首的物价上涨始终是政府的一件大事。除了努力刺激生产，提高生产力和维持财政和货币稳定氛围，与此同时，应对急速上涨的物价，快速有效的补救措施包括增加进口、加大库存投放、增加平价商店以及确定食品批发零售最高限价。从长远看，考虑到印度人口加速增长的趋势和国内供应不足以及生产的不稳定，印度政府决定对基本商品分配提高监管程度，这一目标通过缓冲库存来实现。为此，成立了印度食品公司，使政府能够及时有效地采取缓冲库存操作。不过，在农业产量增长远低于国内市场需求的情况下，依赖大量粮食进口弥补基本口粮需求缺口，缓冲库存操作很难实现。

印度“三五计划”期间，农业并没能延续前两个五年计划逐步形成的增长势头，而同一期间，印度工业生产部门年均增速保持在 8%—9%。当然，其间的工业增长很大程度上应归因于国防需要资源动员的结果。农业整体增长下滑的背景下，部分农业条件较好的邦保持了年均 5% 的增速。由于此时期农业仍然是保持物价稳定、增加出口和大多数老百姓赖以生存的关键部门，因此，印度政府在急于快速提高农业产量的考量下，政策和资源进一步向农业条件较好的区域倾斜，为区域差异扩大提供了进一步动能。

“三五计划”期间，粮食对进口依赖逐年增加，1962 年为 364 万吨，1963 年为 456 万吨，1964 年为 627 万吨。该期间，财政对农业支出进一步增长，

1961/1962 年度实际支出为 8.16 亿卢比，1964/1965 为 16.37 亿卢比。另外还特别提供 2.135 亿卢比作为小型灌溉设施和水土涵养工程资金。同时，“三五计划”时期启动了一项计划，目标是通过“快速出产”计划提高水果、蔬菜、牛奶、鱼的产量。此外，印度中央政府提供额外资金加速一些重点水利灌溉项目完工。

2. 改造农业价格体系

增加化肥、水以及其他提高农业生产的必要投入物资供应只是问题的一个方面，农民还需要有购买这些生产物质的能力和对土地进行合理投资的能力。1964 年，印度政府设立了农业价格委员会，对农产品价格结构进行详细调查，以促进农业增产和改善不同农作物间的平衡。在该委员会的意见基础上，宣布了确保种植者能获取有吸引力收入的大米和小麦收购价格。同时，确定了大米的最高批发和零售价格，并将大米的收购价格提高 1/3。至此价格支持政策已经覆盖全部主要农作物。

20 世纪 60 年代，由于人口的增加，迅速增产粮食的需求更加迫切，为此，在外汇十分紧张的情况下，印度政府不得不大量进口化肥。同时，尽可能增加国内化肥产量，并加速扩张化肥生产能力。农业生产所需的农药、农机等工业品，在增加进口的同时，加快国内生产扩张进程。同样重要的还有各类改良种子繁育和分配问题、灌溉工程加快利用问题、对农民如何有效使用各类资源的指导问题等。在资源总体有限的条件下，印度政府优先将各类资源向最有可能取得快速成效的地区集中。为了鼓励农民使用现代农业生产要素，这些资源品到达农民手里的价格对农民极为有利。同时，持续提高农产品收购价格，1965/1966 年大米的收购价在上年的基础上再提升 5%—10%。

3. 改造粮食收购分配体系

政府的这些初期努力没能起到立竿见影的效果，粮食进口仍然逐年攀升。但是国内仍然面临粮食短缺的困境。粮食短缺对人口中的脆弱群体冲击往往更大。印度政府开始实行法定配额制，在人口超过 10 万的城市强制实行。为了确保粮食短缺地区的粮食供应，采取加强政府粮食收购并更加严格执行粮食禁运。

“四五计划”时期受益于粮食产量大幅提高，粮食进口和农业原材料进口减少，加上进口替代政策初显成效，“三五计划”最后一年印度进口减少 7.3%，而出口增加 13.5%，印度贸易赤字大大缩减，外汇储备净增 3.81 亿卢比。随着国内经济环境改善，这一趋势还将持续。这一年的政策思路是将扩大化肥生产放在最优先的位置。

1968/1969 年，在不利的天气条件下，大部分杂粮和经济作物产量出现下降，但大米和小麦产量仍然较大幅度增长，这一方面标志着印度粮食革命取得初步成功，同时也证明印度农业新战略更适合灌溉条件好从而可以抵御不稳定的季风气候的地区。对于那些缺乏灌溉条件，农业生产仍然依靠季风降水的地区，要提高农作物产量，则需要制定不同的发展战略。大多数杂粮作物、棉花、油料籽以及豆子等作物在印度“粮食战略”下，被资源边缘化，多依赖雨水灌溉。这类作物增产的战略除了使用高产品种外，发展旱作耕种技术也成为一条重要途径。特别是豆类，对以素食群体为主体的印度人的营养结构尤为重要，但是在印度粮食持续增产的背景下，豆类作物产量却长期滞涨。

随着印度粮食产量增加，国内粮食供应状况进一步改善，进口粮食数量继续减少，1969 年印度进口粮食减少至 390 万吨。全国大部分地区解除了粮食流通禁令。1969 年在新德里举行的各邦首席部长会议，重新对粮食产区进行了划分，将全国小麦产区重新划分为六大产区。

另一方面，尽管印度粮食产量大幅增长，粮食价格却并未大幅下降，其原因在于政府对粮食的价格保护和收购价稳中有升。印度粮食保护价和收购价整体呈上升趋势。在经济和政治因素考量下，粮食收购价很难下降。因而出现一种现象：粮食产量增加，粮食价格保持不会下降；粮食产量减少，粮食价格却会大幅上涨。因而，总体上看，市场对粮食的影响是不大的。相较而言，经济作物则市场化趋势更明显。

（二）农业改造的不足

1. 粮食增长不均衡

在农业新战略推动下，水利灌溉持续增加，农业新技术不断推广，化肥广泛使用，农机装备也不断改进，再加上连续的好天气配合，印度粮食产量迅猛增加。在示范效应的带动下，农作物优良高产种子的推广使用已经深入人心，到1969/1970年度，农作物良种覆盖面积已经由前一年的930万公顷扩张至1140万公顷，1970/1971年则进一步扩张至1505万公顷，其中谷类面积566万公顷，小麦面积588万公顷，小麦和谷类共占良种覆盖面积总量的77%。相较而言，水稻的表现略次于小麦。因而，在继续改良小麦品种的同时，重点进行水稻品种的研究改良，尤其是耐旱速生水稻品种。对杂粮品种的改良进程则较为缓慢，根本原因在于杂粮在印度政府的粮食战略中并不具有优先地位，改良作物品种需要的大量资金投入得不到保障。现有的品种在抵御病虫害等方面具有明显弱势，加之其生长周期普遍较长，难以实现一年两熟或者多熟，所以，杂粮产量始终增长缓慢。

尽管农业技术有了很大进步，农民普遍欢迎新技术，粮食产量波动仍然很大，尤其是灌溉面积小、靠天吃饭的地区，季节性波动仍然很大。粮食作物中，小麦的灌溉面积最大，产量最为稳定；经济作物中，只有甘蔗灌溉面积较大，受气候影响波动幅度较小；其他经济作物受季节性气候影响明显。为减少农作物对气候的依赖，以增强农作物产量的稳定性，一方面继续加大兴修小水利的力度，同时提高对现有水利灌溉设施的管理以提高利用效率，此外，印度政府加大了对地下水资源的调查和利用；经济作物和杂粮作物的良种播种率依然较低；农业结构出现失衡趋势。例如，由于谷物种植更有利可图，在灌区的很多农民放弃原来的经济作物种植转而种植谷物。同样原因，大量耕地将豆类作物改种小麦，使得作为印度人廉价蛋白质主要来源的豆类产量持续低增长。“粮食战略”的成功也带来一些社会经济问题。首先是新技术对就业的影响。例如在高产良种成功推广的地区，农业繁荣，劳动力需求旺盛，工资上涨，一些地区甚至一度出现劳动力短缺现象。而同时存在的另一个现象是农业机械的使用，比如拖拉机的应用，一方面提升了生产力，但同时可能减少对劳动力的需求。农民收入差距拉大。农业新战略实质上对拥有较多土地和资金的富裕农民更为有利。其次是土地所有权影响。印度自独立以来开展的土地改革进展缓慢、效果有限。农民对土地的所有权是其进行长期性土地投资的先决动力，农业新战略的主要措施对土地所有者，特别是大土地所有者来说更有激励作用。土地改革的不彻底使得小农和佃农既无意愿也没有能力在土地上使用新技术。

事实上，除了小麦产量增长非常显著，整体上看，印度农业发展并不理想。水稻产量也只是相对增长，其他次要粮食作物增长缓慢，经济作物同样没有太大的进展。这一时期被放到农业生产重点地位的化肥消费增长情况可以很好地反映农业整体情况。“绿色革命”时期的化肥战略实际上是将化肥大量投放至有灌溉水源保障的农业区，其中，主要是高产种子推广较好的地区。

与粮食产量持续增长相对照的是经济作物产量普遍增长缓慢，特别是为工业提供生产原料的棉花和黄麻等产量增长不足，油料产量也满足不了国内市场需求，印度这段时期粮食进口大幅减少，但是每年需要大量进口棉花和大豆。改变农业现状，提高经济作物产量需要比粮食作物更长的时间周期。政府采取了各种措施来缓解农业原料不足的问题，包括优质品种培育推广、增加灌溉面积、规范棉花和油籽期货交易以抑制投机等。1971 年，印度政府修改了《远期合约监管法案》，废除当中的一些漏洞条款，以防止在即期交易的名义下进行远期交易投机。同时暂定了椰子油和棉籽远期交易以及花生和花生油的不可转让特定交付合同交易。

“绿色革命”取得的成就使印度粮食储备大大增加。20 世纪 70 年代初期甚至一度停止进口粮食。即便由于农业生产的波动较大，粮食产量下降时，粮食总进口量也大幅下降，例如 1972/1973 年度全年进口粮食仅为 80 万吨。与此同时，蔬菜水果进口增长了 41%，其中很大一部分原因在于印度开始放宽进口政策。化肥进口大幅增加。国内化肥消费 50% 依靠进口。

2. 带来的社会经济问题

“粮食战略”的成功也带来一些社会经济问题。首先是新技术对就业的影响。例如在高产良种成功推广的地区，农业繁荣，劳动力需求旺盛，工资上涨，一些地区甚至一度出现劳动力短缺现象。而同时存在的另一个现象是农业机械的使用，比如拖拉机的应用，一方面提升了生产力，但同时可能减少对劳动力的需求。农民收入差距拉大。农业新战略实质上对拥有较多土地和资金的富裕农民更为有利。其次是土地所有权影响。印度自独立以来开展的土地改革进展缓慢、效果有限。农民对土地的所有权是其进行长期性土地投资的先决动力，农业新战略的主要措施对土地所有者，特别是大土地所有者来说更有激励作用。土地改革的不彻底使得小农和佃农既无意愿也没有能力在土地上使用新技术。

（三）没有解决农业持续增长的问题

1. 化肥施用地区和作物差异大

1983/1984 年化肥价格大幅下调。从 1983 年 6 月 29 日开始，降价 7.5%。化肥价格下调促进当年化肥使用量猛增，其中仅夏粮季就增长了 22%，而冬粮季增长幅度更大，全年化肥用量增长接近 30%。政府在全国各地增设数万个化肥销售点，化肥生产商也进行各自的推广和促销活动，在其周边村庄和地区向小农和边际农免费发放“化肥包”。化肥使用量不仅存在区域差异，还存在季节差异和不同作物间的差异。比如，1982/1983 财年，东北那加兰邦每公顷净耕种面积化肥使用量平均仅为 1 千克，而旁遮普邦为 134 千克，本地治理为 255.8 千克，印度全国平均则为 36.5 千克。此外，化肥消耗总量的大约 2/3 是用在冬季作物上，而冬季作物的播种总面积仅为全年播种面积的 1/3。与此相似的是，对部分作物施用化肥的量过多，而另一些作物则相对较少。比如，在旁遮普邦、哈里亚纳邦、泰米尔纳德邦、安德鲁邦和卡纳塔克邦每公顷水稻的化肥用量非常高，而在北方邦、比哈尔邦、中央邦、奥里萨邦和西孟加拉邦每公顷水稻的化肥用量则非常低。再比如小麦，旁遮普邦和哈里亚纳邦作为小麦主生产区，化肥使用量非常高。在所有作物中，甘蔗既是相当耗水的作物，同时也是平均单位面积化肥消耗量最高的作物，特别是马哈拉施特拉邦、安得拉邦、泰米尔纳德邦的甘蔗生产化肥消耗量更是突出。杂交棉花也是经济作物中化肥消耗量比较大的一种。而化肥消耗量最低的作物包括杂粮作物、油籽类作物和豆类作物。这些作物一方面是因为主要依靠雨水浇灌，而化肥需要良好的灌溉水源配合才能起到增产的作用；另一个原因在于这些作物的种植收益相对较低，农民缺乏投入的积极性。

2. 作物产量差异大

谷物、豆类和油籽是印度的主要食物构成，其中谷物类中，小麦产量大幅增长，是“绿色革命”成功的主要贡献者，然而小麦产量也存在显著的区域性差异，其中旁遮普邦和哈里亚纳邦高居小麦产量榜首，而其他邦，特别是中央邦、比哈尔邦、北方邦以及拉贾斯坦邦等小麦产量远远低于旁遮普邦和哈里亚纳邦。就水稻产量来说，尽管水稻产量有所增长，但是就全国范围看，普遍产量还是比较低，且水稻产量的增长主要来自水稻非传统产区，例如旁遮普邦、哈里亚纳邦和北方邦西部地区以及拉贾斯坦部分地区，而传统水稻产区的水稻产量却增长迟缓。

豆类的单位产量到20世纪80年代初期几乎跟60年代豆类产量保持在同一个水平，因此，在人口大幅增长且需求相应增大的背景下，印度豆类总产量却几乎是停止增长。“六五计划”时期豆类生产受到前所未有的重视。主要战略措施包括：开始将豆类作物引入可灌溉耕地种植；扩大黑豆、绿豆等豆类作物短周期品种的种植面积；在其他作物中间作木豆；推广使用良种、植物保护措施等。另外，启动了新的“全国豆子发展计划”，整合各类正在执行中的由中央政府主导的豆类发展项目，以针对不同作物和不同区域推广适宜技术，实现豆类生产持续增长。

印度豆类作物在“绿色革命”中没有获得产量提高的主要原因：与小麦和水稻相比，对豆类作物的科技和其他投入都很少。印度农业传统上将豆类作物种植于干旱土地或者没有灌溉水源的耕地上，而且往往是边角地块，耕种条件相对较差，且生产投入非常少。

油籽在“六五计划”时期产量有所提高，但是由于多年来油籽产量长期滞涨形成油籽供应严重不足，这一时期的增长几乎是微不足道。这期间促进油籽产量提升的主要措施包括：加强了油籽生产的科研、推广、培训；推广多年生油料作物，比如椰子、油棕榈等；加强收集和更经济地利用木本油料作物；对油料作物提供更合理的支持保护价格。其他措施还包括，传统上为冬季种植作物的花生，提高其夏季播种面积；扩大非传统油料作物种植面积，如大豆、葵花籽等。

印度油籽产量低的主要原因：缺乏灌溉、化肥等现代农业投入少、管理水平低。这些因素跟豆类作物产量低类似。到 1980/1981 年度，印度油料作物的灌溉率仅为 14.3%，油籽种植仍然主要种植在没有灌溉设施的土地上，这些“靠天吃饭”的耕地多为边角地块和肥力低产量低的耕地，外加病虫害高发，致使油籽的产量年度波动巨大，且区域间差异也很大。印度从 20 世纪 70 年代开始商业化种植大豆，大豆种植面积在 1975/1976 年度不足 10 万公顷，到 80 年代初（1983/1984 年），大豆种植面积增至 80 万公顷，产量则从 9 万吨增至 58 万吨。葵花籽作为含油量较高的油料作物，从 70 年代后期起开始取代传统低产量油料作物在旱地推广种植。由于向日葵在轮作、间作和套作中都有较好的适应性，其种植面积增长较快。但向日葵的突出问题在于其种子质量难以保障，空籽和瘪籽率过高成为影响产量提高的重要因素。豆类作物跟油料作物情况相似，主要种植在没有人工灌溉设施的耕地上，到 70 年代末，只有 9% 的豆类作物获得人工灌溉，通常情况下，相对贫瘠的土地才会用于种植豆类作物。一旦传统的豆子种植地区有了灌溉设施，这类耕地往往会改种别的作物。

为了促进油籽生产，印度政府启动了三大经济政策向生产油籽的农民提供有吸引力的价格以鼓励油籽生产。一是减少食用油进口，节省外汇的同时刺激国内油籽价格上涨进而激励油籽生产。1985/1986 年印度食用油进口大幅减少，按价值计减少了 55%，按数量计则减少了 15%。当年印度人造黄油业使用本土食用油的比例由 35% 上升至 50%。二是为减少食用油价格年际波动，提高农民的售价，进口向公开市场释放食用油的政策调整为反季节释放：在收获季节少释放以保持对农民有利的价格，在淡季多释放以抑制价格过度上涨和投机。三是通过一揽子财政刺激措施确保更多的次要品种油籽和米糠被加工成食用油和更多地被利用在人造黄油生产中。“全国油籽发展计划”也被重新整合执行，以加强为油籽生产提供服务的各部门服务能力。对食用油籽的价格逐年提高。为了确保油籽种植户获得的价格至少高于规定的保护价，农业合作市场委员会被赋予了油籽价格监管责任。

3. 大部分土地仍然以旱作农业为主

到 70 年代末期（1978/1979 年），印度全部耕地面积中仍然有 73.5% 为缺乏灌溉的旱地。印度旱地的典型特征就是降水量少且降水不稳定、年蒸发量大且夏季气温高。印度旱地土壤普遍缺乏植物需要的重要营养元素，例如氮等。此外，旱地还存在土壤流失等严峻问题。加上田间管理水平低以及农业低投入等因素，其结果就是旱地产量十分低、产量波动剧烈甚至常常颗粒无收。

为了提高旱地农业产量，印度政府在 1970/1971 年度发起了“旱地农业发展综合计划”，由中央政府出资，在 20 个邦开展了 24 个旱地农业项目，目标是试验和示范适用于旱地的可行性技术。这些项目在 1979/1980 年度转由邦政府接管。这些项目开展了大量工作，在靠天吃饭的旱地有针对性地试验控制土壤流失、土壤水分保持、化肥施用、播种季节、间作和复种等最有效方式。

印度农业产量在 1978/1979 年达到历史高峰后，随后几年连续波动，印度产业增长已经达到瓶颈。而占印度耕地 70% 以上的旱作农业增长潜力还基本没有得到开发，认识到旱作农业对印度农业发展的重要性，印度政府修改了“20 条”计划，其中高度重视旱作农业技术的开发和运用。在邦政府和农业专家的参与下，制定了旱作农业综合发展战略。

4. 出现水利灌溉设施闲置与灌溉能力不足的矛盾

印度政府一方面不断投入修建大中小型各类灌溉工程和设施，但是与此同时，由于种种原因，各类灌溉工程和设施大量闲置，没有得到有效使用，且随着更多的灌溉设施修造，理论灌溉能力和实际利用灌溉水平之间的差距进一步增大。尤其是大中型水利设施，实际利用率和灌溉潜力之间的差距更大。灌溉潜力没能得到有效利用的主要原因在于：一是地面管网灌渠建造和土地平整与整饬被拖延；二是上游过度取水。“灌区开发计划（CADP）”正是着眼于缩小灌溉潜力和实际利用率之间的差距推出的主要水利工程开发管理计划。其主要目标是通过对水和作物的综合管理使灌区农业产量最大化。该计划涵盖面广泛，包括管道、沟渠、排水、土地整饬以及轮流供水以确保对农户进行公平合理地分配用水。不过该计划进展并不理想，其主要原因在于各水管理部门和农业相关部门之间缺乏协调合作。

农业价格政策调整：认识到在农作物播种之前就提早宣布保护 / 收购价格的重要性，印度政府用文件形式规定了每一种农产品最低收购价宣布期限。这帮助在价格确定的基础上对种植何种作物做出理性抉择，大大减少了不确定性。

农业机械化：耕地碎片化问题是印度农业发展机械化的一大障碍。1992/1993年度，印度启动了“在小农中推广农业机械化”计划，该计划对小农和边际农农民个体或者农民集体提供补贴用以购买拖拉机。该计划也对登记在册的合作组织和农业社提供购买拖拉机补贴。该计划在 1996/1997 年将补贴对象扩展至所有农民，并将补贴额度提高到 50%，最高 3 万卢比。农业机械化程度提高，意味着对更多农业机械操作、维护、管理等技术人才的需求。印度政府建立了多所农业机械培训试验学院，分布于中央邦、哈里亚纳邦、安得拉邦、阿萨姆邦、拉贾斯坦邦、泰米尔纳德邦等。

到 20 世纪 80 年代，在多重因素影响下，水稻产量在全国多数地区不及小麦产量，而豆类、杂粮作物和油料作物增长迟滞；在全国部分最重要的小麦产区，小麦的产量增长达到瓶颈；干旱和半干旱地区的农业产量有待提高；地下水资源开发不足。突破农业产量增长瓶颈的政策重点被放在继续扩张灌溉面积，增加化肥使用量，增加高产优良种子的使用，推广采用植物保护措施，实施积极的农产品价格政策。增加化肥施用量是提高产量的主要手段之一。从化肥施用量来看，1960/1961 年：29.4 万吨；1970/1971 年：226 万吨；1980/1981 年：550 万吨；1981/1982 年：610 万吨。70 年代初开始，印度农业化肥使用量明显加速增长，这也是印度农业产量提高的重要原因之一。促进化肥使用量增长的因素包括：化肥价格、农民对化肥带来的经济效益的认识、灌溉设施的增加、高产优良种子的进步和供应、新的植物保护材料和技术的使用、积极的价格政策以及天气因素等。

到“七五计划”时期，大约 67% 的水稻种植区位于印度东部几个地区，包括阿萨姆邦、奥里萨邦、比哈尔邦、中央邦东部、北方邦东部以及西孟加拉邦，但是这些区域的水稻产量只占全国的 55%，低于全国平均产量。为了挖掘这一地区水稻生产潜力，“七五计划”一开始，印度政府推出了“水稻生产特别计划（SRPP）”，该计划在这些东部邦 430 个区实施，后来将特里普拉邦也纳入该计划中。该计划的重点是通过农民培训体系推广水稻生产技术、发展农业基础设施，包括灌溉设施排水系统等、土地开发、建立农资销售中心、修建农资仓库、针对不同区域的种子繁育和派发等。该计划还向贫困农民提供补贴价种子、化肥、农药、农机具等农资。该计划促成了东部区域水稻产量增产和稳定。

“绿色革命”后二十年，印度农业生产特征发生显著变化，一是印度粮食增长主要依靠产量提高，而非播种面积增加，而尽管粮食生产在种子、化肥、灌溉以及改进的作物生产管理方法保障下自80年代趋于稳定，然而天气因素还是对农业影响最大的首位因素。二是70年代末后进入80年代，印度农业产量增加主要是依靠水稻产量的高增长，水稻产量的增加抵消了小麦产量的下降。1986年印度推出中央政府全额资助的“水稻生产特别计划”，由中央财政拨款，在7个东（北）部邦选定的439个县区扶持水稻生产。重点是通过对农民和农业工人的培训，推广先进水稻种植技术；建设农业基础设施，例如提升农业给排水设施、土地开发、开办农资销售中心、修建和改造农用仓库等；以补贴价向农民提供种子、化肥、杀虫剂等农用物资，以鼓励农民采用先进农业生产技术，在农业生产过程中科学使用这些生产投入，提高生产效率。这些措施取得了良好效果，7个东（北）部邦水稻产量在全国比重得到提升。小麦是印度冬季作物最重要的粮食作物，其播种面积和产量分别占冬季作物播种面积和冬季作物粮食总产量50%和70%—73%。而全部冬季作物粮食产量占全年粮食产量的比重则为30%。

针对棉花供应存在结构性短缺问题，1986年，印度政府宣布了一项长期棉花出口政策，由此，印度由棉花进口国转为棉花出口国。与此同时，针对国内棉花供应结构性短缺问题，“七五计划”时期印度政府修改了此前执行的“棉花发展突击计划”，该计划在棉花主产区重点强化长中绒棉产量提升，涵盖安得拉邦、古吉拉特邦、哈里亚纳邦、卡纳塔克邦、中央邦、马哈拉施特拉邦、旁遮普邦和拉贾斯坦邦八个邦。其主要措施包括：①通过派发经过认证的种子、规划示范区、大面积推广一揽子改良种植方法提高短绒棉和长绒棉的产量。②在棉花主产区设立籽棉分级中心。

在“七五计划”初期，黄麻及槿麻（mesta）的麻纤维产量达到历史产量峰值1265万包（bales），其后，由于种植面积减少加上干旱等造成的产量下降，使得麻纤维总产量大幅下降。为了提高麻纤维产量，同时确保高品质麻纤维供应，印度政府于 1987/1988 年开始实施由中央财政拨款的“黄麻特别发展计划”。该计划在主要的麻产区确定具有种植潜力并且基础设施条件较好的区域开展实施。该计划主要内容包括：①确保及时供应基本农资，例如获得许可认证的种子、农药等；②对农民进行培训，并示范黄麻种植最新技术；③整合相关的农业服务，包括科研、推广、信贷、培训、要素投入等；④解决地方性问题，例如改良土壤酸度以提高这些地区化肥施用效率；⑤加强和改善提高麻纤维质量的初加工技术；⑥在村一级组织农民麻纤维分级培训，帮助农民以更好的产品品质获得更多收益。

水源灌溉是提高农业产量的保障。因此，发展灌溉设施，扩大灌溉面积一直是印度农业战略的优先策略。这项策略是帮助印度农业新战略取得成功的重要因素。但是一些大中型灌溉工程由于多种原因（主要原因包括：缺乏资金，使得建成水利设施得不到维护和修缮；净储水量不足；缺乏足够的输送水设施。相较之下，小微型灌溉设施效率更高，但是仍然存在利用率不足的问题，这主要是由于小微型水利设施依赖的电力不足、柴油供应和价格问题以及对设施的养护不够），出现大量闲置弃用。据《印度经济调查 1982/1983 年》估计，1950/1951—1979/1980 年建设的大中型水利设施大约 22% 闲置没用，因而“五五计划”（1974—1978 年）期间，推出了灌区综合发展计划，成立灌区发展局（CAD）。该计划的主要重心在于：提升灌溉系统的灌溉效率，建设主要排水系统，修建地表渠网，土地平整，田间渠道 / 水道衬砌，开发利用地下水，采用和推行适宜的种植模式，制定农民水分配规则计划，以及一些推广、培训和示范工作等。到 1981 年，全部 76 个灌区项目中有 71 个项目在 44 个灌区发展局管理下运行。（60 年代中后期开始实施农业新战略后，农业灌溉策略主要是以新发展小型灌溉为主，对已有的大中型水利设施进行改造提升和管理。）

种子是印度“绿色革命”取得成功的主要因素之一。由于“绿色革命”仅在部分地区成功推进，为了将“绿色革命”经验向更广大的地区推广，“六五计划”开始高度重视优质种子生产和分销。在过去，印度农作物育种种子只能由农业大学和印度农业研究委员会（ICAR）生产。自 1982/1983 年度起，印度国家种子公司和印度国营农场公司的农场也被用于种子育种，这使得印度作物育种种子当年产量增加了近 5 倍，这些种子主要包括谷物类杂粮、豆类、油料作物和纤维作物。种子生产只是完成了品种改良第一步，第二步是如何将优质种子发送到农民手中。为此，在中央和地方政府计划的分别支持下，1983/1984 年推出了一项“多品种优质种子包”创新计划，其目标是推广豆类、油籽和谷类作物优良品种。为了证明用新的农业技术生产出的优良种子的产量潜力，“优质种子包”向农民免费发放，其中大部分发放给小农和边际农。

农药方面，由于油籽和豆类作物通常易于遭虫害，为保障用于作物保护的杀虫剂类农资供应，印度政府在 1988/1989 年推出了“重要农业病虫害防治计划”，该计划由中央政府出资，在一些重点地区实施。为了鼓励更多地使用农药，印度政府还对大量农药中间体实行免税，同时，对进口农药和农药中间体进行关税削减，将部分农药品种的进口权下放给指定邦政府和合作社。

另外，1985 年 4 月，印度推出了“作物综合保险计划”，其基本目标是在农作物遭受自然灾害而绝收时给农民提供金融支持，使农民可以继续获得信贷以使农业生产得以持续。在该计划下，农民可以向合作银行、商业银行或者地方乡村银行申请农业贷款用于谷类、小麦、黍类、油籽和豆类生产。不同农作物收取的保费不同，小农和边际农只需支付保费的 50%，另外 50% 由中央政府和邦政府出资补贴，各自分担其中的一半。1988 年，该计划对保险覆盖的贷款额度设定了上限。

成立于 1994 年的小农农业企业联合会（The Small Farmers' Agri-Business Consortium, SFAC），是官方的独立运营的经济实体，其主要目的是开展农业综合经营活动，以增加农村就业机会并提高农村收入水平。最先开展的领域包括园艺种植、荒废地开发、蚕桑养殖、水产养殖等。其重点是建立生产、加工和销售之间的连接，使农民受惠于农产品附加值。

化肥是提高农业产量的重要而昂贵的要素。20 世纪 60 年代“绿色革命”以来，印度农业化肥使用量快速增长。为了提高产量，印度政府通过向农民提供化肥补贴来推动和提高化肥使用量。2013/2014 年化肥补贴占印度农业 GDP10%。但是结果证明，大量使用化肥并没有使农业产量同步提高。自 70 年代以后化肥的边际生产力开始呈下降趋势。这是印度农业低效利用化肥的一个指征。根据印度肥料部门的数据，每单位化肥粮食产量从 1970 年的 13.4 千克降至 2005 年的 3.7 千克（灌溉条件下）。各地由于灌溉条件差异而导致化肥使用量也存在很大地区差异。

第三节　独立以来农业产业结构变化

一、结构演化

（一）概述

在英国殖民统治下，印度长期被英国作为原料生产地，为其供应纺织纤维、茶叶、香料等，粮食作物生产不足，在历史上多次导致严重饥荒。印度独立以后，立国者选择了以粮为纲的农业生产路线，多方位启动增量增产改革建设。20 世纪 60 年代后期启动以“绿色革命”著称的农业新战略。该战略的三大主要推动措施分别是使用高产种子、增加灌溉和大量使用化肥。由于印度政府的思路是快速实现粮食自给、解决人民的基本吃饭问题，所以主要的资源包括土地、资金、技术等均向以小麦、水稻为代表的主要粮食作物倾斜。高产种子、灌溉资源以及化肥的施用主要集中用于以小麦、水稻为代表的主要粮食作物，尤其是小麦。经济作物和和杂粮作物良种播种率低且主要依靠雨水浇灌，相应地，化肥使用量也低，进而长期产量低下，形成农业结构长期失衡趋势。可以说，印度农业结构严重失衡是“绿色革命”的一个负面结果。另一个值得注意的方面是，“绿色革命”取得的突出粮食增产成就中，50% 的粮食增长来自三个邦，即旁遮普邦、哈里亚纳邦和北方邦，这又反映了印度农业的另一个问题，即区域失衡。这两大不均衡问题一直延续到今天。

（二）农业结构变化及影响

1. 种植结构

推动“绿色革命”高速增长的主要法宝是高产良种的推广、灌溉持续增加以及农药化肥和除草剂等化学品在农业上的广泛使用。随着“绿色革命”的推进，自 20 世纪 60 年代开始印度农业结构出现了显著变化，不同农作物种植面积差异逐步拉大。1967/1968—1983/1984 年，小麦种植面积年均复合增长率为 2.67%，增速居所有农作物之首，同一期间，全部农作物种植面积平均年复合增长率为 0.6%。与此同时，水稻种植面积的年均复合增长率略高于作物平均增长率，为 0.64%，而高粱、珍珠小米、玉米、大麦和小米等杂粮作物种植面积不增反降。“绿色革命”前的 1949/1950—1964/1965 年，印度粮食生产年复合增长率为 2.7%，“绿色革命”后增长明显加快，1964/1965—1970/1971 年粮食生产年复合增长率为 3.0%。但是与此同时，整体农业增长却从 3.1% 下降至 2.3%[1]，即便是水稻也从“绿色革命”前年均 3.0% 的增长率降至 1.1%，实际上，“绿色革命”初期的 1964/1965—1971/1972 年，水稻单产年均增长率甚至低于“绿色革命”前的 1949/1950—1964/1965 年水稻单产年均增长率。[2] 这一方面反映了印度农业结构的失衡状况，另一方面也反映了印度农业中经济作物情况恶化。事实上，“绿色革命”期间一个典型的现象是，凡是灌溉设施延及之地，农民在作物品种选择上表现出一致的倾向性，即小麦、水稻等有高产品种可用的作物，从而获取更高的收益。非粮食作物中，甘蔗、土豆、油菜籽、芥菜籽种植面积增长较快，花生、棉花和黄麻等纤维作物种植面积增长均低于粮食作物。

粮食种植面积的变化也反映了印度农业种植结构失衡状况。1950/1951 年，印度粮食播种面积 9730 万公顷，到 1960/1961 年，印度粮食播种面积增长至 11560 万公顷，增长 18.7%。1970/1971—1980/1981 年十年间，印度粮食播种面积仅增长 1.9%。进入 80 年代后，这一增长进一步放缓。这说明粮食播种面积已基本上趋于稳定。然而粮食作物内部不同作物的种植面积仍在持续调整变化。杂粮作物在 1950/1951—1960/1961 年的十年间播种面积增长了 19.2%，而在 1970/1971—1980/1981 年的十年间不增反降，从 4590 万公顷降至 4180 万公顷。进入 80 年代，这一下降趋势仍在持续；与此情况类似，豆类作物播种面积在

---

[1] Economic Survey, 1972/1973.

[2] Economic Survey, 1972/1973.

1950/1951—1980/1981年的三个十年里，分别增加了24%、4.3%、0.3%。与此相对照的，自1950/1951年开始的头十年，小麦播种面积增长32.7%，至1970/1971年的第二个十年增长41.1%，至1980/1981年的第三个十年增长了22.1%。从80年代开始，印度粮食种植面积基本上趋于稳定。其后，由于提高了复种率，整体上看，印度粮食播种面积相对于全部净播种面积的比重有所下降。从各类主要粮食作物播种面积的相对比重来看，水稻种植面积占粮食作物总面积的30%—32%，基本上变化不大，小麦种植面积增加最多，而杂粮和豆类作物种植面积比重则是下降的。从产量来看，"六五计划"期间小麦年均产量4.125千万吨，比"五五计划"期间年均产量提升了31.4%。这主要归功于小麦亩产水平提高。水稻产量占粮食产量的40%—42%，基本上变化不大。（见表3-4）杂粮作物产量和豆类作物产量出现较大幅度下降，小麦产量的巨大增长则成为粮食作物产量增长的主要贡献者。小麦供应已经达到充盈水平，但是政府制定的小麦支持保护价依然逐年上涨。

表3-4 "绿色革命"及其前后印度粮食作物种植面积及其产量贡献变化[1]

	1950/1951年		1960/1961年		1970/1971年		1980/1981年	
	面积(%)	产量(%)	面积(%)	产量(%)	面积(%)	产量(%)	面积(%)	产量(%)
水稻	31.7	40.5	29.5	42.2	30.2	38.9	31.7	41.4
小麦	10.2	12.7	11.2	13.4	14.7	22.1	17.6	28.0
杂粮	38.7	30.3	38.9	28.9	37	28.2	33.0	22.4
全部谷物	80.4	83.5	79.6	84.5	81.9	89.1	82.3	91.8
全部豆类	19.6	16.5	20.4	15.5	18.1	10.9	17.7	8.2
全部粮食	100	100	100	100	100	100	100	100

2. 区域差异

"绿色革命"时期农业新战略的重要措施之一是化肥的大量使用，尽管化肥

[1] 数据来源：《印度经济调查》。

在印度农业生产中的使用量增长很快，但是其中很大一部分化肥使用相对集中在部分地区，由于化肥需要水的配合才能发挥增产的作用，在主要依靠降水解决农业灌溉问题的地区，化肥的使用受到制约。小麦是“绿色革命”成功的代表，享受到了种子、化肥、灌溉和政策的全方位支持，成为粮食增产的最大贡献者。然而小麦产量也存在巨大区域差异。以旁遮普邦为例，其小麦种植面积仅占全国小麦种植面积的 13%，但是其小麦产量占全国小麦总产量的 1/4。1984/1985 年度，旁遮普邦平均每公顷小麦产量为 3.29 吨，而全国小麦平均产量为 1.87 吨。水稻产量情况类似。

3. 内在原因

在可以选择替代作物的地区，种植小麦、大米和甘蔗每公顷的获利比种植油籽、大豆、杂粮等替代作物每公顷获利高很多，因为前者在经过政府多年大力扶持之后产量大大提高，而且还能从政府提供的一套综合的价格保护计划中受益。理论上，提高油籽类政府收购保护价也可以作为吸引农民选择改种油籽的措施，但是在油籽类市场价格已经高于政府收购价的情况下，只能将政府收购价提高到与市场价持平甚至高于市场价的水平，才能起到吸引农民改种的作用，不过，这样一来，食用油的价格将相应大幅上涨，对消费端的负面影响可能引起系列连锁反应。因此印度政府认为最好的办法是通过农业科研技术找到油籽类作物增产的途径。高产优良种子是助力印度农业新战略获得成功的主要因素之一，然而高产种子仅限于在部分品种和有限地区得到推广使用，以粮食作物为例，粮食作物中只有小麦和水稻受益于种子新技术，而杂粮作物和豆类、油籽类作物几乎没有得到进步的种子技术的支持。此外，农业新技术在区域选择上也主要是在有水源保障地区，而干旱、半干旱区则没有惠及。即便农业新战略和农业新技术最大的受惠作物小麦，在经历了高速增长之后，也几乎到达了增长的极限。对水有高度依赖性的水稻则是另外的情形。水稻增产的主要贡献来自水稻非传统生产区，比如旁遮普邦、哈里亚纳邦、北方邦等，其水稻产量增长主要源于高产种子、化肥、灌溉等相关投入的增加。在传统的水稻生产地区，水稻产量却增长缓慢，因为传统水稻产区主要在印度东部和南部，水稻是夏季作物，受季风影响，雨季过涝，干季缺水，对水的控制管理困难，新的水稻技术在这些区域效果极为有限。

此外，政府通过大量补贴电力、水和化肥的激励政策在导致印度农业种植结构失衡中也起了重要作用。

虽然印度农业政策在20世纪70年代末就开始关注农业两大平衡问题，即种植业结构平衡以及种植业和非种植业之间的平衡，开始重视畜禽饲养、肉类、水产生产，但80年代印度农业种植结构明显失衡状态加速凸显。主要原因在于针对特定农作物的技术进步导致不同作物间技术差异拉大，灌溉面积扩大缩小了旱作农业种植面积，政府对市场的干预和对小麦、大米等部分农作物的价格支持，不同农产品的比价变化等。这一时期农业种植结构失衡的典型表现在于：食用油籽和甘蔗国内供应短缺导致不得不依靠大量进口满足国内需求，而与此同时，小麦、大米和黄麻储藏量却达到饱和水平。以1985/1986财年为例，该年油籽产量虽然创历史新高，然而2%的人口年增长率和市场消费需求的增长仍然促使食用油进口创出新高。

大体上说，种植结构的变化反映的是不同时间点对可替代作物的相对盈利预期的变化，是农民为提高经济收益而做出的理性选择的结果。但是印度农业种植结构的变化并不是由市场主导产生的结果，而是政府干预的结果。印度农业生产单位成本高，在国际市场缺乏竞争力，因而国内市场消耗不了的过剩农产品造成了严重的储存负担且提高了经济成本。种植结构失衡的后果造成供需失衡，一方面使部分农产品生产过剩，而与此同时，另一些农产品则生产不足。在外汇吃紧以及国内购买能力有限的情况下，这部分农产品出现了严重的供给困难。

这一时期农业新战略重点是粮食战略，目标是提高粮食产量，减少对进口粮食的依赖，就这一点看，这一战略是成功的，但是强调粮食生产的同时，忽视了经济作物，如油籽和豆类的生产，这使得印度对食用油进口的依赖日益严重。食用油进口价值相当于早些年印度粮食进口的价值规模。若不是国际市场豆类供应不足，印度进口食用油规模还会更大。20世纪70年代的石油危机加重印度国际支付负担，从长远看，这种依赖进口食用油的状态是不可持续的。

（三）农业结构调整

“五五计划”后期，印度政府开始通过价格、补贴生产资料和一些综合生产项目调整农业生产结构，重点支持豆类和油籽生产。对这些重要作物开展的扶持计划包括：①豆类：对改良耕作示范项目进行补贴、对合格种子、植物保护设备和农药实施补贴；在育种和种子认证方面对邦政府提供支持；对邦政府豆类开发项目提供专家指导；以优惠价格向农民供应根瘤菌肥。②油籽：大规模开展花生、油菜、芥菜病虫害控制；有灌溉条件的花生种植区域加大磷肥使用；在向日葵、大豆等油料作物非传统种植区扩大这类油料作物的种植面积；组织供应合格油籽种子。③棉花：在灌区和非灌区推广先进技术，在灌区扩大棉花种植面积。提高中短绒棉的产量，在部分邦推广棉花病虫害综合防治。

20 世纪 70 年代末开始对农产品收购政策做出了重大调整，在播种季开始前宣布政府收购保护价，帮助农民在信息更充分的基础上对调整种植结构做出决策。此外，考虑到市场供应过剩情况，以及政府收购应尽可能惠及更多农民，政府相关收购机构在提高收购效率的同时，印度棉花公司提高了棉花收购量，全国农业合作市场联盟也增加了油籽、土豆、洋葱和豆类的收购。一些重要的杂粮、油籽类作物被纳入收购保护价格体系，并且以相对于稻谷、小麦等粮食作物更高的保护价格涨幅吸引农民种植这些目标扶持作物。收购保护价格体系涵盖下的农作物由不同的机构负责收购。印度粮食公司负责收购谷物，印度棉花公司和印度黄麻公司分别负责棉花和麻纤维收购。而豆类和油籽类等重要作物则只能依靠村级销售合作社网络体系收购实现价格保护。“六五计划”之初，这些重要农作物的收购开始由统一的“全国农业合作销售同盟（National Co-Operative Marketing Federations）”以及邦级销售联盟负责。全国销售同盟也开始对土豆和洋葱进行保护价收购。“七五计划”开始，印度经济逐渐步入新的增长轨道。经济年增长速度平均维持在 5% 以上。农业生产总体上进入稳定增长轨道。粮食储备维持在高位水平（1986 年底粮食储备达到 2360 万吨）。这是印度粮食生产长期增长的结果，也表明印度实现了粮食自给。粮食高储备同时伴随着油籽、豆类等农产品供应短缺，反映了印度农业种植结构失衡以及市场供求的结构性失衡状况。

“绿色革命”推动印度农业化肥施用量稳步上升。90 年代末化肥消费总量比 80 年代初化肥消费量的 3 倍还多，从 1980/1981 年的 550 万吨增至 1999/2000 年的 1807 万吨。到 90 年代末，化肥消费模式也产生了变化。80 年代初期，1/3 的化肥被用在夏季作物生产上，而到 90 年代末，夏季作物和冬季作物化肥消费各占 50%。这种化肥消费模式的变化源于灌溉设施增加扩大了耕地灌溉面积，许多原先一直种植粮食作物的耕地改种经济作物，从而使印度农业产业结构发生了变化。

印度的“十一五计划”（2007—2012 年）末期，农业结构已经发生显著变化，园艺、畜牧和水产等多元化农业产业获得显著发展。其中 2012/2013 年，园艺产业贡献了农业 GDP 的 30.4%，畜牧产业贡献了农业 GDP 的 4.1%。印度农业凸显的结构性问题和制度性问题一起成为农业持续增长的巨大障碍。从某种程度上说，这些问题恰恰表明印度农业正在成为其过去成就的受害者，特别是为“绿色革命”所累。印度的“绿色革命”是以解决温饱问题为目标的，因此以粮食增产为核心发展农业，逐步形成了以谷物为中心的农业种植结构模式，小麦成为最大受益作物，其次是大米。而“绿色革命”的成功仰赖于大量的集中投入，包括土地、灌溉、化肥等，使其局限于少数区域，印度的大部分地区并未被“绿色革命”的阳光普照，其结果不仅使印度农业结构逐步发展失衡，也一步步拉大了印度农业发展的地区差距。进入 90 年代后，特别是进入 21 世纪以来，印度工业化进程加快加上气候变化的影响，土地和水资源的稀缺价值更加凸显。

经济和社会的变迁促进人们的饮食结构、消费结构发生变化，蛋白质类食品在人们的消费结构中的占比升高，蛋白质类食品对通货膨胀的贡献值增大，这些变化都要求印度农业做出变革以适应新的发展要求。为了促进畜牧业的可持续发展并使蛋白质类食品供应与市场需求相匹配，印度政府借鉴奶业和家禽业的成功经验，于 2014/2015 年度启动“国家畜牧业使命计划（National Livestock Mission）”，其目标是畜牧业可持续发展，重点是增加优质饲料供应、提高风险保障、有效推广服务、增加信贷流、增加牧民 / 饲养者组织化。

二、印度农业结构主要特征

1. 粮食作物种植占绝对优势

作为人口大国，粮食作物种植在印度农业中具有绝对优势地位。即便在殖民时期，印度被迫作为殖民者的原料供应地，粮食作物被大量替换成经济作物，大量耕地被转换成工业原料种植园，粮食作物种植面积仍然占绝对优势。20 世纪初期，印度粮食种植面积大致占耕地面积的 83%，直到 1944/1945 年，粮食种植面积比例仍然达到 80%，印度独立后，粮食种植面积比例略有下降，1950/1951 年为 74%。小麦和水稻主产区被分别划入巴基斯坦和孟加拉国境内，加剧了印度的粮食危机。这种背景下，独立后印度政府进行了一系列农业改革，首要目标是解决粮食问题。在随后二十年间，印度农业改革取得了明显成效。粮食作物播种面积大幅增加，粮食单位产量和总产量大幅提高。印度独立以后，粮食作物年均播种面积占总耕地面积的 65.1%。（见图 3-8，图 3-9，图 3-10）

图 3-8　农业各部门占农业净增加值（GVA）的份额（按当前价计）[1]

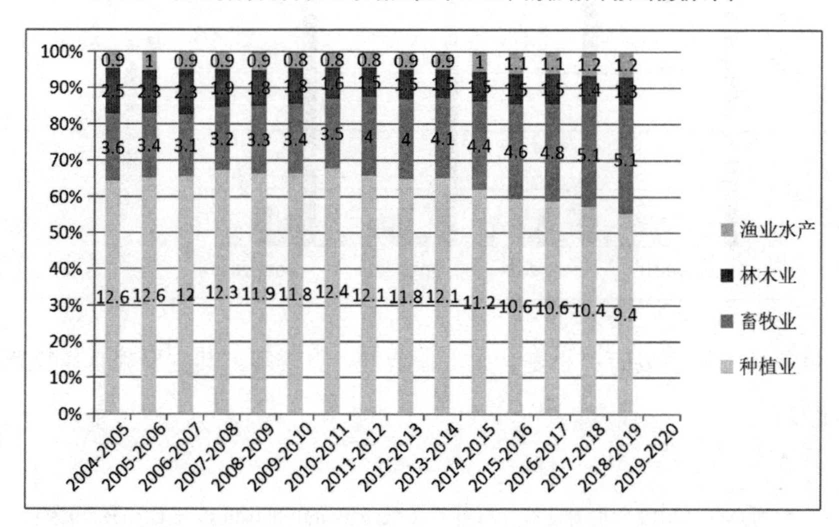

[1] 资料来源：Agricultural Statistics at a Glance, 2019。

图 3-9　粮食作物种植面积及灌溉面积变化 [1]

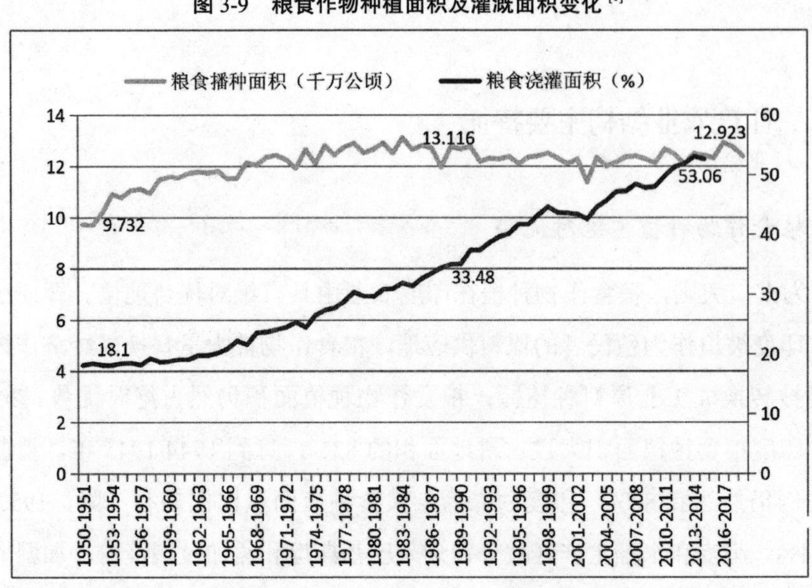

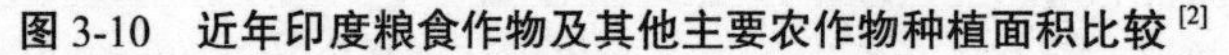
图 3-10　近年印度粮食作物及其他主要农作物种植面积比较 [2]

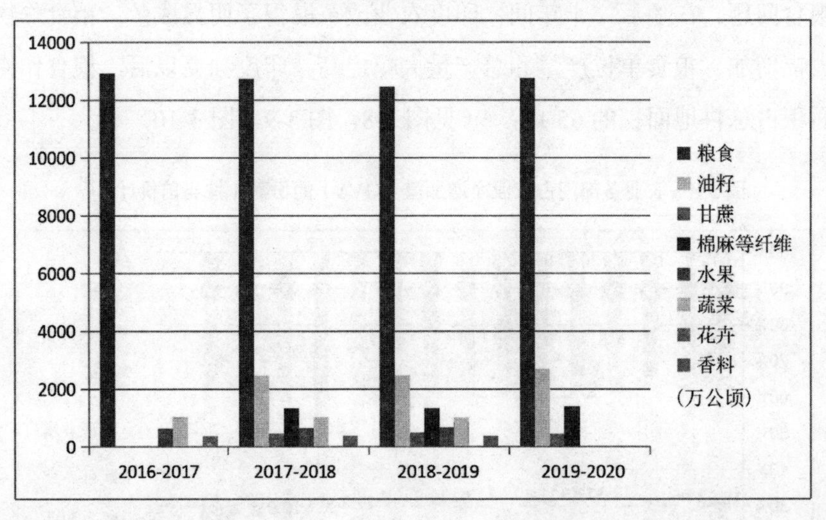

印度粮食作物主要有：小麦、大米、杂谷、豆类等。其主要粮食作物产量见图 3-11[3]：

[1]　数据来自《2019 印度农业统计概览》（Agricultural Statistics at a Glance, 2019）。

[2]　数据来源：《印度农业报告，2020/2021》、Agricultural Statistics at a Glance, 2019。

[3]　数据来源：《印度农业报告，2020/2021》、Agricultural Statistics at a Glance, 2019。

图 3-11 印度独立后多年粮食作物产量

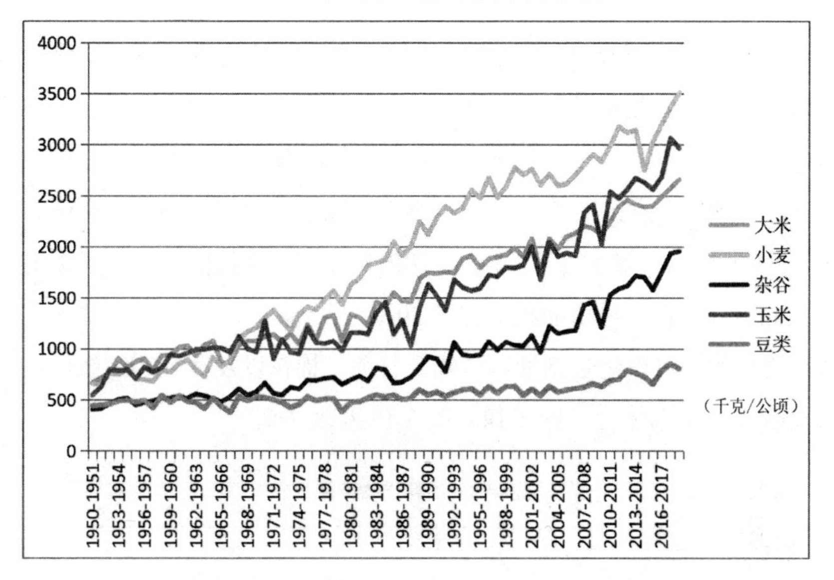

土豆和洋葱是印度日常食物中最重要的配菜，在印度具有准粮食作物的地位，在印度农业中占有特殊的重要位置。印度独立以后土豆、洋葱的产量变化见图 3-12[1]：

图 3-12 印度独立以来多年土豆及洋葱产量

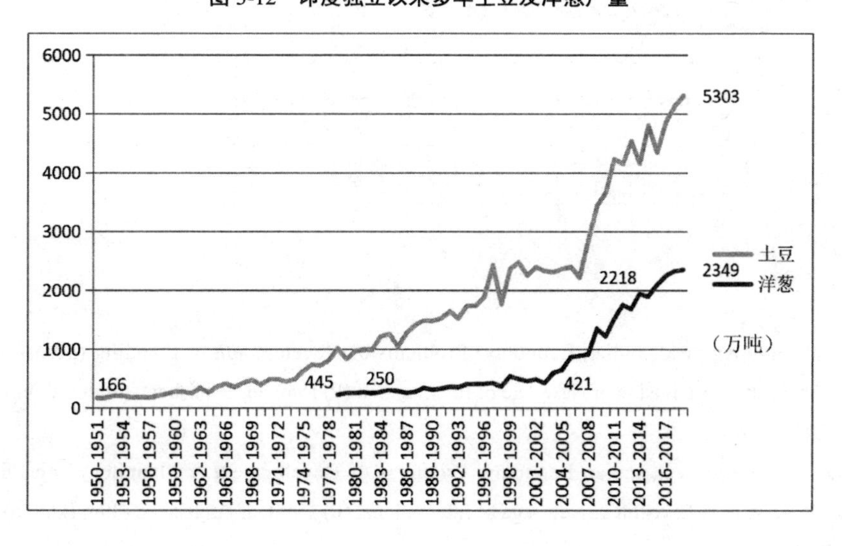

[1] 数据来源：《印度农业报告，2020/2021》、Agricultural Statistics at a Glance, 2019。

2. 经济作物种植面积和产量均呈上升趋势

自20世纪开始，印度种植业结构中经济作物种植比重呈上升趋势。虽然粮食作物种植面积也在增加，但是经济作物种植面积增加的幅度更大。这种趋势在印度独立之前即已开始出现。例如在20世纪前45年间，印度粮食作物种植面积大致增加了14%，而同一时期，经济作物种植面积增加了41%[1]。印度独立后的50年间（1950/1951—2000/2001年），印度粮食作物种植面积增加了25%，而同一时间，印度经济作物种植面积增加了50%。[2]

印度主要的经济作物包括油料作物、甘蔗、棉花以及黄麻等纤维作物。其主要产量情况分别见图3-13、图3-14、图3-15及表3-5。

图3-13 油料作物产量[3]

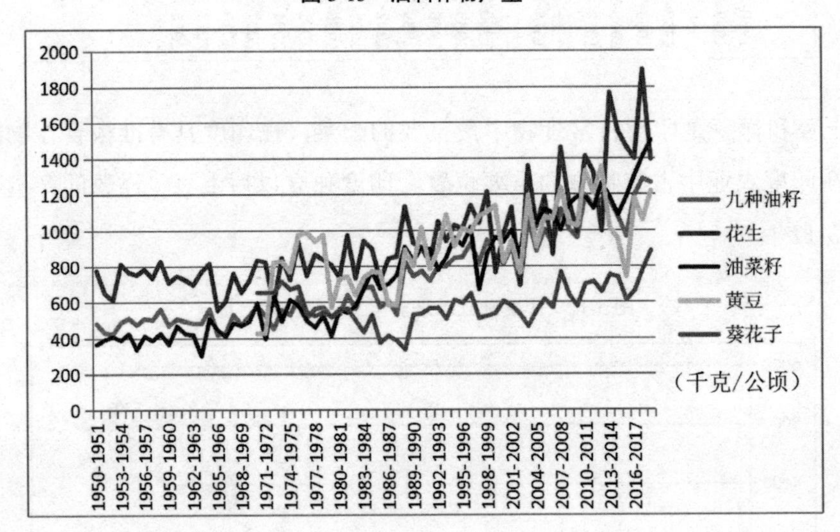

[1] A.N.Agrawal, Indian Economy: Problems of Development & Planning (30th Edition). Wishwa Prakashan, A Division of New Age of International (P) Limited, Publishers. (30th Edition), 2004, 2004, P241.

[2] A.N.Agrawal, Indian Economy: Problems of Development & Planning (30th Edition). Wishwa Prakashan, A Division of New Age of International (P) Limited, Publishers. (30th Edition), 2004, 2004, P241.

[3] 数据来源：《印度农业报告，2020/2021》、Agricultural Statistics at a Glance, 2019。

图 3-14　纤维作物产量[1]

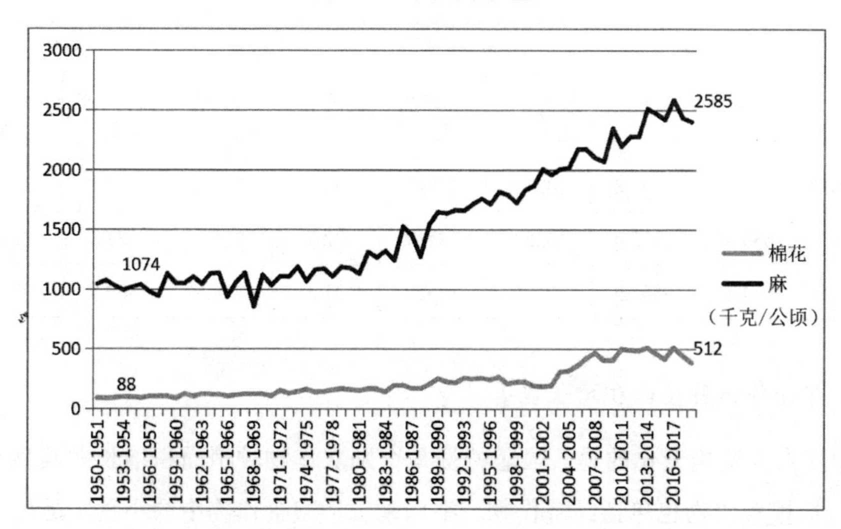

图 3-15　甘蔗产量[2]

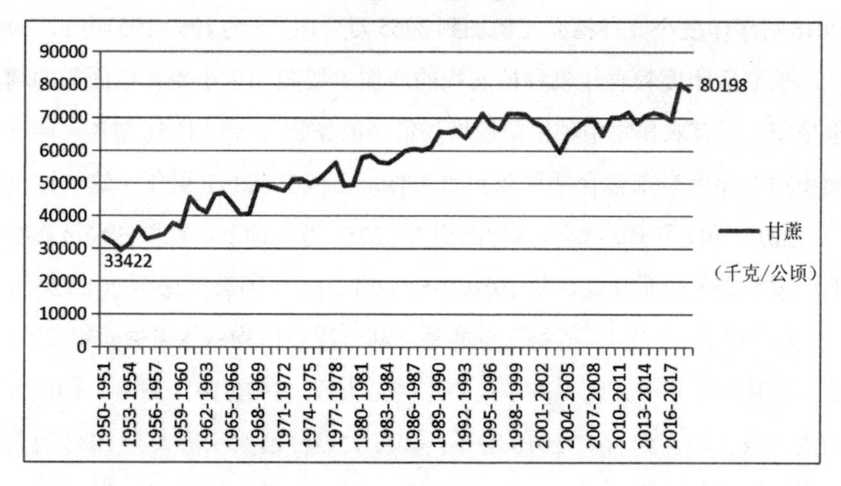

[1]　数据来源：《印度农业报告，2020/2021》、Agricultural Statistics at a Glance, 2019。

[2]　数据来源：《印度农业报告，2020/2021》、Agricultural Statistics at a Glance, 2019。

表 3-5 重要经济作物[1]

	水果		蔬菜		花卉		香料	
	面积（万公顷）	总产量（万吨）	面积（万公顷）	总产量（万吨）	面积（万公顷）	总产量（万吨）	面积（万公顷）	总产量（万吨）
2016/2017	637.3	9291.8	1023.8	17817	30.6	239.2	367.1	812.2
2017/2018	650.6	9735.8	1025.9	18439	32.4	278.5	387.8	812.4
2018/2019	664.8	9857.9	1010	18588	31.3	286.5	389.5	921.6

3. 部分作物种植面积增长显著

印度农业结构变化的另一显著特征是个别农作物种植面积增长尤其显著，这既包括粮食作物也包括经济作物。举例来说，粮食作物中的小麦，是种植面积增加最突出的粮食作物。1950/1951 财年，印度小麦种植面积为 975 万公顷，2017/2018 财年印度小麦种植面积增加到 2965 万公顷，约为 1950/1951 年的 3.04 倍。事实上，独立后印度粮食作物种植面积的增加主要归功于小麦种植面积的增加，小麦也是印度所有农作物中种植面积增加最多的作物。1950/1951 财年，印度小麦种植面积约占印度全部粮食播种面积的 7.4%，到 2017/2018 财年，这一比例增至 23.25%（2017/2018 年印度粮食播种面积为 12752 万公顷）。重要的经济作物中，种植面积增加最多的是甘蔗，从 1950/1951 财年的 171 万公顷增至 2017/2018 年的 474 万公顷，增至 2.77 倍。值得注意的是，部分次要作物总体播种面积占比较小，但是近年增长幅度十分显著，其中最突出的是大豆。1970/1971 财年，印度大豆种植面积为 3 万公顷，到 2017/2018 财年，印度大豆种植面积扩大至 1033 万公顷，增加 300 多倍。[2]

4. 一些主要农作物种植面积增长缓慢

虽然总体上看，独立以来印度农业播种面积显著增加，但就单个农作物来看，

[1] 数据来源：《印度农业报告，2020/2021》、Agricultural Statistics at a Glance, 2019。

[2] 数据来源：Agricultural Statistics at a Glance, 2019。

一些主要的粮食作物和经济作物播种面积增长缓慢，变化不大。粮食作物中，大米是大多数印度人的主食，水稻也是粮食作物中种植面积最大的。但是印度独立后的数十年，水稻种植面积变化很小。印度水稻种植面积占粮食作物种植面积的比例1950/1951财年为31.7%，到2017/2018财年，这一比例为34.3%，增加了2.6%。水稻种植面积占全部播种面积的比例1950/1951财年为23.6%，而到2000/2001年，这一比例为23.7%，几乎没变。存在同样情况的还有豆类作物（pulses）。豆类是印度人食物蛋白质的重要来源，对印度穷人来说则是蛋白质的主要来源，是印度重要的粮食作物，其播种面积仅次于水稻及谷类和小麦。1950/1951财年，印度豆类总播种面积为1909万公顷，占印度粮食作物总播种面积的19.62%，到2017/2018财年，豆类播种面积增至2981万公顷，占粮食作物总播种面积的23.38%，增加3.76%。与此相对照，同一时期，印度粮食作物播种面积增加了31.03%。个别重要粮食作物种植面积不增反降，比如高粱（jowar）。这种粮食主要是穷人的食物，为穷人的替代主食。1950/1951财年，印度的高粱种植面积为1557万公顷，在20世纪60—70年代略有增加，随后高粱种植面积不断减少，到2017/2018财年，印度高粱种植面积为502万公顷，为独立之初的1/3强。重要的经济作物中，棉花的种植面积变化也很小，1950/1951年度，印度棉花种植面积为588万公顷，2017/2018年度增至1259万公顷，其占印度农业总播种面积的比重保持在4%左右，与印度独立之初相比基本未变。其他几种重要的经济作物同样变化很小，如麻类纤维，独立之初至近年其播种面积均保持在农业总播种面积的1%左右。

5. 畜牧业、渔业水产等更快增长（见图3-16，图 3-17）

图 3-16　近年印度农业及相关部门增速（按 2011/2012 年固定价格计）[1]

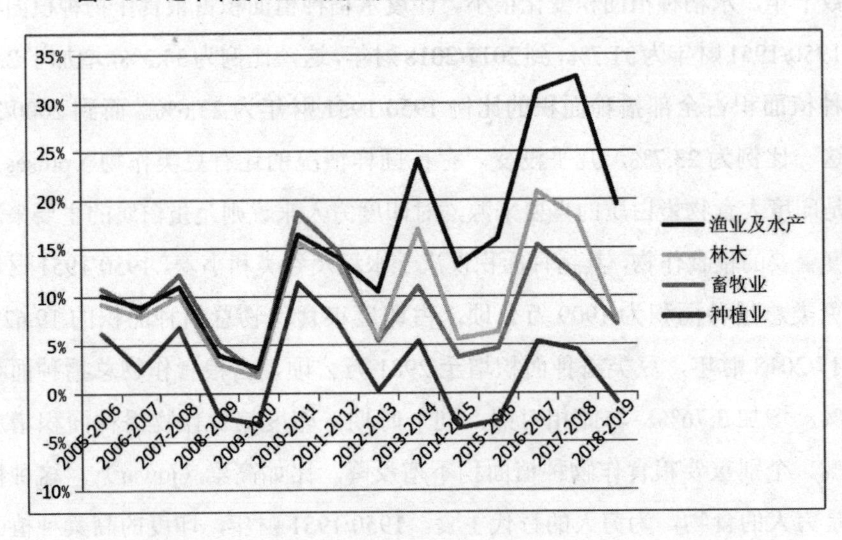

图 3-17　印度历年农业各部门净增加值（GVA）（当前价计）[2]

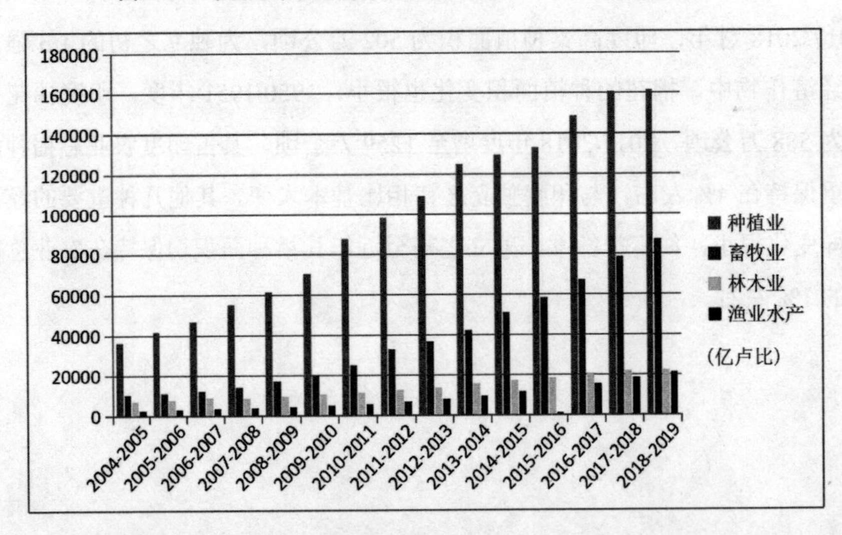

[1]　数据来源：Agricultural Statistics at a Glance, 2019。

[2]　数据来源：Agricultural Statistics at a Glance, 2019。

6. 农业发展不均衡

印度独立以来，特别是独立之初经历快速发展的“农业革命”时期，种植业结构发生显著变化，农业种植业结构逐渐偏离传统的“理想”发展进程。印度种植业结构变化主要经由两种途径实现：一是以一种作物取代另一种作物，前者种植面积的扩大是以相应减少后者种植面积为代价，即“替代效应”，这是促使印度农业种植结构发生变化的主要因素。二是农业种植总面积的增加归因于部分作物种植面积的增加，即“扩张效应”。这两种效应通常同时发生在一些重要的粮食作物身上，最为显著的是小麦，而水稻则在部分地区发生了替代效应。促使这两种效应产生的原因有多种，主要原因有农业种植技术的变化、水利灌溉设施的发展、政府支持政策变化等。比如 20 世纪 50—60 年代，水利灌溉设施的发展向小麦、水稻等重要粮食作物倾斜，政府保护价格有利于部分重要粮食作物等，这些使得种植小麦、水稻等相较其他作物更有利可图。种植业结构失衡产生了诸多后果。比如，被替代的杂粮、小米和豆子等粮食作物，是穷人的主食或者重要的蛋白质来源，这些粮食作物生产的问题直接影响到穷人的生存。这些粮食作物或是增长缓慢，或是产量下降，不得不依靠大量进口解决国内市场需求问题。种植业结构失衡不仅加剧了穷人的生存困境和印度吃紧的外汇负担，也是引起印度区域发展失衡的重要因素。

三、决定印度农业结构的因素

决定农业结构的因素是多种多样的，从广义上看，主要有：自然条件、历史因素、经济因素、政府政策等。其中决定性因素是自然的、经济的和政策性的。

1. 自然因素

对于任何一个国家来说，自然条件无疑是决定农业结构的最重要因素。土壤、气候、降水等自然条件决定了农业发展的大致模式。某种土壤和气候适合某些特定作物生长而不适合另一些作物生长，自然选择的结果使前者成为该地的主要作物。比如印度的粮仓旁遮普邦，其土壤和气候十分有利于小麦的生长。而同样在旁遮普邦的卢迪亚纳（Ludhiana）地区，由于其水资源十分丰富，是水稻的理想生产地。而在印度西北部许多地方，降水量少，气候温暖干燥，只能种植高粱等黍、粟类杂粮。现代农业科学技术手段可能在一定程度上突破自然条件的束缚，对农业结构有一定的影响，但是印度农业的现代化程度还相当低，科学技术对印度农业结构的影响还极为有限。

2. 历史因素

特定时期的农业结构可能是适应当时的需求的结果。早期的农业结构由人们的需求状况和人口情况决定。不同的土地制度也会形成不同的农业结构。比如在莱特瓦尔制下（ryotwari system），拥有小片土地的小农会优先种植满足自己家庭所需的作物。与此相对照，在柴明达尔制下（zamindari system），实际耕种者在种植什么作物的选择上没有话语权，拥有话语权的是柴明达尔（或地主）。柴明达尔会根据自己发展的需要决定种什么，进而形成特定的农业结构。

3. 经济因素

影响农业结构的经济因素包括价格（农业生产资料价格、农产品价格等）、利润、土地规模以及各种农业资源的供应等。这些因素决定农民种什么和不同作物的种植比例。农业生产资料以及农产品的价格水平和价格变化以及各种农业资源的变化情况等都会影响农民种植决策。农业生产资料价格和农产品价格之间的关系实际上是发生在农业与非农业之间的贸易关系，这会决定农民的收入。

另外一个不容忽视的因素是农民持有土地面积的大小也会直接影响其种植作物的决策。对于边际农和小农来说，其在对种植什么作物进行决策时，首先考虑的是个人家庭的消费需求。而对于大地主来说，选择种植什么作物主要是从经济效益角度来考虑。所以，边际农和小农主要选择种植粮食作物，而经济作物主要是大地主从事种植。在印度土地私有制下，其土地一方面向大地主集中，另一方面，土地又有碎片化趋势。根据《2015/2016 年印度农业统计年鉴》数据，在 2010/2011—2015/2016 年度，印度耕地面积减少 1.11%，但同一期间，个人耕地持有者总人数却从 13811 万，增至 14619 万，增长了 5.86%。其中边际农和小农占土地所有者总人数的92.33%，其持有的耕地总面积占印度耕地总面积的42.82%。此外，土地碎片化问题还存在较大的地区差异。其中一些土地碎片化趋势更为严峻的邦包括：安得拉邦、古吉拉特邦、马哈拉施特拉邦、喀拉拉邦、卡拉塔克邦、拉贾斯坦邦、中央邦、那加兰邦等，这些邦在2010/2011年度与2015/2016年度个人土地持有者都增长了10%以上。

决定农业结构的经济因素还有很多，比如农用物资市场供应和价格、农业技术的推广应用、农产品市场等，都会影响农民的种植决策，进而影响到整体农业结构。就印度来说，由于道路、仓储、物流以及灌溉等基础设施落后，加之农产品加工业不发达，广大边际农、小农乃至中小农、中农投入实力有限，农业经营往往处于被动决策状态。这在需要对农业结构进行调整的时候就成了一个制约因素。

4. 政策因素

在决定农业结构的所有因素中，最重要的因素除了自然条件和经济因素以外，还有政府的政策激励与导向。印度独立以前，印度政府实际上对农业的干预很少，政府在农业发展过程中的作用微乎其微。印度农业的发展长期以来延续传统，农民按照自己的意志，顺应市场和需求经营土地。直到二次世界大战期间，作为英国的殖民地，印度除了提供大量兵源参战，还需要为战时英印军队提供源源不断的物资供应。于是印度政府参与到农业决策中来。这期间，印度政府主导发起了多起农业发展项目，开展了大规模"增粮增产"运动，印度政府在印度独立前夕及独立之初的农业结构形成中扮演了重要的角色。

印度独立以来，政府在农业结构形成和调整中起着重要作用。独立之初进行了土地制度改革和以农业基础设施为目标的农业大改造，其后印度政府主导了以粮食增产为目标的"绿色革命"、以牛奶生产为目标的"白色革命"、以渔业生产为目标的"蓝色革命"等一系列农业革命，为实现特殊目标而对不同农产品制定"最低收购价"，并通过关税、税收、信贷和补贴等影响农业经营者的经营决策。此外，还包括对落后地区的农业扶持政策等。政府通过这一系列政策措施，促使部分作物获得优先发展，比如，"绿色革命"时期小麦的快速扩张和发展，也影响耕地在不同作物间的配置。

第四节 农产品流通与贸易

一、印度农产品流通

农产品流通是农产品从生产领域运动到消费领域的全部过程的总和，具有明显的季节性，而由于农产品生产和消费具有较大的分散性，这又赋予了农产品流通复杂的技术性，农产品的特殊性使得农产品流通有较强的政府干预特点。

长期以来，印度政府致力于扩大农业生产，提高农业产量，但是农产品市场建设并未相应跟上。尽管农业生产端从很大程度上看已经摆脱了管制，但是市场端仍然处在严格管制之下。主要的原因在于《农产品市场委员会法（APMC ACT）》。印度独立后推行的各项经济政策带有浓厚的计划经济色彩。在农产品流通领域起主导作用的是“曼迪斯（mandis）体系”，这是一种计划经济下的农产品购销体系。在该体系下，农民不能直接与批发、零售贸易商或者私人企业进行交易，其农产品只能在印度各邦农产品市场委员会（APMCs）设立和监管的批发市场上进行拍卖交易。拍卖交易的买家，即中间商，必须先得到农产品市场委员会的授权许可，才能收购农民手里的农产品，其后由中间商将农产品进行加价分销。事实上，在曼迪斯体系下，并非所有农民都能进入市场交易其农产品，尤其是广大的小农、边际农通常被排斥在该体系之外。这样一来，中间商垄断了农产品的供应权，在收购中拥有绝对话语权。为了保护农民利益，印度政府为主要农作物规定最低收购价格（MSP），并在每年播种季予以宣布。莫迪总理上台后，宣布这个最低支持价格应高于作物生产成本 50% 以上。这实际上是印度政府以财政补贴方式对农产品价格进行兜底。

总体上说，在实行多年的曼迪斯农产品购销体系下，印度无法形成一个全国统一的农产品市场，农产品邦际流动受到限制。莫迪总理试图对农产品流通进行改革，但在重重阻力之下最后只能宣布中止改革。

二、印度农产品国际贸易

印度农业部农业贸易政策与促进和物流处对农业进出口和物流政策提出建议，并对推动农产品国际贸易提供战略建议。该部门是衔接协调印度与世贸组织农业议题的关键部门，例如世贸组织的农业协定、优惠贸易协定和自由贸易协定中的农业部分、农业物流相关议题（与印度商务部协同）、与农产品关税和商品与服务税的调整相关议题（与印度税务部门协同）。

（一）印度农业出口

2020年，印度农业出口和进口占世界农业贸易的比例分别为2.2%和1.4%。印度是全球第十大农业出口国。2020/2021年，印度农业出口与农业总增加值的比例由2019/2020年的7.45%升至8.59%，同时，农业进口与农业GDP的比值由4.34%降至4.27%，同期农业出口占印度总出口的比重由11.4%升至14.4%。

从印度独立到90年代的四十多年中，印度工业始终处于高度保护之下，农业为国内工业提供廉价原材料，印度工业大多呈现低效和缺乏国际竞争力状态。这也给印度农业进出口和投资产生了负面影响。从1991/1992年开始，印度开始执行“新经济政策”。新经济政策试图纠正这种失衡状态，出台了多项有利于农产品出口的政策：降低资本品进口关税，特别是温室设备、食品加工机械，提供更便捷的出口信贷，对农业出口的大部分限制被解除。至此，在“农产品和食品出口负面清单”上仅保留有2项，分别是牛肉和牛脂。出口限制清单上的项目也已大大削减，仅剩为数不多的几项受到许可证和数量上限的限制。1995/1996年印度大米出口大幅增加，小麦出口也开始增长。大米和小麦开始成为主要的出口产品。大米出口的数量上限规定和最低价限制被撤销。对硬质小麦和非硬质小麦出口分别调整了上限。大规模咖啡生产者自由售卖的比例提高至70%，对小规模咖啡生产者则取消自由出售份额限制。水果、蔬菜、鲜花逐渐展现出较大的出口潜力。这一时期两项重要的政策调整，一是解除对制造业部门的过度保护，这提高了农业的相对盈利能力；二是让农民获得市场导向的价格，从而让农业部门拥有更公平的贸易条件。与此同时，全球环境也有利。发达国家削减农业补贴的趋势使得全球基本商品价格对发展中国家更有利，全球粮食价格上涨使印度得以大量出口非巴斯马蒂大米，并使得小麦出口需求增加。

到20世纪90年代末，除了对出口小麦及其制品、杂粮、白糖和豆类仍有一些限制外，几乎所有其他农产品出口都不受限制。“九五计划”（1997—2002年）时期，海产品已逐步增长成为印度单一出口产值最高的农产品。谷物类（主要是大米）、油饼、茶叶、咖啡、腰果和香料是其他主要的出口农产品，各占印度农产品出口产值的5%—10%。肉类及肉类制品、水果和蔬菜及加工水果和蔬菜显示出强劲增长势头。根据这一时期的农业政策，几乎所有农产品都可以自由出口。自2002年4月起，花生油、农业种子、小麦及其制品、黄油、大米、豆类出口限制也被取消。

建立农业出口专区是这一时期农业多元化、增加农业附加值和促进农业出口的重要措施。印度政府在2001/2002年度进出口政策中宣布建立农业出口专区以开发和采购原材料并进行加工、包装并出口。各邦政府遴选具有比较优势和出口潜力的地方农产品，印度农产品及加工食品开发局（Agricultural and Processed Food Products Development Authority）负责推动建立农业出口专区。当年批准设立41个农产品出口专区（AEZs），分布于17个邦，包括：西孟加拉邦、北方邦、卡纳塔克邦、旁遮普邦、北安查尔邦（Uttaranchal，2007年更名为Uttarakhand北阿坎德邦）、泰米尔纳德邦、马哈拉施特拉邦、安得拉邦、特里普拉邦、查谟-克什米尔邦、中央邦、比哈尔邦、古吉拉特邦、锡金邦、奥里萨邦、贾坎德邦和喜马偕尔邦。涉及的农产品包括荔枝、菠萝、土豆、洋葱、大蒜、芒果、葡萄、花卉、苹果、蔬菜、核桃、小黄瓜、小麦、生姜和姜黄、巴斯马蒂香米以及种子香料。资金来源分别是中央政府机构、邦政府和私人团体。其中私人投资占比超过50%。此外，每个专区建立起了一个基于网络的监督系统，以更好地为企业服务、提高专区管理运营效率。

“十五计划”（2002—2007年）的进出口政策强调了农业出口的重要性，并采取措施促进农产品出口，具体措施包括：除洋葱和小葵子外，所有农产品均可通过批准的机构自由出口；废除程序性规定，例如注册、包装等要求；建立农产品出口园，提高国际市场准入并改善基础设施，保障更好的信贷流；降低市场成本，例如出口农产品运输、处理和加工成本；为提高包装水平、加强质控和加工现代化提供融资支持；组织贸促活动，比如安排买卖双方接洽、参加重要的国际展会等。“十五计划”及随后的“十一五计划”的外贸政策均重点支持农业出口，相关农业出口措施包括：“特殊农产品计划（Vishesh Krishi Upaj Yojana）”，该计划的目标是通过对出口商的激励，促进水果、蔬菜、花卉、林产品、乳制品、禽肉及其附加值产品出口；“各邦出口基础设施发展援助基金”专款专用于农业出口专区建设；允许用于建设农业出口专区的资本商品进口。自2013年起，加工农产品或增值农产品从出口限制规定中得到豁免，允许棉花自由出口。

印度农业出口广义上包含三大类：一是原料；二是半成品；三是加工产品和即食产品。自1991年经济改革以来，印度保持着农产品净出口国地位，2019/2020财年，印度农产品出口额2.52万亿卢比，进口额1.47万亿卢比。近年来，印度农产品出口结构发生了显著变化。大米、玉米、棉花、肉类、瓜儿胶的出口逐渐取代了传统出口农产品。在农产品出口总额中，海产品出口额占比一直保持第一，且其份额从2015/2016财年的14.5%上升至2019/2020财年的19%。印度香米出口额也保持上升趋势，此外，非巴斯马蒂大米、香料和白糖等农产品出口也都呈上升势头。而同一时期，出口呈下降趋势的农产品有水牛肉、原棉等。

近年来农产品出口的品种和出口量均呈扩大态势。（见图3-18，表3-6）出口量靠前的大米、白糖和香料由于出口的激励作用，其种植面积和产量都显著增加。印度已经成为世界重要的农产品出口国，主要的出口农产品包括：大米、香料、棉花、油饼、蓖麻油、咖啡、腰果、茶叶、白糖和新鲜蔬菜等。根据世贸组织《2021年贸易统计评论》，印度农业出口与印度农业增加值的比值由2019/2020财年的7.45%上升至2020/2021年的8.59%（按现价计）。同期，印度农业出口占印度全部商品出口的比重由11.4%上升至14.4%。2020/2021财年，印度农业及相关部门出口金额为31081.114亿卢比，比上一年增加22.86%。出口增长主要源于以下农产品出口的增长，包括小麦（839.46%）、植物油（268.44%）、其他谷物（257.37）、糖浆（154.34%）、非巴斯马蒂大米（146.92%）、油饼（99.42%）、原棉（含废棉，

85.27%）、糖（47.83%）、香料（15.16%）等。印度农产品及相关产品主要出口目的地包括：美国、中国、孟加拉国、阿拉伯联合酋长国、沙特阿拉伯、伊朗、越南、马来西亚、尼泊尔、印度尼西亚、中国香港、伊拉克、荷兰、英国、日本、斯里兰卡和泰国。

图 3-18　近几年印度农业及相关部门出口情况（出口额）[1]

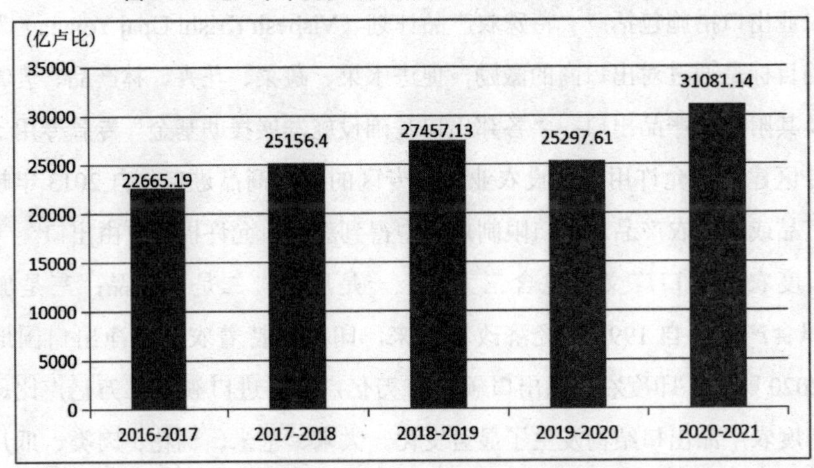

表 3-6　印度近年排名前十位出口农产品情况

出口商品	2016/2017 年		2017/2018 年		2018/2019 年		2019/2020 年		2020/2021 年		2021/2022 年	
	量（万吨）	价（亿卢比）	量（万吨）	价（亿卢比）	量（万吨）	价（亿卢比）	量（万吨）	价（亿卢比）	量（万吨）	价（亿卢比）	量（万吨）	价（亿卢比）
海产品	119	3959	143	4765	167	4767	133	4762	117	4417	92	4003
非巴斯马蒂大米	677	1693	882	2344	765	2117	506	1440	1315	3556	1088	2893
巴斯马蒂大米	399	2151	406	2687	442	3280	446	3103	463	2985	240	1531
香料	101	1911	110	2009	113	2322	119	2564	161	2953	100	1973
水牛肉	132	2616	135	2604	123	2509	115	2266	109	2346	76	1643
食糖	254	866	176	523	399	952	580	1398	752	2067	541	1680
原棉（含废棉）	100	1091	110	1220	114	1463	66	754	121	1397	77	1134

[1]　数据来源：《印度农业部 2021/2022 年度报告》。

续表

出口商品	2016/2017 年		2017/2018 年		2018/2019 年		2019/2020 年		2020/2021 年		2021/2022 年	
	量(万吨)	价(亿卢比)	量(万吨)	价(亿卢比)	量(万吨)	价(亿卢比)	量(万吨)	价(亿卢比)	量(万吨)	价(亿卢比)	量(万吨)	价(亿卢比)
油饼	263	541	357	704	449	1056	266	586	437	1169	191	466
蓖麻油	60	452	70	673	62	617	59	632	73	680	51	602
小麦	27	45	32	62	23	42	22	44	215	417	411	855
农业及相关部门出口总额		22665		25156		27457		25298		31081		23098

（说明：本表数据来源于《印度农业部2021/2022年度报告》。本表数据做了四舍五入处理。2021/2022年数据仅截至2021年11月）

目前，大部分农产品（不包括相关制品）可以不受限制自由出口，但是对种子和芥菜籽油的出口有限制和要求。种子出口受到严格管控，允许 5 千克以内包装的品牌芥菜籽油出口，且规定最低出口价（MEP，根据《印度农业部2021/2022 年度报告》，限价为 900 美元 / 吨）。对印度人生活有重要影响的主要农产品出口，印度政府长期实行严格管控。以洋葱为例，印度是仅次于中国的全球第二大洋葱生产国，由于洋葱是印度人日常食物的重要部分，洋葱的市场供应和价格不但影响印度人的生活，甚至会渗透到政治活动中，因而洋葱和土豆一起成为印度的“政治蔬菜”。鉴于其重要性，印度政府对洋葱乃至洋葱种子的市场供应和价格都十分上心，在洋葱歉收的时节严格禁止一切形式的洋葱出口，一些专供出口的洋葱品种也严格限定出口上限，例如专门供应国外市场的班加罗尔玫瑰洋葱和克里希纳普拉姆洋葱的出口上限均为 10000 吨。对出口的限制虽然一定程度上保证了国内市场的洋葱供应，但却有损于洋葱种植者的利益和种植积极性，因而政府政策往往会在“限制”和“放开”两种选择中切换。

总体来看，印度政府对农产品出口持开放鼓励态度，只有在极端情况下，对部分农产品尤其是粮食出口进行临时限制。例如 2022 年俄乌冲突导致国际粮食价格大幅上涨，加上印度国内通胀高企以及干旱影响，5 月 13 日印度外贸总局发布公告，对印度小麦出口实施临时禁令，立即生效。6 月 1 日印度政府宣布即日起对本国食糖（包括原糖、精制糖和白糖）实施出口总量限制，2021/2022 年榨季（2021 年 10 月至 2022 年 9 月）出口总量将限制在 1000 万吨。

（二）印度农业进口

印度独立之初，粮食主要依赖进口。“绿色革命”开始以后，受益于粮食产量大幅提高，进口粮食和农业原材料进口开始减少，加上进口替代政策逐步取得成效，印度农业进口持续下降。到 20 世纪 90 年代初，农业出口超过农业进口，印度成为农业净出口国家。印度是全球十大农业进口国家之一。2020/2021 财年，印度农业进口 15451.12 亿卢比，与 2019/2020 财年相比，增长 4.79%。2020 年印度农产品进口占印度全部商品进口的份额为 7%。[1] 进口增长主要源于以下农产品进口增长：植物油（19.79%）、新鲜水果（11.51%）、豆类（16.79%）、糖（90.84%）、其他油籽（41.73%）、可可制品（10.21%）、水果 / 蔬菜种子（24.47%）、传统医学和草药产品（33.18%）、茶叶（60.29%）等。虽然同一时期印度总体进口商品增长更为显著，印度的农产品进口比重还是由上一年的 4.39% 增长至 5.3%。印度农产品进口的主要来源国包括：印度尼西亚、阿根廷、乌克兰、马来西亚、美国、巴西、加拿大、阿富汗、缅甸、俄罗斯联邦、尼泊尔、坦桑尼亚、中国、新加坡、越南、阿联酋、贝宁、泰国、斯里兰卡和孟加拉国。

从进口值看，2020/2021 财年，印度前十大进口农产品及其占进口农产品总额的份额分别是：植物油（53%）、新鲜水果（10%）、豆类（8%）、香料（5%）、腰果（5%）、糖（3%）、酒精饮料（3%）、原棉（含废棉，2%）、杂项加工类（2%）、其他油籽（1%）、其他（8%）。前十大出口农产品及其占出口农产品总额的份额分别为：海产品（14%）、大米（非巴斯马蒂米，11%）、巴斯马蒂大米（10%）、香料（9%）、水牛肉（8%）、糖（7%）、原棉（含废棉，4%）、油饼（4%）、蓖麻油（2%）、杂项加工类（2%）、其他（29%）。印度农业部门多年保持国际贸易顺差地位。即使在 2020/2021 财年，印度农业部门国际收支依然实现了顺差。（见图 3-19，表 3-7）

[1] 数据来源：世贸组织官网（https://www.wto.org/english/res_e/booksp_e/trade_profiles22_e.pdf）。除本数据外，本部分其他相关数据来源于《印度农业部 2021/2022 年度报告》。

图 3-19　近年印度农业及相关部门进口额

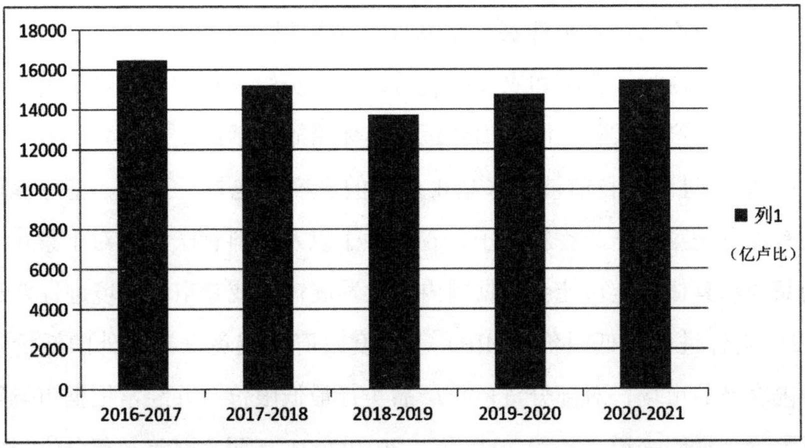

（数据来源：《印度农业部2021/2022年度报告》）

表 3-7　近几年（按价值计）印度十大进口农产品情况

商品类别	2016/2017 年		2017/2018 年		2018/2019 年		2019/2020 年		2020/2021 年		2021/2022 年	
	量（万吨）	值（亿卢比）	量（万吨）	值（亿卢比）	量（万吨）	值（亿卢比）	量（万吨）	值（亿卢比）	量（万吨）	值（亿卢比）	量（万吨）	值（亿卢比）
植物油	1401	7305	1536	7500	1502	6902	1472	6856	1354	8212	962	9053
新鲜水果	104	1124	100	1253	112	1390	99	1414	121	1577	94	1156
豆类	661	2852	561	1875	253	804	290	1022	247	1194	181	1107
香料	24	576	22	639	24	793	32	1019	34	807	24	615
腰果	77	903	65	913	84	1116	94	903	83	749	70	668
糖	215	687	240	604	149	318	112	247	196	472	28	96
酒精饮料		258		388		468		464		404		279
原棉（含废棉）	500	634	47	631	300	438	74	937	23	286	16	267
杂项加工类		212		225		256		264		227		204
其他油籽	12	40	13	37	22	75	41	153	51	217	50	313
总计		16468		15206		13702		14745		15451		14959

印度农产品进口仅占全部进口的很小比例。多年来，食用油进口保持着印度单一最大进口农产品，占全部农产品进口的 50% 以上。

为了保护国内种植业主和农民的利益及生计免受廉价进口农产品的冲击，印度政府对部分农产品实行限制进口政策，具体措施包括：

（1）禁止进口。目前被列入禁止进口的农产品包括：豆子、精炼棕榈油、土豆还有部分蔬菜种子、香料种子、谷物种子以及油料种子等。对于禁止进口农产品的品类和具体规定可能会根据国内产业发展需要或者市场环境进行调整。

（2）实行进口最低限价（MIP）。印度政府为避免来自国外的低价农产品冲击国内农产品市场，对部分进口农产品实行最低限价，并经常根据市场行情调整最低限价。举例来说，2019/2020 年、2020/2021 年两个财年，部分进口农产品的最低限价如下：胡椒——继续执行自 2017 年 12 月 6 日开始实施的最低限价，即 500 卢比 / 千克；腰果——自 2019 年 6 月 12 日开始最低进口限价 720 卢比 / 千克；豌豆——自 2019 年 12 月 18 日开始，实行最低进口限价 200 卢比 / 千克；椰子干——自 2020 年 1 月 8 日开始，最低进口限价 150 卢比 / 千克。

（3）通过关税调节。印度政府根据国内市场供需状况，对重要农产品进口关税进行适时调整。以小麦为例，小麦是印度最重要的农产品之一，2019 年印度小麦产量丰收，国内市场小麦供应过剩，于是印度政府将小麦进口关税由 30% 提升至 40%。2020 年，印度最重要的农产品之一土豆国内市场供应不足，为弥补供应缺口，印度政府一方面允许从邻国不丹直接进口土豆，另一方面以 10% 的关税税率授权进口 100 万吨土豆。

（4）配额。进口配额主要是授予次要农产品的进口，以弥补国内市场供应缺口。比如，印度政府给予豌豆和绿豆的进口配额分别是每财年各 15 万吨，木豆（Tur/Arhar）和小扁豆（Urad）的进口配额分别为每财年各 40 万吨。

（三）在国际贸易中的地位与竞争力

印度是农产品贸易大国，是全球农产品进出口十大国家（地区）之一。2020 年印度农产品出口排名世界第九，进口排名第十。印度已成为一些农作物的重要出口国，例如大米、肉类、油粕、胡椒、白糖。根据世贸组织的统计数据，2000、2005、2010、2020 年印度农产品出口占世界农产品出口贸易的比例分别为 1.1%、1.2%、1.7% 和 2.2%。2000、2005、2010、2020 年印度农产品进口占世界农产品进口贸易的比例分别为 0.7%、0.8%、1.3% 和 1.4%。印度同时也是世界粮食贸易大国。2020 印度在全球前十大粮食出口国家（地区）中排名第九。2000、2005、2010、2020 年印度粮食出口占世界粮食出口的份额分别为 1.3%、1.3%、1.6% 和 2.2%。

印度农产品出口竞争力主要源于劳动力成本便宜、农业气候条件多样、大多数农业投入品依靠自给自足。这些因素促成部分印度农产品长期保持出口优势，包括：海产品、谷物、腰果、茶叶、咖啡、香料、油饼、水果和蔬菜、蓖麻和烟草。对于像印度香米这样的农产品，尽管在国际市场上面临竞争，但是仍然有一定市场。印度进口的农产品总量少，且品种也不多，主要有：食用油、棉花、豆类、羊毛及羊毛制品。根据世贸组织农业协定，印度不少农产品生产力水平低于世界平均水平。在印度解除农产品进口数量限制后，印度农业面临的主要挑战是提高农业生产力水平，并使农产品质量标准与国际接轨。印度不同地区农业生产力水平存在较大差异。旁遮普邦、哈里亚纳邦、安得拉邦等农业水平居前，而更多的区域农业水平还比较落后。所以农业竞争力因地区而异。对此，印度政府根据不同的农业经济、气候和环境条件采取了差异性发展战略，以充分挖掘不同地区的农业潜力。比较优势本身是相对的，这还要取决于国际市场的相对变化，例如各国对农业的支持力度和发达国家对出口农产品的补贴等。

三、印度农业贸易政策及农业部门外国直接投资（FDI）

（一）农业贸易政策

基于农业对印度的重要性及其脆弱性，印度对农业的关税保护远高于制造业和服务业。根据《印度经济调查 2015/2016 年》的数据，印度农业平均保护性关税为36.4%，非农产品则为9.5%。印度对农产品采取的政策是依据作物生产、需求、供应和零售的国内变化情况做出回应性调整。因此农产品基本关税经常修改，包括以保护农民和与农业关联的增值行业为由削减或移除某项关税，这取决于国内形势。

印度农业具有鲜明多样性，诸多农产品产量居世界前列，例如大米、小麦、牛奶、白糖、水果和蔬菜等。印度主要农产品的结构变化将会对世界市场产生潜在的影响。不过印度在很大程度上是一个自给自足的国家，长期以来并不是全球农业市场的积极参与者。印度一方面减免部分农产品的基本关税以鼓励增值产品国内制造、创造就业机会，并使出口产品有竞争力；另一方面提高部分农产品的基本关税，以对抗国际农产品低价，保护国内农民和相关行业的利益。

长期以来，印度的农产品贸易政策更多的是对国内价格形势的一种“膝跳反应”式政策回应，缺乏稳定性、连续性。这给印度国内市场和国际市场都带来巨大的不确定性。处在金字塔底层的印度农民受影响尤甚。此外，这种政策的不确定性还侵蚀了国际市场对印度作为可信任的供货方的信心。有鉴于此，印度政府在 2010 年后逐步调整农产品贸易政策。2011 年开始允许大米和小麦出口；2013 年 2 月开始解除农产品加工品和增值产品出口禁令。印度政府希望借此刺激农业加工业的发展，并提高农业产量。

近几年印度为促进农产品加工和提高农业产量的农产品贸易政策调整包括：允许 5 千克包装以内的品牌食用油出口，最低出口价限定为 900 美元 / 吨（参见对外贸易部 2014 年 4 月 30 日公告）；允许米糠油出口（参见对外贸易部 2015 年 4 月 6 日公告）；自 2011 年起，允许大米和小麦出口；自 2013 年 2 月起，加工农产品 / 增值农产品被免除出口限制；棉花出口不受任何限制。农产品贸易政策的频繁调整变化，比如进口关税和最低出口限价的变化等，给农产品加工业投资造成政策的不稳定预期。

印度已成为部分农产品重要出口国，包括棉花、大米、肉类、油饼、香料、瓜儿豆粉和白糖。

印度对大多数未经加工农产品实行零税率，另外，对大部分农业生产活动和相关服务也免征商品和服务税。对农产品初加工征收 5% 的商品和服务税，对农产品的二级 / 三级加工则按 12% 的税率征收。对一些农业机械或农机零部件以及化肥生产征收的税率为12%—18%。当然，这些税率并不是一成不变的，印度政府部门会在相关权益方的多方博弈下，不时调整以达成妥协方案。

印度农业贸易政策原则之一是对农民的保护，相关措施如：①提高进口关税。例如将鹰嘴豆进口关税从0提高至30%，豌豆进口关税从0提高至50%；②对进口数量设上限，例如豌豆、木豆、绿豆的年进口上限均为15万吨；③自2017年11月起允许所有豆类出口；④自2018年4月起，取消对各类食用油的出口限制（芥菜籽油除外）；⑤规定最低进口价。例如胡椒最低进口价为500卢比/千克，槟榔252卢比/千克；⑥提高各类印度农产品出口的商品回报率以抵消运输成本；⑦制定《农业出口政策》，设定“农产品出口翻番”目标并使印度农民和农产品融入全球价值链；⑧在许多印度驻外使馆设立农业任务小组以处理与农业贸易相关的事务。

（二）农业部门外国直接投资

1. 投资路径

有自动路径和政府路径两种。自动路径就是不需要经过印度政府的任何批准直接投资。政府路径是指必须预先获得印度政府批准才能进行投资。外资投资申请由相应的中央部门进行审批。

2. 合格外国投资者

根据印度商工部2020年10月发布的外资政策，与印度接壤的国家之投资实体或投资受益人来自与印度接壤的邻国或为持有这种邻国公民身份的人，只能通过政府路径投资印度。另外，巴基斯坦公民或来自巴基斯坦的投资实体只能通过政府路径投资印度且被禁止在国防、航空、原子能和禁止外国资本进入的领域投资。另外，印度的海外公民也被禁止参与任何从事农业、种植园业活动的公司或独资企业投资。

3. 允许投资农业领域

印度现行的外国直接投资政策允许部分农业部门外资投资比例达到100%，

外资对这些农业部门进行投资时无须经政府审批，而直接经由自动路径投资。这些农业部门包括：在人工控制条件下的花卉栽培、园艺、蔬菜和蘑菇种植；种子和种植材料的开发和生产；畜牧业（包含犬类养殖）、水产养殖、鱼类养殖、养蜂；为农业及相关部门提供服务；茶叶种植、咖啡种植、橡胶种植、豆蔻种植、棕榈油树种植、橄榄油树种植。以上列出的这些农业、畜牧业和种植园部门之外的其他农业及相关领域禁止外国直接投资。另外，在农业领域的多品牌零售允许外国直接投资比例不超过51%，且需经过政府审批，并满足一定条件。（见表 3-8）

表 3-8　近年印度农业部门（农业服务和农业机械）外国直接投资情况

年份	外国直接投资金额	
	以卢比计（亿）	以美元计（亿）
2012/2013	139.2	2.57
2013/2014	84.5	1.4
2014/2015	79.6	1.3
2015/2016	67.3	1.03
2016/2017	61.8	0.92
2017/2018	82.13	1.274
2018/2019	66.47	0.939
2019/2020	104.064	1.4804
2020/2021	198.387	2.6684
2021/2022（截至 2021 年 9 月）	42.838	0.5795

（数据来源：《印度农业报告2020年》《印度农业部2021/2022年度报告》）

四、促进农产品出口措施

1. 设立对外农业办公室

印度外交部在其 15 个国家的驻外使领馆设立了农业办公室，这 15 个国家分别是：越南、美国、孟加拉国、阿拉伯联合酋长国、中国、沙特阿拉伯、伊朗、马来西亚、日本、尼泊尔、印度尼西亚、阿根廷、新加坡、乌克兰和巴西。这些驻外农业办公室的主要工作是：提升对外工作中对印度农业出口的重视；充分挖掘和利用印度农产品在这些国家的市场潜力；汇编东道国对各类商品的需求信息，以供印度出口商参考利用。

2. 设立出口促进论坛

合作部设立了农产品出口促进论坛（Export Promotion Forum, EPF），聚焦具有出口潜力的农产品。目前在列的八大农产品分别是：葡萄、芒果、香蕉、洋葱、大米、乳制品、石榴与花卉。每一种在列的农产品分别设立独立的出口促进论坛，其成员构成包括该农产品的出口商和来自合作部（DOC）、农业与农民福利部（DA & FW）、食品加工业部（APEDA）的官员以及相关专业机构人员和邦政府官员。目前，由商工部农产品及加工食品出口发展署（APEDA）主席担任各出口促进论坛主席。各论坛需要定期开会，讨论本论坛聚焦的农产品出口相关议题，并邀请专家或相关人士参与。各论坛密切关注与各自产品生产和出口相关领域的国内外形势，并为必要的政策和行政措施提供建议。

3. 建立农产品档案

农业部贸易处为7种主要农产品建立了权威档案，这7种农产品分别是：大米、小麦、豆类、蔬菜、食用油、食糖和棉花。该部门定期更新在列农产品的相关信息资料，包括：生产趋势、进出口趋势、价格变动趋势等，同时附上印度政府对该品种农产品的贸易政策及政策解释。

4. 发展优势特色农产品加工

2020年5月，印度总理莫迪发起了雄心勃勃的“自力更生”的印度计划，在该计划的宏伟蓝图下，制定了多个行动计划，“一县一品计划（ODOP）”（见表3-9）是其中之一。该计划是发展农业加工业，提高农业附加值的一项重要举措。其目标是在每个县确定至少一个具有出口潜力的特色产品，通过解决供应链、公共服务和产品营销等方面的瓶颈问题，为农民、加工商和销售商提供多方位支持，获得规模效应，使该县发展成为出口加工中心。目前，该计划已经从农业及相关产业部门遴选出 707 个产品。印度政府期望通过该计划使这些产品打开新市场，提高在国内外市场的知名度。另一方面，通过该计划补上印度农业价值链的重要一环。同时，也有助于实现莫迪总理提出的 4000 亿美元出口目标。

表 3-9 “一县一品计划”下各邦确定的特色优势农产品

序号	邦名称	特色优势农产品
1	安得拉邦	西红柿、香料（辣椒和姜黄）、香蕉、芒果、洋葱、柑橘
2	“阿鲁纳恰尔”	槟榔果、橘子、大豆蔻、芝麻、生姜、姜黄、猕猴桃、胡桃、菠萝、苹果
3	阿萨姆邦	蜂蜜、土豆、姜黄、菠萝、辣椒、生姜、香蕉、黑米、槟榔果、蘑菇、芥菜、波罗蜜
4	比哈尔邦	芡实（Makhana, Foxnut）、芒果、草莓、卡塔尼米（巴特纳米）、红辣椒、雅尔达鲁芒果[1]（Jardalu Mango）、豆角、薄荷、荔枝、蘑菇、番石榴、香蕉、菠萝、西红柿、土豆、洋葱、姜黄、辣木
5	恰蒂斯加尔邦	芒果、茶叶
6	果阿邦	波罗蜜
7	古吉拉特邦	主要是加工农产品
8	哈里亚纳邦	洋葱、柑橘类水果、印度醋栗（Amla）、番石榴
9	喜马偕尔邦	姜黄、苹果、芒果、豆荚和蔬菜、生姜和大蒜、蘑菇、土豆
10	贾坎德邦	西红柿、红辣椒、蜂蜜、芒果、番石榴、波罗蜜、土豆、青椒、木瓜
11	贾木和克什米尔邦	苹果、香料、蜂蜜
12	卡纳塔克邦	洋葱、无花果、生姜、姜黄、西红柿、香料、黍类（Millets）、芒果、红豆、番石榴、香蕉、干辣椒、菠萝、柠檬
13	喀拉拉邦	菠萝、香料、香蕉、波罗蜜、木薯
14	拉达克	杏

[1] 印度比哈尔邦常见的芒果品种有四种，分别是 Amrapali, Maldah, Jardalu and Sinduri，分别属于不同地区的知名品种。这是其中一种。

续表

序号	邦名称	特色优势农产品
15	中央邦	橘子、芒果、西红柿、谷子（Kodo-Kutki）、生姜、番石榴、香蕉、土豆、香菜、青豆、辣椒（chilli）、大蒜、余甘子（Aonla）、姜黄
16	马哈拉斯特拉邦	橘子、木豆、番荔枝、番石榴、香蕉、西红柿、洋葱、人心果（Sapota）、芒果、姜黄、葡萄
17	曼尼普尔邦	生姜、菠萝、香蕉、猕猴桃、橘子、竹笋、姜黄、卡柴柠檬（Kachai[1]）、国王辣椒（King Chilli）、椰子
18	梅加拉亚邦	索雄冬枣（Sohiong）、蜂蜜、菠萝、姜黄、香蕉、波罗蜜、生姜
19	米佐拉姆邦	米佐辣椒（Mizo Chilli）、百香果、姜黄、菠萝、芒果、生姜
20	那加兰邦	主要是加工农产品
21	奥里萨邦	主要是加工农产品
22	本地治理	主要是加工农产品
23	旁遮普邦	蜂蜜、金诺橘（Kinnow）、辣椒、土豆、洋葱、荔枝、番石榴、芒果、洋葱、豌豆、梨
24	拉贾斯坦邦	洋葱、玫瑰、芒果、大蒜、石榴、小麦、金诺橘、车前籽壳（Isabgol）、西红柿、橘子、小茴香籽（Cumin）、芝麻、香菜、葫芦巴[2]（Fenugreek）、番石榴、茴香（Fennel）
25	锡金邦	大豆蔻、生姜、樱桃红椒
26	泰米尔纳德邦	主要是加工农产品
27	特伦甘纳邦	红辣椒、芒果、高粱、龙爪稷、小米、甜橙、姜黄、蔬菜
28	特里普拉邦	主要是加工农产品
29	北方邦	红辣椒、余甘子、芒果、香蕉、小扁豆、薄荷、火山岩米（Kala Namak Rice）、洋葱、番石榴、西红柿、罗勒、菊苣、芥菜、土豆、香蕉、阿魏（Asafoetida[1]）、豌豆、姜黄大蒜、蜂蜜
30	北阿坎德邦	肉桂（Tejpata）、小蘑菇、奶白蘑菇（Milky Mushroom）

[1] Kachai，印度东北曼尼普尔邦一乡村地名。

[2] 南亚常见的食用调味香料。

第五节 国际合作

印度农业部国际合作司负责印度农业的国际合作事务，其任务是以多边或双边形式促进印度与世界其他国家和地区的互利伙伴关系。例如，负责对接联合国粮农组织和世界粮食计划署，以及协调与其他重要的国际组织相关事务。在双边关系中，与其他国家签订协议或备忘录并加以实施。实施手段包括签订工作计划，组织联合工作组会议，组织科学家、官员和农民互访，促进外国农业部长或官员代表团来访并组织相关会议、会谈以深入农业领域的合作等。

一、贸易协议

印度跟多个国家和地区以及区域组织签订了多种形式的贸易协议，包括“自由贸易协定（FTA）”“全面经济合作协议（CECA）”“全面经济伙伴关系协议（CEPA）”“全面经济合作和伙伴关系协议（CECPA）”等。合作的国家/地区/区域组织包括：南亚自贸区（SAFTA）、亚太贸易协定（APTA）、东盟（ASEAN）、阿富汗、南方共同市场（MERCOSUR）[2]、日本、韩国、马来西亚、新加坡、泰国、不丹、尼泊尔、智利和斯里兰卡。另外，跟一些国家、地区和组织的贸易协议正处于不同的谈判阶段，包括：欧盟、泰国、BIMSTEC（环孟加拉湾多领域经济技术合作倡议）、秘鲁、以色列、伊朗、毛里求斯、澳大利亚、新西兰、加拿大、阿联酋和印度尼西亚。

[1] 印度产药用植物。

[2] 南美地区最大的经济一体化组织，成员国包括阿根廷、巴西、巴拉圭和乌拉圭，另外还有南美多个联系国。

二、合作备忘录

根据印度农业部数据[1]，印度与非洲、亚洲、欧洲、美洲共计63个国家、地区和组织就农业及相关产业签订了合作备忘录。具体名单如下：

非洲：坦桑尼亚、赞比亚、莫桑比克、苏丹、乌干达、卢旺达、马拉维、博茨瓦纳、南非、马达加斯加、肯尼亚、毛里求斯。

亚洲：尼泊尔、以色列、蒙古、阿曼、也门、老挝、缅甸、孟加拉、柬埔寨、泰国、叙利亚、不丹、菲律宾、中国、约旦、印度尼西亚、塔吉克斯坦、阿富汗、哈萨克斯坦、斯里兰卡、日本、吉尔吉斯斯坦、阿联酋、巴勒斯坦、中国台湾。

欧洲：荷兰、塞浦路斯、土耳其、俄罗斯、希腊、克罗地亚、法国、白俄罗斯、意大利、匈牙利、德国、塞尔维亚、西班牙、奥地利、亚美尼亚、立陶宛、葡萄牙、波兰。

美洲：加拿大、美国、苏里南、巴西、阿根廷、智利。

澳洲：澳大利亚。

三、国际教育与培训

印度农业部下属的农业科研院所、教育培训中心等18家机构面向国际提供农业及相关领域的培训课程及研讨会。不同的培训课程培训期从三五天到六个月不等。课程内容涵盖农业及相关领域的方方面面，例如：种子试验与质量监管、植物品种保护中的知识产权、生物安全与入侵管理、害虫监测、动植物检疫、有害生物风险分析、区域植物健康系统分析、种子传染病、储粮害虫检测与识别及检疫处置、卫生和植物检疫宣传、市场准入风险分析、微生物杀虫剂、生物防治、农药残留取样分析、信息通信技术在农业中的应用、农业部门中的性别问题、农

[1] 查询日期为2022年9月4日，数据的截止日期为2017年7月13日。

业营销管理、农产品供应链价值链、冷链管理、仓库管理、作物收获后管理及增值、农产品贸易和期货、农产品分级和标准化、农产品包装和品牌、农产品市场信息系统管理、农产品市场准入、农业机械、饲料生产和牧场管理、可再生能源生产、半干旱农业精准灌溉、农产品加工、农业研究管理、农业推广管理、农业人力资源管理、畜禽营养、育种、畜禽健康、牛奶及奶制品生产加工等，总计约150 个课程。其中部分课程专为南盟国家提供。

四、关税总协定与印度农业

《关贸总协定（GATT）》乌拉圭回合谈判最终在 1993 年 12 月签订《农业协议》，农业被正式纳入《关贸总协定》，农业贸易开启自由化进程。印度民众担忧印度农业可能受到不利影响，认为政府可能被迫减少对农民的补贴，逐步废除公共分配系统，并且强迫开放农业进口，还担心印度农民传统的留种和交换种子的权利将会受到限制。印度政府认为，根据对乌拉圭谈判《农业协议》的解读，印度政府认为印度的国家利益不仅不会因为协议受损，反而会因为农业贸易被纳入 GATT 框架而从中受益。该协议规定补贴超过农产品 10% 的国家需要减少补贴至 10% 以下。而印度在当时对农业的补贴水平远低于 10%。而同时，该协议允许对特定人群的消费补贴，因此印度主要针对农村人口和城市贫困人口的公共分配系统也不受影响。在保护生物多样性相关法律条款支持下，农民保留自有种子和交换种子的传统做法也可以继续。《农业协议》的核心目标是减少对农民的生产性补贴，减少限制农业贸易的非关税壁垒，印度政府认为这些措施将因其农业出口具有比较优势和竞争优势而获益。

第四章　印度农业政策选择与改革

一、印度农业行政管理结构

印度农业管理部门前身是成立于1871年的“收入、农业和商贸部”，其职能是处理全国“与农业资源提升与改善有关的一切事务”。在此之前，农业事务是内政部管辖的领域。1881年单独成立了“收入和农业部”。1923年经过部门重新调整成立了“教育、卫生和国土部”。1945该部被分拆成三个独立部门。1947年农业部正式独立运行。1951年印度政府将农业部与粮食部合并为“食品与农业部”。经过部门之间职责和功能的多次调整，1966年重组为“食品、农业与社区发展和合作部”。1974年再次重组为“农业和水利部”，下设五个司：农业司、食品司、乡村发展司、农业研究与教育司、水利司。经过部门职能反复调整，1979年重组为农业与合作部。随后1980年再次被重组为“农业部”，其下保留三个司：农业与合作司、食品司和农业研究与教育司。其后粮食司被剥离出农业部，乡村发展司被重新并入，新的农业部全称为“农业和乡村重建部”，下设三个司分别为：农业与合作司、农业研究与教育司、乡村发展司。1985年再次调整重组为“农业和乡村发展部”，下设四司：农业与合作司、农业研究与教育司、乡村发展司、化肥司。1991年，经过职能拆分重组，被重新命名为“农业部”，下设三司：农业与合作司、农业研究与教育司、畜牧与乳业司。

2014 年莫迪总理执政以后对原来的印度农业部进行了改组。改组后的印度农业部被命名为“农业与农民福利部”（Ministry of Agriculture & Farmers Welfare），由“农业、合作与农民福利司”“农业科研与教育司”“畜牧、乳业与渔业司”三个部门组成。另外，将原来农业部合作司单独分离出来成立了独立的合作部（参见印度内阁秘书处 2021 年 7 月 6 日第 2516 号通知）。新成立合作部目的是促进邦际合作并为邦际合作提供更充分的支持。农业与农民福利部由一名内阁部长（Cabinet Minister）直接领导，并由两名国务部长（Minister of State）辅助。农业秘书（Secretary）是该部门的行政首脑，农业秘书下设 2 名辅秘（Additional Secretary），2 名辅秘之一为财政顾问。辅秘之后另设 12 名联合秘书（Joint Secretary），分别作为下辖各个部门负责人，如综合园艺处主任、可持续农业处主任、园艺专员、贸易顾问、园艺统计顾问、农产品成本与价格委员会主席等。

农业与农民福利部由 28 个部门组成，另有 5 个附属办公室和 21 个下属办事处分布于全国各地，其职能是与邦级部门协调并执行各自职责范围的中央计划。另外，在农业与农民福利部管理下还有 1 个公共事业处、7 个独立机构以及 2 个管理司。

28 个部门分别是：行政、农业统计、农业市场、预算财务、信贷、粮食作物与收后管理、数字农业、干旱管理、经济管理、推广、农民福利、总协调处、印地语、园艺处、投资与价格支持、综合营养管理、国际合作、机械与技术、自然资源管理、植物保护、政策处、计划协调处、RKVY（农业综合发展计划）、旱作农业、种子处、油籽处、农业贸易政策与促进和物流、廉政处。（见表 4-1）

表 4-1　印度农业各专业管理部门

部门	所在地	部门	所在地
1. 附属办公室		国家有机农业中心	北方邦
经济与统计司	新德里	腰果与可可发展司	喀拉拉邦
农业成本与价格委员会	新德里	2. 办事处	

续表

部门	所在地	部门	所在地
植物保护、检疫和储藏司	哈里亚纳邦	农业部长办公室	印度驻意大利大使馆
市场与监督司	哈里亚纳邦	全印土壤与土地利用调查办公室	新德里
马哈拉诺比斯国家作物预测中心	新德里	国家种子研究和培训中心	北方邦
槟榔与香料发展司	喀拉拉邦	中央园艺研究所	那加兰邦
中央农业机械培训和测试所	中央邦	3. 公共事业处	
北方农业机械培训和测试所	哈里亚纳邦	国家种子公司	新德里
南方农业机械培训和测试所	安得拉邦	4. 独立机构	
东北农业机械培训和测试所	阿萨姆邦	椰子发展委员会	喀拉拉
棉花发展司	马哈拉施特拉邦	全国园艺委员会	哈里亚纳邦
黄麻发展司	西孟加拉邦	小农农业企业联合会	新德里
小米发展司	拉贾斯坦邦	国家农业推广管理所	安得拉邦
甘蔗发展司	北方邦	国家农业市场研究所	拉贾斯坦邦
水稻发展司	比哈尔	国家植物健康管理研究所	安得拉邦
小麦发展司	北方邦	国家冷链发展中心	新德里
推广司	新德里	5. 管理司	
油籽发展司	安得拉邦	国家与杨地区管理司	新德里
豆类发展司	中央邦	植物品种保护和农民权利管理司	新德里
中央肥料质量控制和培训所	哈里亚纳邦		

二、印度农业政策的基础和逻辑

（一）政策基础

印度农业政策是在其农业基本国情基础上形成和演进的。印度农业的基本国情是大国小农。具体指：①人多地少，农业是印度最大的就业部门。据印度人口普查估计，2022年印度人口大约为13.26亿，其中农村人口8.33亿，占比68.86%。[1] 按照印度2018/2019年度农地面积1.81亿公顷[2]计算，印度人均农地面积2.046亩，农村人口人均农地面积则为3.237亩。农业劳动力占比54.6%。[3] ②农业在国民经济中的作用举足轻重。2021/2022年农业在国民经济总增加值(GVA)中的占比为18.8%。[4]农业不仅在印度经济中比重大，而且具有相当的弹性，为国民经济提供重要的缓冲。例如2020/2021年，印度经济在全球经济不景气的冲击下大幅下挫，农业是唯一实现正增长的经济部门。③农业经营主体分散。根据印度《农业普查2015/2016年》数据，印度农业经营主体大约为1.464亿个，其中86.08%为持有土地面积小于2公顷的小农或边际农，全印农业经营主体平均持有土地面积为1.08公顷。④农村贫困率高。根据《印度农业统计概览2019年》数据，印度的整体贫困率为21.9%，农村贫困率高于城市，前者为25.7%，后者为13.7%。

（二）政策思路

整体上看印度农业政策随国民经济发展情况和农业生产环境做出调整。鉴于印度农业对国民经济和社会的重要性，不同党派主持的历届政府基本上都会遵循的逻辑包括：①以农民为本。这里“农民”的范畴既包括拥有土地的大、中、小农和边际农，也包括无地农业劳工。这不仅仅是因为农业解决了印度五成以上的就业问题和超过七成印度人直接或间接依赖农业为生，更是因为数量上占压倒性多数的农民群体在印度的选票政治中拥有的决定性影响力。②稳定优先。印度执行土地私有制度，印度农业同时存在两种土地现象，一是土地高度集中，二是土

[1] 数据来源：印度人口普查官网，网址 https://www.indiacensus.net/。

[2] 数据来源：《印度农业年度报告2021/2022年》，这里指的农地面积包含可开垦荒地、林地、休耕地及净播种面积。网址 https://agricoop.nic.in/sites/default/files/Web%20copy_eng.pdf。

[3] 数据来源：《印度农业统计概览2018年》，网址 https://agricoop.gov.in/sites/default/files/agristatglance2018.pdf。

[4] 数据来源：《印度农业年度报告2021/2022年》。

地碎片化。1991 年印度经济改革之初，占比 78% 的小农和边际农持有的土地总和仅占比 32%。其后土地集中和土地碎片化现象一路呈上升趋势。独立之初印度政府试图推动土地改革，经过多年的尝试，总体上看并不成功。在小政府大社会的条件下，政府在改变土地分配现状方面难以有大的作为。历届政府力图在维护大地主利益和保护小农、边际农以及农业劳工利益之间寻求平衡。③自力更生。印度独立之后很长一段时间内粮食严重依赖进口，这不仅加速耗竭印度外汇，也让印度领导人感受到受制于人的局限和被动，特别是英迪拉总理执政时，深切认识到印度这样的人口大国必须自力更生，依靠自己才能从根本上解决粮食问题。事实上，印度历届政府基于历史经验与现实选择，始终奉行的一个基本政策思路是：印度这样人口规模庞大的国家不能依靠进口来满足粮食等基本商品需求，只能寻求自身发展来避免风险。因此，印度独立以来的五十年间农业政策的重点是维持粮食与人口同步增长。

三、印度农业发展战略及路径

（一）农业新战略

印度独立后，发展农业现代化成为尼赫鲁政府的一项重点任务。首先着手的是土地改革和农村基础设施建设。通过“一五计划”和“二五计划”的努力，印度农业实现了较快发展。但是这一阶段的农业增长并不是因为农业生产效率提高了，而主要是由于扩大了耕种面积和灌溉面积。[1]这一时期人口迅速增长，两个“五年计划”期间，人口增长了 26.3%，而农业生产只增长了 14%。[2]即便在粮食丰收的年份，也仍然依赖大量进口粮食解决印度人的口粮问题。1965 年开始连续

[1] 李军、黄玉玺、胡鹏著：《全球化中的大国农业：印度农业》，北京：中国农业出版社 2017 年 12 月版，第 31 页。

[2] 李军、黄玉玺、胡鹏著：《全球化中的大国农业：印度农业》，北京：中国农业出版社 2017 年 12 月版，第 31 页。

两年的旱灾，让印度陷入独立以来最严重的粮食危机。[1] 比哈尔大饥荒以及跟巴基斯坦的战争，对印度农业增长提出了更紧迫的要求。在这种形势下，印度政府不得不进行激进的农业技术革新以快速实现粮食增产。

1. 农业新战略第一阶段

1966 年开始，印度政府开始执行新的农业战略，包括：大规模推广使用化肥、农药、改良种子和灌溉。这项战略的实施对农业生产的促进效果显著，次年（1967/1968 年）印度粮食生产整体增长 28.8%，粮食总产量达到创纪录的 9600 万吨，所有粮食作物均大幅度增产。新的农业战略，本质上是“粮食战略”，主要目标是通过应用技术和大量投入，在集中区域实现高产，从而最大限度减少因天气变化而造成的农业产量波动对市场供应的影响。对比同一时期的经济作物，虽然也有一定增长，但是这一时期经济作物的增长主要是扩大种植面积的结果，而非产量提高，且增长速度远远落后于粮食作物，主要原因在于印度政府将有限的资源优先用于突击提高以大米、小麦为核心的粮食产量，而经济作物并非此一时期的头等重要的作物，许多经济作物种植在没有水源灌溉设施的土地上，其他的则是种植技术没能得到改善和提升。

农业新战略的重要措施之一是高产品种计划。该计划的重点是小麦和水稻，兼顾一小部分玉米、高粱等杂粮。高产品种水稻主要集中在几个水稻主产区种植，包括泰米尔纳德邦、安得拉邦、比哈尔邦、西孟加拉邦等。高产品种小麦则集中在小麦主产区种植，其中种植面积最大的是北方邦和旁遮普邦。高粱高产品种主要集中于马哈拉施特拉邦种植，其他杂粮高产品种则没有相对集中的种植地，而是分散在雨水较少的各个地区种植。高产品种计划中，水稻、小麦和高粱高产品种均选择降水量和灌溉条件好的地区种植，以此将不稳定的天气因素影响降到最低，确保粮食产量提升。

新战略实施仅一年，高产品种种植面积就覆盖 603 万公顷，其中超过 78%

[1] 李军、黄玉玺、胡鹏著：《全球化中的大国农业：印度农业》，北京：中国农业出版社 2017 年 12 月版，第 31 页。

为水稻和小麦。在农业新战略显著效果激励下，随后多年，高产品种种植面积持续增加。

农业新战略措施还包括扩大高产品种种子供应、通过种植短期生长作物增加复种、通过开发推广小型灌溉设施快速提升农作物利用水资源面积、扩大化肥供应。

为保障种子供应需求，除印度中央政府成立的两家种子公司外，许多邦级政府也成立了种子公司。印度全国种子公司（NSC）除了向全国市场提供高产种子，也提供杂交品种基础种子，并且负责颁发种子许可证。短期生长作物品种使原来一年种植一季的耕地可以实现一年两熟甚至三熟。由于印度大部分国土面积雨热充足，这种短期作物品种推广非常迅速，新战略推行的头一年，短期作物覆盖面积 300 万公顷，次年即扩张至 610 万公顷。

农业新战略把小型水利设施计划提高到特别重要的地位。小型水利设施自 20 世纪 60 年代初期开始发展。1960/1961—1966/1967 年，共安装水泵 75.4 万台，修建 9.8 万口私人管井或取水点，3000 口政府管井。农业新战略开始实施后，小型水利设施项目获得快速发展，仅 1967/1968 年一年就新增 24.8 万台水泵、4.8 万口私人管井和取水点，以及 1000 个政府管井，此外还新修 19.7 万口砌筑井。小型水利设施的发展使 1967/1968 年印度新增农业灌溉面积 138 万公顷，次年新增 150 万公顷。

化肥消费在 20 世纪 60 年代持续增加。特别是农业新战略开始实施的 1966/1967 年消费猛增。面对快速增长的肥料需求，新战略重视提高国内化肥产量，新战略实施的头一年，国内化肥产量增加三成以上。国内化肥生产快速增加的同时，依靠大量进口弥补缺口，1966/1967—1967/1968 年，磷肥进口增加了 1 倍还多，而钾肥进口则增长了 2 倍，氮肥增加了 1/3。

农业新战略的必要部分还包括确保农民生产的粮食能以有利可图的价格销售出去。对此，印度农产品价格委员会针对不同农产品价格问题适时向政府提供定价建议。事实上，印度独立以来，农产品收购价一直呈上升趋势，物价整体上呈上涨趋势。为了抑制通货膨胀趋势，确保粮食公平分配，印度政府建立起了复杂的公共分配体系。一方面继续在粮食短缺的城市推行配额制，另一方面放松粮食流通管制，以减少区域间粮食价差。除大米以外的粮食被允许自由流通的地区除东北各邦之外还包括粮食富余的旁遮普邦、哈里亚纳邦，以及粮食短缺的喜马偕尔邦、贾穆克什米尔邦和德里邦。部分杂粮可以完全自由流通，另外部分杂粮仅能在个别邦自由流通。随着印度粮食产量的提高，国内粮食供应对进口的依赖逐步减少。1966年，印度粮食进口达到1040万吨的峰值后，进口粮食数量逐渐减少，1967年进口粮食减少到870万吨，1968年进一步缩减到570万吨。随着国内粮食供应能力的进一步提高，印度粮食公司逐渐接管全国的粮食收储，并快速兴建粮食仓储设施，扩大粮食储存能力，以应对粮食生产波动带来的国内粮食市场波动影响。

农业新战略还包括扩大农业信贷规模。在资源极为有限的条件下，印度政府确定了农业为优先信贷支持的产业之一。印度中央储备银行安排商业银行在满足规定流动性需求之后将15%的新吸收存款用于农业信贷。1968年通过的《银行法（修正案）》规定银行董事会51%以上的成员需具备相关领域的专业知识或者从业背景，其中包括农业。合作信贷在印度大部分地区快速发展。在阿萨姆邦、西孟加拉邦、比哈尔邦、拉贾斯坦邦、奥里萨邦以及曼尼普尔邦和特里普拉邦和中央属地，合作信贷相对发展较弱，印度政府以法令形式在这些地区设立“农业信贷公司”。商业银行、合作银行和农业信贷公司等为主体，对日益庞大的农业信贷需求提供信贷支持。

新战略执行的第一阶段末，高产良种播种面积从1966/1967年的189万公顷、1967/1968年的607万公顷上升到1968/1969年的930万公顷、1969/1970年的1090万公顷。复种面积从1967/1968年的300万公顷、1968/1969年的600万公顷增长至1969/1970年的800万公顷。1968/1969年新装29万台水泵，新建6.8万口管井和取水点。1967/1968年，小型灌溉设施覆盖面积新增122万公顷，1968/1969年则新增135万公顷，1969/1970年则进一步增至140万公顷。农业新战略实施后，高产良种种子供应短缺情况得到改善，到1968/1969年，高产良种种子供应已基本实现自给自足并略有盈余供出口。

由于印度农业新战略取得显著的成就，逐渐被称为“绿色革命”。尽管“绿色革命”在这一时期已经被广泛认可，然而新战略着力推广的农业新技术运用范围还是较为有限，加上农业新战略把发展小麦、水稻以外的作物的重点措施放在化肥等高成本投入上，但是由于庄稼普遍的缺乏稳定供水，加上化肥成本高，农民并不愿意普遍使用，化肥消费增长缓慢，影响了新战略的实施效果。因此，“四五计划”开始后，农业新战略转向开发耐旱高产品种、提高灌溉水平、发展旱作农业技术。

2. 农业新战略第二阶段

1971年开始，美国停止了对印度的粮食援助。这使得印度迫切需要挖掘自身农业潜力，向国内要产量。另外，随着农业新技术的推广应用，印度农业新战略取得了阶段性成功，一些新问题逐渐出现。农业新战略设计的直接目标是快速增产，因此新战略大体上是限于拥有良好种植条件和较大增长潜力的区域，这实际上是由水源灌溉条件决定的。因此农业新战略仅在相对有限的区域取得了显著成功，这些区域主要集中在旁遮普邦、哈里亚纳邦、北方邦部分地区、比哈尔邦、安得拉邦和泰米尔纳德邦等，其共同特征是这些区域拥有较为充足的灌溉设施。农业新战略并未能将成功推广至更广泛的区域和农业产业领域，只是在少数地区创造了一个个繁荣的孤岛，而且还让地区差距快速拉大。因而，农业新战略必须调整其方向，以惠及更多的农业产业领域和地区，主要方向除了发展水利灌溉设施外，还包括发展旱作农业技术。“四五计划”时期进入到农业新战略的第二阶段，即对农业新技术和种植方法进行改良和拓展，以适应干旱缺水地区农业的发展。第二阶段农业战略扩展的目标区域主要是年降雨量在375—1125毫米的地区，在这些区域的主要农业措施包括水土保持、发展耐旱作物和短生长周期作物、利用化肥等农业新技术等。该计划先期实施9个试点项目，每个试点覆盖8000公顷耕地，作为示范和培训中心。

旱地农业战略的主要内容包括：

（1）旱地农业计划（DPAP-draught prone areas programme），这项计划在长期遭受干旱影响的地区进行。该计划依托旱地农业试验中心，选择部分地区作为示范区，并在示范区发展小型灌溉、水土保持、植树造林和修筑道路，进行旱地农业试验，并对成功经验进行推广。

（2）棉花促进项目（Intensive Cotton District Programme），即棉花集中种植计划，由印度棉花公司负责推进，对原棉给予价格支持。

（3）黄麻计划（All-India Coodinated Improvement Project in jute），即全印黄麻协同改良项目。通过该项目，改良黄麻品种，重点发展高产短周期黄麻品种。同时成立印度黄麻公司，以期稳定黄麻价格。同时，提高黄麻最低法定支持价格。

在对农业新战略的接受度的一项研究中[1]，认为“绿色革命”要获得进一步成果，有赖于几点：第一是水。及时充分供水是农业新战略能推行的重要考量因素。从已有的经验来看，小型水利最为有效。所以，包括独立的小型水利设施和灌溉渠附属的小型水利设施都被作为下一阶段农业战略的重点内容。第二是农业信贷。农业信贷是农业新战略推广的一项重要要求。农业生产过程中涉及的化肥、水利灌溉以及耕作等需要大笔的资金投入，而这个成本相对于印度农民的经济状况来说通常是难以负担的，特别是对于广大的小农。许多农民为了节省成本，不得不超低剂量使用化肥。所以，建立农业信贷体系让农民能科学地用上化肥才能使农业新战略不至于因化肥打折使用而效果打折。第三是农业风险控制。印度政府设立的农产品支持价和收购价体系为农业的价格波动风险兜了底，而农业还面临自然灾害造成的减产风险，这对印度农业来说是更大的风险。如何将其影响减到最小则成为新一阶段农业战略需要解决的问题。此外，由于新战略的核心是大量的农业生产要素投入，农民的投资意愿和动力是一个重要的影响因素，这就要求对租佃关系进行调整，明确土地实际耕种人和土地所有人合理分担投入成本和土地收益。同时，伴随农业新技术的运用，对农业劳动力的需求有所增长，特别是相关的农业技术工人，劳动力价格随即上涨。作为连锁反应，为节约人工成本，出现了机器替代人工的现象。这引起政府的警觉。在印度人口快速增长、大量劳动力缺乏劳动机会的情况下，一方面要确保农业工人工资上涨的合理需求得到满足，同时不得不限制农业机械的大规模应用对农业劳动力形成挤出效应。

---

[1] 《印度经济调查 1969/1970 年》。

3. 阶段性评述

自印度农业新战略启动以来，印度农业总产量呈整体上升趋势，其间农作物产量随季风降雨情况波动。这种波动的部分原因是“绿色革命”并未在全国所有地区进行，也没有惠及所有农作物，而是局限于部分地区和部分农作物。农业新战略或者说“绿色革命”的成功是通过少数农作物的产量显著提高来实现的，这期间的农业生产指数55%来自这部分农作物的贡献，其中包括小麦、稻谷、甘蔗和土豆等。这些农作物的种植面积和产量的显著增加都是印度农业产量增长的贡献因素，尤其是这些农作物的产量的增加对农业的贡献更大。这些农作物之外的其他所有作物对印度农业指数的贡献仅为45%。总体上来看，这些农作物在面积扩张和产量增长上都呈现出滞涨状态。其中个别农作物产量获得一定增长，但是总体上往往被种植面积缩小所抵消。而且这些农作物大多属旱作作物，更易受到干旱气候的不利影响。

就稻谷而言，尽管在扩大灌溉、高产种子和农业新技术已得到推广应用的情况下，每公顷稻谷产量显著提高，但稻谷生产还是持续受到季风条件的显著影响。不过，在农业新技术得到更好应用的地区，季风的影响明显更弱一些。

保持农业生产持续增长的基本要求是持续挖掘灌溉潜力同时对已有灌溉设施进行有效利用。然而，灌溉系统本身并不能确保农业增产，因为灌溉系统本身依赖季风降水提供水源。干旱必然影响水资源供应，进而影响农业产量。在水资源问题上，即便是高产品种农作物也依赖稳定的水源供给才能获得好的产量。此外，灌溉设施还牵涉维护、管养、地面引水渠修建、水资源分配、管理以及农作物种植结构等问题，这些问题都可能造成已有灌溉设施效率低下，对农作物种植强度也产生极为不利的影响。

尽管干旱和洪涝灾害对农业造成了影响，但是农业产量保持持续增长，证明农业抵御自然灾害的能力增强，这证明20世纪60年代以来的农业新战略措施是有效的，这些措施包括：扩大灌溉面积，提高灌溉管理水平，推广使用高产良种，增加化肥的使用，提高农业技术。除此之外，收获后的管理减少了粮食损失也是很重要的原因，包括粮食仓储设施的建设、粮食及时转运和分配等措施，都有效减少了粮食浪费。这些措施的有效性主要表现在两个方面：一是提高产量更快，二是在不利的气候影响下农业表现更稳定有弹性。这也体现在从农业新战略之前和之后的农业复合增长率差异上。1952—1965 年印度农业年复合增长率为 2.52%，1967—1979 年耕地面积的增长不足 1.4%，农业年复合增长率为 2.77%。

杂粮作物产量增长停滞。杂粮作物大多种植在没有灌溉条件的耕地上，因此主要“靠天吃饭”。尽管玉米、高粱、珍珠粟等主要的杂粮作物已经引进了高产杂交新品种，但是并没有被农民广泛接受，其原因主要在于这些新品种容易遭病虫害侵害，部分原因也在于一些新品种在现有种植模式下不适宜冬季种植期种植。

评估研究显示[1]，即便“绿色革命”最成功的小麦作物，其种植者选择使用高产良种的比例也仅略过半数，水稻和杂粮种植者选择使用良种的比例还要小得多。原因在于，对水稻种植者来说，选择短生长周期品种以实现复种的收益可能更高，而对杂粮种植者来说，由于杂粮种植大多缺乏灌溉条件，高产良种并不能确保增产增收，所以其吸引力并不明显。

（二）新经济计划

“六五计划”拉开了“新经济计划”战略的大幕。“新经济计划”战略主要内容是印度政府制定的二十点发展计划，其中与农业及相关部门有关的有六点：一是增加灌溉潜力，开发和推广旱地农业技术；二是在增加豆类和植物油籽产量方面做出特别努力；三是加强和扩大农村综合发展以及全国乡村开发计划的覆盖面；四是执行农业用地天花板制度、富余土地分配制度，消除行政管理和法律障碍以完善土地记录数据库；五是审查和有效执行农业工人最低工资制度；六是大力推行植树造林和农林计划以及沼气和其他替代能源开发计划。在此框架下，为全面发展农业制定了一项综合方案。

综观这一时期印度农业发展战略，其主要的战略构成是扩大高产作物品种的种植面积。1984/1985—1985/1986 年，高产作物品种的种植面积从 5410 万公顷增加到 5520 万公顷，其中大部分是稻谷和小麦种植面积的增长。扩大化肥使用

[1] Economic Survey, 1969/1970.

是印度农业战略的另一大核心元素。化肥消费年际递增，但是化肥使用长期存在失衡问题：一是不同农作物的化肥消耗量差异十分大，二是不同区域间的化肥消耗也存在显著差异，例如，旁遮普邦的化肥消耗是全国平均化肥消耗量的3倍，泰米尔纳德邦是全国的2倍。化肥使用量最低的区域主要集中在印度中部，包括拉贾斯坦邦、中央邦以及奥里萨邦等。总的说来，在灌溉设施分布较为合理和可靠的区域和降雨量比较有保障的区域，化肥使用情况普遍较为理想。整体上看，到这一时期，能有效利用化肥提高产量的耕地面积仅占印度全部播种面积的1/3。这一阶段化肥工业是印度增长最快的工业之一，然而，印度国内化肥生产远不能满足国内农业生产需求，其中，钾肥基本上完全依赖进口。

到90年代初期，印度农业长期以来年增长趋势为2.2%。由于农业在印度经济中的重要作用（此时的印度农业占GDP的比重30%，2/3人口依靠农业为生），如果印度GDP要加速增长，农业增速必须提高至3%以上。要实现这个增速目标，印度农业部门的一些关键问题必须得到解决。主要问题包括：农业投资率呈下降趋势；在许多领域，由于缺乏足够的运营和维护资金，现有的公共资本资产存量正在恶化。要扭转这一趋势，就需要政府在农业部门进行的公共支出模式由大规模的投入补贴转向创建和维护公共基础设施。必须增加在灌溉、农村通信、水土保持以及其他与农业相关的基础设施方面的公共投资，而这只能靠减少对水、电、化肥等的大规模补贴来实现。农业政策方向还包括：农业科研和推广提升质量和水平；继续发展和推动旱作农业技术；实施水土保持措施；特别关注农业耕作制度，因为这影响到占农业人口和贫困人口多数的小农和边际农；增加对农业部门的公共投资，吸引私人投资增加；延续对农产品的价格保护政策；放松对农产品的国内贸易和市场营销管制；改善农村信贷体系；土地改革和租佃问题在部分邦已成为阻碍农业更快均衡发展的重要因素，亟须政策应对。此外，农业加工业的快速发展对农业也会产生巨大的正向效应。印度农业加工业潜力巨大，但是诸多因素阻碍潜力释放，包括：基础设施不足；食品加工技术缺乏；市场连接不充分；政策性障碍。

印度降水集中在夏季雨季：6—9月间由西南季风带来的夏季降水。通常西南季风在6月初登陆印度沿海地区，逐步向印度本土纵深推进，7月中旬扩至印度大部分地区，到7月下旬印度北部、东北部及内陆地区基本上全部为雨水覆盖。通常到9月底，随着西南季风撤退，雨季随之结束。这一降水季也是印度夏粮生产周期，季风登陆时间过晚导致雨季延迟或者季风过早撤退导致降水持续时间不足都会直接影响农业产量。但是对夏粮生产影响最大的还是6—7月的降水情况，亦即雨季的头两个月，雨季延迟通常导致农作物错过播种季节，雨季提早结束则会导致农作物后期减产、绝产。夏季作物粮食产量占印度全年粮食产量的60%、杂粮作物的80%、油籽类的50%、豆类的33%。降水不足主要影响印度的夏季作物，而以小麦为主的冬季作物相对来说受降水不足的影响较小，主要原因在于，"绿色革命"重点发展的作物是小麦，印度的小麦生产基本上是以灌溉为主。而以水稻为核心的夏季作物产区大多是围绕雨水分布的。举例来说，1979/1980年度，干旱导致印度粮食产量下降16.8%，其中夏粮产量降低19%，1982/1983年度，干旱导致印度粮食产量下降2.8%，而夏粮产量下降12%。其中，完全依赖雨水的非粮食作物产量受影响波动更大。此外，20世纪70年代末80年代开始，印度农业产量增长主要是由于单位面积产量的增加，播种面积增加对粮食总产量的增加的影响已位居其次。不利的天气因素更容易影响粮食单位面积产量，因此，这一时期开始，印度农业粮食产量高增长率总是伴随粮食产量的大幅波动。尤其是对雨水依赖程度更高的夏粮生产，而灌溉率更高的冬季粮食产量则相对更稳定。

印度粮食产量的这种波动特征决定了印度农业发展长期战略发生变化，主要体现在四方面：第一，也是最重要的一点是尽可能扩大有水源保障的灌溉面积。印度农业灌溉面积自独立后保持扩大趋势，至80年代中期，已由50年代初期的17%提高至30%，其中新增的灌溉设施很大一部分是水井和小微型储水设施，一旦遭遇降水不足，这些设施很快就会枯竭。对此，采取的应对策略是加强对大中型水利设施的财政支持，重点对已建成大中型水利设施挖潜扩能。此举一方面在于稳定粮食产量，另一方面也意在更好地平衡区域间农业增长差距。"七五计划"优先考虑完成在建水利项目，提高已有水利工程运行和管理效率。第二，尽管农业长期战略重点是提高灌溉水源的保障能力，但是中短期内，印度农业主要还是需要依赖雨水灌溉。对此采取的相应措施则是在雨水充沛的地区，例如恒河流域，充分利用地下水资源，通过复种增加净播种面积。为此，1986/1987年开始，印度政府推出了“全国流域发展计划”。此外还实施将杂粮生产计划与定价、仓储、采购相结合的“杂粮政策”，同时成立为“杂粮政策”服务的“技术任务组”，对杂粮特别是油籽生产提供技术支持。第三，通过使单位用水灌溉面积最大化和产量最大化优化旱地农业水资源管理。为此，一方面加强各类农村就业项目涉及的工程建设，增强农业抗旱能力；另一方面，农业研究的重点转向对雨养农业和旱地农业发展的支持。由于森林被快速砍伐导致植被大规模破坏形成大量水土流失，这一时期的农业战略一大特点是将再造植被与灌溉和水资源管理行动计划相结合。第四，强调区域因素在农业计划中的核心作用，针对不同的农业气候带制定适宜的农业发展战略。为此，根据气候差异，将全国划分为八个不同的农业区，印度计划委员会成立了工作小组，制定行动计划，保障该农业计划的实施。

印度粮食产量 1983/1984 年度达到 1.52 亿吨历史高峰，随后连续四年干旱，粮食产量逐年下降，在人口持续增长的情况下，印度并没有发生殖民时期一遇天干就发生饥荒的灾难，这说明以提高农业产量为核心，追求自力更生、维护国内粮食安全的农业战略总体上看是成功的。但是从农业产量的大幅波动状况来看，天气因素的制约还是印度农业面临的首要问题。为实现长期稳定增长，确保农业和粮食安全，印度农业战略在进入“七五计划”后开始逐步调整，重点是通过灌溉、土地和水资源管理、植被覆盖和生态再造等途径，降低不利天气对印度农业的损害。

（三）农业新政

进入 20 世纪 90 年代，印度农业增长速度放缓，主要因素之一是粮食产量增速放缓。90 年代的粮食年均复合增速大约为 1.7%，而同一时期人口增速为 1.9%。粮食产量增速低于人口增速带来的问题是，一旦粮食产量下降 3% 以上，就可能导致基本口粮价格大幅上涨。制约农业增速的主要因素还包括：公共投资减少，以及现有基础设施运营效率和运送系统退化；缺乏农作物新品种，特别是水稻、小麦、豆类、油籽和蔬菜等主要农作物；邦级政府和中央政府对农产品贸易、运输和收储等实施的限制性政策措施。

1991/1992 年印度经济改革取消了对工业的限制性和保护性许可制度后，政策重点转向了农业。与其他经济部门相比，农业部门仍然还在多种限制和管控下运行，农民并没有从自由贸易中受益。

20 世纪末，印度经济遭遇国内外多重因素的冲击。先是 1997/1998 年发生的亚洲金融危机，然后是 2000 年的石油危机，印度经济高速增长势头被遏制，2000/2001 年增速跌至 4.0% 的低点，也使得印度“九五计划”（1997—2002 年）期间的经济平均增速降为 5.4%。印度整体经济发展情况跟农业经济发展密切关联。农业的高增长会促成国民经济高增长，农业减产则会迅速传导至整体经济并拖累经济下滑。“九五计划”期间印度国内发生了一系列自然灾害事件，农业生产连续几年大幅减产。农业增速从“九五计划”之初的 6.2% 跌至 2000/2001 年的－0.2%。

这种背景下，2000 年 7 月印度政府宣布了为农业解绑的新农业政策。

主要内容包括：

（1）通过一系列结构性、制度性以及税收和农业经济的改革，使印度农业实现年均 4% 的增速目标。

（2）农业私有化和给予农民价格保护是农业增长战略的重要部分。农业新政的重点是有效利用资源和技术、向农民提供充足的信贷、保护农民免受农产品季节性波动和价格波动影响。

（3）以合同农业和土地租赁的方式鼓励私人投资进入农业，以加快技术转让、资本流入，确保农作物市场稳定，特别是油籽、棉花和园艺作物。尤其鼓励私人投资参与农业科研、人力资源开发、收获后管理以及农产品市场销售等领域。

（4）鉴于世贸组织《农业协定》取消了对农产品进口数量的限制，为保护印度农民免受世界市场价格过度波动形成的不利影响，同时促进农产品出口，农业新政还制定了农产品战略。

（5）扩大期货市场农产品交易品种，以减少农产品价格波动并对冲风险。

（6）决定通过立法保护植物品种，以鼓励新品种研究和培育。将畜牧业、家禽业、乳制品业和水产养殖业作为优先发展产业，其中重点发展针对特定区域、具有经济价值的改良作物品种和园艺作物、牲畜品种和水产养殖新品种。

（7）开放国内农业市场，取消对全国农产品流通的限制。同时审查粮食和其他经济作物的税收结构。

（8）对农业机械及农具、化肥等用于农业生产、收获后储存及加工的投入品消费税进行重新评估。

（9）采取措施使农学家不受监管和税收体系的制约。

（10）高度重视农村电气化，使其发挥农业“动力”的作用。

（11）鼓励将新能源和可再生能源用于灌溉和其他农业生产活动中。

（12）使农村和农业信贷制度化，以便为农民提供及时充足的信贷。

（13）为农民提供一揽子保险服务，覆盖从播种到收获后的生产全过程，并将农产品市场价格波动也纳入保险范围。

（14）提出“国家畜牧业养殖战略”，以满足国内市场对肉蛋奶和畜产品的需求，并加强役畜在农业生产中的“动力源”作用。

农业新政中，印度中央政府率先废除的部分限制性法律法规包括：①《1958碾米工业（法规）法》［Rice Milling Industries（Regulations）Act, 1958］；②《1952轧棉和及压缩工厂法》（Ginning & Pressing Factories Act, 1925）；③《1965冷藏令（1980修改）》［Cold Storage Order 1965（as amended in 1980）］下的许可、价格管制和征用。在乳制品领域，只有《牛奶及奶制品令》还没有被废除。在印度，尽管中央政府在决定农业政策发展方向上起着关键作用，但是邦政府却在政策执行的有效性和政策能动性方面起主要作用。在职能分工上，农业主要是由各邦负责发展的产业，因此许多对农业的限制措施实际上是由各邦制定实施的。对农民来说，一个统一的国内自由市场是十分重要的。特别是根据世贸组织《农业协定》规则，自2001年4月起，印度进一步开放国内市场后，印度农民同时面对国内国际两个市场，既有更多机遇又意味着更大竞争。出口加工农产品是提升产品附加值的主要途径，这就需要一个农产品能够自由流通、储存和交易的国内市场。

印度历届政府奉行自给自足的农业政策基本思路，印度独立以来的农业政策重点是维持粮食与人口同步增长。在这方面，印度的政策无疑是成功的。然而从另一方面看，印度农业总体上为低水平、低效益发展模式，主要依靠政府补贴实现增长。长期以来政府用于农业补贴的开销巨大，但是却被认为是低效率的。首先是粮食补贴。一方面在最低保护价制度下形成的政府垄断性收购造成粮食库存高企，既增加了额外的库存成本又造成大量的粮食浪费；另一方面，对粮食补贴的巨额投入产生的挤出效应减少了政府在基础设施和其他社会公共设施的投入，既制约了农业的进一步发展又拖累了整体经济的增长。其次是化肥补贴。印度政府对化肥实行保留价格制度，即以固定价格向农民提供化肥，企业利润和成本由政府补贴作保障。这一化肥制度被认为不利于鼓励提高投资生产效率，因为化肥补贴的很大一部分实际上是用于低效率、高成本的生产，而不是用在了农民身上。另外，对农业领域的能源、灌溉、种子等各种补贴皆因其低效和对财政的拖累而成为印度政府不得不面对的问题。

印度拥有仅次于美国的可耕地面积，其农业气候区跨越热带、亚热带和温带，具备多样化农作物生长条件，境内众多的河流也为农业提供了丰富的灌溉资源，然而这样优良的农业潜力一直以来尚未得到有效利用。20 世纪 90 年代，马哈拉施特拉邦、安得拉邦、北方邦等部分邦试验推广花卉、水果等高附加值经济作物种植并出口，取得了不错的成绩。然而，受制于交通运输、仓储冷链、加工包装、能源电力、港口等基础设施的落后，印度生产的蔬菜水果仅有不到2%能够被加工。2002/2003年度，农产品出口额为50亿美元，其中20%是海产品出口。到这一时期，制约印度农产品实现高附加值增长的还有多项监管法规。比如，《防止食品掺假法》《食品法》《肉制品法》和印度标准司制定的禁止性食品标准，另外还有《基本商品法》也对部分农产品生产加工和销售做出了限制性规定。这些法令被逐步取消或者修改，同时，农产品期货逐步扩大范围，包括茶叶和食糖等品类的大宗农产品被纳入期货交易范围。

（四）农业多元化发展战略

印度多元的气候和土壤条件有利于各类果蔬园艺作物种植，比如水果、蔬菜、热带根茎作物、观赏作物、医用植物、芳香植物、香料以及椰子、腰果、可可、茶叶、咖啡等。推广农业多元化发展，因地制宜种植各类园艺作物可以有效利用水、土、气候等自然资源，不仅能够有效提高农业产出，还能创造更多就业岗位，尤其是为农村妇女就业创造更多机会。农业多元化战略成为这一阶段印度农业发展的重点战略方向。这一战略很快见效，印度生产的椰子、枣椰、腰果、生姜、姜黄、黑胡椒很快排名全球第一，其水果蔬菜生产也迅速跻身世界前列。除了传统作物种植，这期间还引进了新的作物品种并进行商业化推广，比如橄榄作物和油棕。随着多元化农业效益逐步显现，吸引了更多私人资本投入，同时，优良品种繁殖技术、设施栽培技术、滴灌技术、复合营养技术以及虫害管理技术等先进的农业种植管理技术得到应用推广。

针对农产品收获后的处理技术特别是不易储存的农产品收获后管理技术也逐渐发展起来。粮食保存期通常能达 3 年甚至更长时间，而蔬菜、水果保存期大多在 1 个星期到 3 个月。直到 21 世纪初，印度蔬菜水果加工率不到 1%。对蔬菜水果这种不易储藏的农产品进行加工不仅可以避免农产品因为不能及时销售而造成的腐烂变质损失，还可以使农产品增值。因此农业多元化战略的内容不仅涵盖农作物生产种植多元化，还将生产链延伸到农产品加工和销售。这就对相应的基础设施提出了要求，包括仓储、冷链、交通运输、分拣、加工、包装、质检等一整套产业链配套设施。因而印度农业多元化战略之一是蔬菜、水果增值战略计划，主要涉及保存、冷链、冷藏运输、快速转运、分级、加工、包装和质量检控等基础设施建造。这样完整的产业链配套设施是一个巨大的综合性工程，除了大量的投资，也需要一个逐步积累发展和完善的过程。印度政府采取了跨越式举措，由印度食品工业部牵头，推出“食品工业园计划”，在全国各地设立食品产业园，其指导思想就是使中小企业能够共享资本密集型设施，例如冷藏、仓库、质控实验室、污水处理厂等。这些基础设施帮助园区食品加工企业降低成本，使其更具市场竞争力，同时改善企业的市场准入环境。以这些资本密集型设施吸引中小企业入驻，从而形成资源集约化效应和产业聚集效应，有效降低企业生产成本并更方便与市场对接。到 2002/2003 年，全国总共建立了 30 个食品园。另一方面，印度食品工业部还推行全面质量管理计划，包括制定相应的食品卫生标准和食品生产加工条例、守则以及卫生条件守则等。通过食品加工业全面质量管理计划，以实现以下几个目标：一是鼓励食品加工业采用食品安全和质量保障机制；二是为推动印度食品工业参与全球竞争做好准备；三是约束印度食品行业严格遵守卫生标准；四是提升国际买家对印度食品的接受度；五是促使印度食品业在技术上与国际同行业先进技术同步。此外，由于条形码正在成为国际市场上的强制标准，印度食品工业部也逐步推进条形码在印度食品包装上的应用。

（五）农业包容性增长战略

应该指出的是，印度各类农业发展战略在时间线上并不是明确的先后承继关系。农业包容性增长战略可以说在印度农业第一次“绿色革命”之后就在各个时期的农业发展政策中有所体现。只是在近年成为印度农业发展的指导战略之一。首先是 2004 年成立了全国农民委员会（National Commission on Farmers），为政府关于“三农”政策提供全方位决策建议。其次，在印度“十二五计划”期间，印度农业部出台的所有主要中央计划都包含了推动和发展农民生产者组织（Farmer Producer Organizations, FPOs）的内容，这被确定为实现农业包容性增长的核心战略之一。“小农农业企业联合会（The Small Farmers’ Agri-Business Consortium, SFAC）”被指定为对豆类和油籽执行最低支持价格政策的收购执行机构。而小农农业企业联合会则通过农民生产者组织与农民对接运行。农民生产者组织实行会员制，使农民生产者的分散资源实现整合，提高了其议价能力，特别是小土地持有者，使其能够融入价值链，以获取更优收入和就业。此外，2013 年 3 月印度政府发布了《农业生产者组织国家政策和流程指南》，由《农业综合发展计划（RKVY）》提供资金，为农民生产者组织的发展奠定了框架基础。2014 年 1 月发起了《农民生产者公司（FPCs）股权和信贷担保基金计划》（The Equity Grant and Credit Guarantee Fund Scheme for FPCs）。2014 年被印度政府确定为“农民生产者组织（FPOs）”年。

为解决供给侧瓶颈问题，印度政府的政策选择包括：①改善供应响应。鉴于普通印度家庭食物消费结构的变化及对消费需求的影响，改善供应响应是稳定食品价格的关键。②对农民进行技术推广和指导。主要是化肥、农药使用和根据土壤条件调整种植模式。③定期小规模进口短缺品种。根据作物的生产和消费需求，事先提前进行评估和预测，确定进口总量上限。④针对特定作物在其产区设立专业市场。⑤改革市场管理。农产品市场是解决食品供给侧问题的关键一环。这时候市场管理存在的主要问题是根据《农产品市场管理委员会法》，能够进入市场进行交易的主体资格严格受限，另外，市场交易的农产品存在跨市场和跨邦重复收取费用问题等。⑥将蔬菜、水果等易腐农产品从《农产品市场管理委员会法》中豁免，以减少农产品从田间到餐桌的环节，缩短农民到市场的距离。⑦鼓励有组织的农产品贸易。由于农产品收获后的储存、冷链、运输等基础设施投资不足，印度政府鼓励组织化的农产品贸易，除了传统市场，外国直接投资的多品牌零售商业形式也是有效的渠道。⑧建设现代化的粮食储藏设施。

四、农产品价格与市场改革

（一）农产品价格政策

印度农产品价格政策包括三重目标，分别为：①确保农民获得的农产品价格产生合理利润以鼓励农民投资农业和提高产量；②确保农产品市场供应和价格合理以保障消费者利益；③在经济总体需求框架下形成总体均衡的价格结构。为实现这些政策目标利用的政策工具包括对主要农作物执行最低支持价格（MSP）和政府收购。每年公布的主要农产品最低保护价格是在农业成本与价格委员会（The Commission for Agricultural Costs and Prices, CACP）的建议基础上最终确定的，并在播种季开始以前宣布，以使农民更好地做出种植决策。除了宣布最低支持价格（MSP），政府还指派专门中央机构负责执行。小麦和大米的价格支持计划由食品和公共分配部执行，杂粮作物则遵循分散采购制度，印度棉花公司和印度国家农业合作销售联盟（NAFED）负责收购棉花，印度黄麻公司则负责黄麻收购。

最低支持价制度（MSP）以及政府的收购行动都是广义上农产品价格政策体系的一部分。具体的执行包括：

价格支持计划（Price Support Scheme, PSS）：印度农业部通过国家农业合作营销联盟有限公司（National Agricultural Cooperative Marketing Federation of India Limited, NAFED）执行价格支持计划，以政府公布的最低支持价格收购油籽、豆

类、棉花，即在价格低于最低保护价时买进这些农产品，直到这些农产品价格回升至最低保护价格以上。

市场干预计划（Market Intervention Scheme, MIS）：农业部在邦政府的要求下对那些不包括在价格支持计划中的易腐农产品执行市场干预，对这类农产品进行收购。

最低支持价（MSP）：农业成本与价格委员会（The Commission for Agricultural Costs and Prices, CACP）负责对各农产品最低支持价格提出建议。决定最低支持价格的参考因素主要包括几部分：有偿投入、家庭劳动力的估算价值、自有土地租金。最低支持价通常在作物播种活动开始之前宣布，该价格通常有利润空间并且显著高于成本价格。最低保护价是农民能获得的作物最低价格。对于大多数农作物来说，最低支持价格包含利润并高于生产成本。

最低支持价格（MSP）政策是印度主要的粮食政策工具。该政策是由印度中央政府在每季播种前宣布 22 种主要粮食作物和甘蔗的最低支持价格。这 22 种作物包括：稻谷、高粱、玉米、珍珠粟（bajra）、鸭脚粟（ragi）、木豆（tur）、绿豆、乌豆（urad）、花生、黄豆、葵花籽、芝麻、油葵（nigerseed）、棉花、小麦、大麦、鹰嘴豆、小扁豆（masur）、油菜籽与芥菜籽、红花、黄麻、椰肉干。

最低支持价格由印度农业成本与价格委员会（The Commission for Agricultural Costs and Prices, CACP）提出建议。在综合考虑生产成本等各种因素的基础上，为农民保留超出生产成本 50% 以上的利润空间，最终形成各种农产品的建议最低支持价格，中央政府在此基础上向全国发布各农产品的当季最低支持价格。总体上看，印度中央政府每年宣布的最低支持价格保持逐年增长的趋势。（见表 4-2）

表 4-2 近两年印度主要农产品生产成本、最低支持价格及回报率[1]

作物	2020/2021 年			2021/2022 年		
夏季作物	生产成本（卢比/公担）[2]	最低支持价（卢比/公担）	回报率（%）	生产成本（卢比/公担）	最低支持价（卢比/公担）	回报率（%）
稻谷（普通）	1245	1868	50	1293	1940	50
高粱（杂交）	1746	2620	50	1825	2738	50
珍珠粟	1175	2150	83	1213	2250	85
鸭脚粟	2194	3295	50	2251	3377	50
玉米	1213	1850	53	1246	1870	50
木豆	3796	6000	58	3886	6300	62
绿豆	4797	7196	50	4850	7275	50
乌豆	3660	6000	64	3816	6300	65
棉花（细绒棉）	3676	5515	50	3817	5726	50
带壳花生	3515	5275	50	3699	5550	50
葵花籽	3921	5885	50	4010	6015	50
黄豆	2587	3880	50	2633	3950	50
芝麻	4570	6855	50	4871	7307	50
油葵	4462	6695	50	4620	6930	50
冬季作物	生产成本（卢比/公担）	最低支持价（卢比/公担）	回报率（%）	生产成本（卢比/公担）	最低支持价（卢比/公担）	回报率（%）
小麦	960	1975	106	1008	2015	100
大麦	971	1600	65	1019	1635	60
鹰嘴豆	2866	5100	78	3004	5230	74
小扁豆	2864	5100	78	3079	5500	79
油菜籽/芥菜籽	2415	4650	93	2523	5050	100
红花	3551	5327	50	3627	5441	50

[1] 数据来源：印度农业与农民福利部 2021/2022 年度报告。

[2] 公担，Quintal，1 公担等于 100 千克。

原则上，印度农民可以在播种时通过期权合约规避数月后粮食收获时的价格不确定问题，但事实上仅有极小一部分农民能利用这一选项。为保障农民的利益，政府通过 MSP 对未来粮食价格做出担保。目前由印度中央政府担保价格的农产品有 23 种。2018/2019 年的联邦预算预先公布了定价原则，即最低支持价格水平应该是作物生产成本的 1—1.5 倍，即农民获得的回报率应该达到 50%。在这个指导价格基础上，印度中央政府宣布各法定作物的最低支持价格。最终 MSP 通常会高于指导价格水平。以 2020/2021 财年为例，相对于生产成本的农民预期回报率最高的作物是珍珠小米（83%），其次是黑豆（64%）、木豆（58%）、玉米（53%）。2020 年 9 月印度中央政府宣布了当年冬季作物 2021/2022 财年上市季节的最低支持价格（MSP）。基于农民生产成本的预期收益最高的作物是小麦（106%），其次是油菜籽 / 芥菜籽（93%）、绿豆和小扁豆（78%）、大麦（65%）、红花（50%）。在播种前宣布各种作物的 MSP 的目的之一是使农民预估到不同作物的预期收益差别，从而也有助于引导农民多元化种植。

印度农业成本与价格委员会（CACP）对 23 种农产品最低支持价提出建议，但是有效的支持价格执行主要限于小麦和大米，且局限于部分选定的邦。这种选择性的政策执行倾向使得小麦和大米种植受到农民青睐。而豆类、食用油籽等农作物由于价格支持政策得不到有效执行，其价格往往低于政府宣布的最低支持价，农民种植意愿低。加之“绿色革命”以来，印度政府执行的倾向性政策，小麦和大米成为主要受益作物，杂粮作物、油籽、豆类作物没有得到足够的政策支持，导致印度国内市场严重依赖豆类和食用油进口。所以，虽然由印度中央政府担保价格的作物品种有 23 个，最终根据 MSP 进行有效收购的主要还是小麦、大米和棉花。政府虽然没有承诺收购甘蔗，但是却规定了甘蔗收购价格，就甘蔗来说，事实上执行了类似于 MSP 的政策。但是，即便是对这类有效执行了政府收购政策的作物，也仅限于部分邦少部分农民。很大一部分农民甚至连最低支持价格这个政策都不清楚。在如旁遮普邦和哈里亚纳邦这样的农业主产区，几乎所有生产水稻和小麦的农民都清楚 MSP 政策，但是种植豆子的农民却几乎不清楚豆类作物的 MSP 政策。相比之下，其他大多数地区清楚小麦、水稻 MSP 政策的农民不足半数，对其他作物的收购政策则知之更少。因此，尽管理论上 MSP 政策囊括了大多数主要农作物并为所有农民提供支持。事实上对全国多数农民来说，其影响是相当有限的。政府公共收购资源集中于小麦和水稻，乃至以牺牲其他作物为代价，导致小麦、稻谷库存高企而豆类、食用油等价格波动频繁和供应不足。

最低支持价收购在多数邦的多数作物中并未得到实际执行，这说明可能存在两种情况：一种情况是农民以高于 MSP 的价格主动将农产品卖给了中间商；第二种情况则恰恰相反，农民没有选择，只得以低于 MSP 的价格出售其农产品，其结果导致了农业收入的地区差异。在印度的现实中，第二种情况是更普遍的现象。这表明印度的农业价格政策跟收购执行之间是脱节的。印度中央政府农业价格政策的目标分别指向农民、消费者和市场供求，但是其首要目标是确保农产品生产者有利可图。在 MSP 政策下，农产品价格体现的是生产者的私人回报，而失去了价格反映市场的功能，从这点看，这里的价格机制是失灵的。另一方面，MSP 价格反映了个人回报而忽视了社会收益。

（二）农业市场改革

1. 农产品流通体系

印度农产品流通体系由全国—邦级—市 / 区级—市场四级联合营销网络构成。全国各地市场几乎都为联合营销网络覆盖，主要是以联合营销合作社的形式运作，这是初级营销网络。根据营销的对象不同，联合营销合作社又分一般合作社和专业合作社。一般合作社营销各类农产品，专业合作社则从事特定农产品营销，例如油籽、棉花、水果和蔬菜。20 世纪 90 年代初期全国有 6000 多家联合营销合作社，这一数据随后继续快速增长。这些初级合作社分别组成市 / 区级中心合作社，90 年代初大约有 160 家中心合作社。中心合作社又分别组成大约 50 家邦级合作社，最后在全国一级为“全国农产品营销联合会（NAFED）”。初级营销合作社主要从事粮食营销，其他的农产品份额较小。“全国农产品营销联合会”作为中央指定机构，负责大多数获得政府价格保护的农产品的营销活动。“全国农产品营销联合会”执行政府的价格保护政策，通过邦级营销联合会收购相关农产品。此外，针对没有被纳入“价格保护体系”的农产品，“全国农产品营销联合会”则可以应邦政府的特别要求进行市场干预。这种市场干预行动和政府的价格保护体系主要还是对小农和边际农起到保护作用。

2.《农产品市场委员会法》改革

长期以来，印度政府致力于扩大农业生产，提高农业产量，农业生产端在很大程度上已经摆脱了管制，但是市场端仍然处在严格管制之下。主要的原因在于《农产品市场委员会法》（APMC ACT）。印度独立初期，各邦自行拟定各邦的《农产品市场委员会法》，并成立“农业市场委员会（AMB）”作为农业市场的管理机构，各邦农业市场管理委员会在各地设“市场委员会”，由这些市场委员会具体管理授权市场运营，也即只有邦政府有权通过一定程序在规定区域设立农贸市场，主要的农产品市场由各邦制定的《农产品市场委员会法》监管。这就意味着可能带来更现代设施的私人或者合作资本被排斥在外。而具体管理各市场的机构为市场委员会和市场董事会，而这些机构的职位通常被有政治影响力的人物占据，这些人同市场的特许代理人有着密切联系，这些市场代理人于是成为市场垄断力量。这种市场机制存在诸多弊端，例如，中间商太多抬升了农产品和服务成本；农产品储放分拣、分级等基础设施短缺；对定价机制的限制；许可证制度造成了新的交易商的进入壁垒；重重征收市场费加之基本商品法规定阻碍了农产品自由流通。其根本问题在于政府通过行政法令切断了农民和市场的直接联系，以及农产品自由流通不畅，导致农业市场低效率和价格垄断，这种农业市场机制成为制约印度农产品流通的瓶颈。

对此，印度政府通过在原有市场体制框架内做一些调整。卡纳塔克邦早在1966年就率先通过修改《农产品市场管理条例》允许“印度奶业发展委员会”设立和管理“综合农业市场”，经销本邦的蔬菜、水果和鲜花。2003年出台了《农产品市场委员会法（发展与监管）（示范法）》启动了农业市场改革，主要是鼓励私人投资建设市场基础设施，为农民提供更多农产品销售渠道选择。2016年印度中央政府推出了《农产品市场委员会法（示范法）》（Model APMC Act, 2016），希望以此取代各邦市场管理法，结束市场法律各自为政的局面。该示范法让私人资本可以建私人市场 / 市集、直接交易中心和农贸市场，推动公私合作进行农业市场开发和管理。该示范法还为建立洋葱、水果、蔬菜和花卉专业市场提供了依据。此外，该示范法还对规范和促进订单农业发展做出了安排。该示范法以专门条款对成立邦级农产品标准局做出规定。引入四个中央部门计划，发展市场基础设施，分别是：发展农业市场研究和信息网络；25% 的后端补助用于建农村仓储设施；在那些根据示范法修改了《农产品市场委员会法》的邦加强农业市场基础设施；通过“小农农业企业联合会”实施创业资金援助计划以推动农业企业项目；在重要的城市中心以公私合作方式建蔬菜水果等易腐农产品先进终端销售市场。

3. 统一市场改革尝试

尽管 20 世纪 90 年代末期以来印度农业改革的核心问题是调整农业结构，农产品供应方面强调以豆类为代表的蛋白质来源、农产品供应以及食物来源多样化，但随着农产品供给侧改革取得一定成效，另一个重要问题日益凸显，那就是农产品市场分割问题。印度各邦市场相互分割，甚至邦内也存在进一步的市场分割情况。造成市场分割的原因很多，例如区位差异、道路连通情况、中间商在本地市场力量、私人部门竞争程度、本地仓储能力、市场基础设施及农民利用这些基础设施的机会、农产品的储藏寿命及特定农产品的加工成本等。市场分割导致农产品农场价和最终消费价格存在巨大价差，不同农产品的价差也存在显著差异。

考虑到建立全国统一市场的必要性，印度中央政府决定与邦政府密切合作，重新界定各邦的《农产品市场委员会法》，以便设立私营市场。中央政府鼓励邦政府在乡镇设立农民市场以便于农民直接销售农产品。新的举措包括：①农业部建议各邦不要只限于此前发布的示范法，将各自的邦宣布为一个统一的市场，一个许可证全邦统一有效，消除农产品在邦境内自由流通障碍。②通过电子平台促进农产品全国统一市场的发展。③在中央政府的要求下，邦政府纷纷使水果和蔬菜免于受《农产品市场委员会法》监管。2014 年 9 月德里政府首先宣布结束对蔬菜、水果在各类市场区域以外经营的监管。小农农业企业联合会（The Small Farmers' Agri-Business Consortium, SFAC）率先在德里建起了农民市场，为农民生产者组织提供直接与客户交易的平台，以此完全避免或者尽可能减少不必要的中间商。2015 年 7 月 1 日，印度经济事务内阁委员会（The Cabinet Committee on Economic Affairs, CCEA）通过了全国农业统一市场（农业技术基础设施基金）计划。该计划的构想是将各邦农业批发市场联网组建一个全国共同电子市场平台，以此构建全国农业统一市场。印度农业与农民福利部承担建设电子平台所需的软件费用，并给每个加入平台的市场一次性补贴 300 万卢比购买配套硬件设备及基础设施。各邦的批发市场要加入这个全国农业市场平台首先必须解决相关的法律问题，即各邦《农产品市场委员会法》（Agricultural Produce Market Committees, APMC）需要做出相应的修改。主要包括三方面的内容：一是单一许可证；二是统一费用；三是电子拍卖将作为价格发现模式。

此外，印度政府还推出了《农产品交易法（发展与监管）》［Agricultural Produce Trading（Development and Regulation）Act, 2017］；《订单农业监管法》《全国电子农业市场法》。希望通过这些法律法规促成印度全国统一农业市场的形成。

莫迪政府推出的重要改革法案——《商品与服务税法》（GST）——与农业市场密切相关。印度虽然独立成为一个统一国家已近 80 年，但就农业市场来说，印度还远未实现“全国统一”。导致这种农产品市场“失灵”的首要原因是市场分割问题。更大程度上的市场整合对农民有利之处在于农民可以获得更高的农产品离场价格。《商品与服务税法》是推动形成统一大市场的关键性法案。这就需要各邦政府提升相关硬件基础设施、改善农产品价格公示宣传、废除强迫农民向地方垄断机构出售农产品的法律规定。

4.《取消特定食品许可证要求、囤货限制、流通限制令》

根据《1955 年基本商品法》，各邦规定了农产品批发商囤货上限。在城市地区，批发商囤货上限是零售商被允许囤货上限的 16—500 倍，其他地区为 10—80 倍。这种对囤货数量的限制结果遏制了农产品的需求和价格。对此，2016 年印度政府出台了《取消特定食品许可证要求、囤货限制、流通限制令》（Removal of Licensing requirements, Stock limits and Movement Restrictions on Specified Foodstuffs Order, 2016）。

5. 改善基础设施和市场准入

对小农来说，本地农产品中间商和农资经销商是主要的市场渠道。如果能够改进市场准入使农民得以进入附近市场，农民的产品可以卖出更好的价钱。改善农村基础设施，使小农和边际农能利用信息通信技术及时获得相关价格、收储信息，从而克服销售瓶颈。莫迪政府设立的政府决策智囊机构——印度国家转型委员会（NITI Aayog）2016年推出了“农业营销和农民友好改革指数”（Agricultural Marketing and Farmer Friendly Reforms Index, AMFFRI）。该指数根据各邦、联邦属地对《农产品市场委员会法（示范法）》条款执行情况（如加入全国农产品电子市场、针对蔬菜和水果销售的特殊对策、市场税收水平）对其进行排名。这些指标显示了从事农业综合经营的便利度，以及农民从现代贸易和商业中受益的机会和更多的农产品销售选择。这些指标也代表了农业市场竞争度、效率和透明度。该指数反映的第二个改革领域包括土地租赁的便利化和自由化。该指数反映的第三个改革领域代表给予农民私人土地上生长的树木的砍伐和运输自由。以该指数作为评分标准，分数范围为0—100分，0分表示完全没改革，100分表示在这些领域进行了彻底改革。基于该指数的各邦排名情况：印度各邦均未完成彻底的市场改革。同样的，各邦/联邦属地对土地租赁、私人土地上某些种属的树的砍伐和销售均有不同程度的限制。指数排名结果显示几乎2/3的邦/联邦属地改革分数低于50分，一些主要的农业大邦都在此列，例如北方邦、旁遮普邦、西孟加拉邦、阿萨姆邦、贾坎德邦、泰米尔纳德邦、贾穆与克什米尔邦。少数几个邦/中央属地没有《农产品市场委员会法》，对这些邦的市场改革很难进行量化评分。

6. 农民收入翻倍计划

莫迪总理在其第二任期伊始推出了“农民收入翻倍计划”，该计划倡导邦政府进行渐进式市场改革；鼓励邦政府颁布《订单农业示范法（Model Contract Farming Act）》；将农村集贸市场（Gramin haats/ rural haats[1]）改造升级为农村

[1] Gramin haats，印度内陆乡村集贸市场，是大多数农民的市场，特别是小农和边际农。2018/2019年印度联邦预算统计数据显示全印有22941个这样的市场，其中22000个将根据计划被升级改造为乡村农业市场。

农业市场[1]；建设全国农业电子市场，为农民提供电子在线销售平台。

五、莫迪政府的农业改革

（一）“自力更生计划”与印度农业

从2014年竞选宣言开始，莫迪就承诺要彻底改革印度农业。在随后的五年里，这些承诺的清单不断扩大。最突出的一些承诺，例如竞选宣言承诺：①彻底改造印度食品公司（FCI），将其职能拆分为收购、储存、分配，以提高效率。②利用技术传递实时数据，特别是向农民传递生产、价格、进口、库存和整体供应情况的数据。③发展全国统一的农业市场。④推广和支持关乎人民饮食习惯的特定地区作物和蔬菜。⑤建立价格稳定基金；⑥采取措施提高农业盈利能力，具体包括：确保农产品价格比生产成本高出50%以上，提供更便宜的农业投入和信贷，引进最新农业技术和高产种子，将《圣雄甘地全国农村就业保障法（Mahatma Gandhi National Rural Employment Gurantee Act, MGNREGA）》与农业挂钩；⑦引入基于土壤评估的作物种植规划并建立移动土壤测试实验室；⑧实施农业保险计划，以应对由于不可预见的自然灾害造成的作物损失。随后在莫迪的第一任期内推出的承诺主要包括：①2016年2月启动“农民收入倍增计划”；②2015/2016年启动的“农业灌溉总理计划（Pradhan Mantri Krishi Sinchayee Yojana）”是一个伞形计划，它整合了先前实施的多个农业灌溉计划，包括“加速灌溉效益项目（Accelerated Irrigation Benefit Programme, AIBP）”“河流开发与恒河复兴计划（River Development and Ganga Rejuvenation）”“综合流域管理方案（Integrated Watershed Management Programme, IWMP）”“农场用水管理（On-Farm Water Management, OFWM）”。由于该计划并未按时完成目标，2021年12月，印度经济事务内阁委员会（The Cabinet Committee on Economic

[1] 这些乡村农业市场不受农产品市场委员会监管，而且跟全国电子农业市场平台联网，助力农民直接销售农产品。

Affairs, CCEA）将该计划延期四年，至2025/2026年，并增加拨款9300亿卢比，希望到2026年完成余下的所有在建灌溉工程。③承诺到2022/2023年将农业出口提高至1000亿美元，随后更改为承诺到2022/2023年将农业出口翻一番。

在莫迪描绘的“自力更生”宏伟蓝图（Atma Nirbhar Bharat Abhiyan）下，农业及粮食管理相关内容包括：①1万亿卢比农业基础设施基金——为农田、农产品集散中心和收获后基础设施项目提供资金支持。②拨款1000亿卢比帮助微型食品企业正规化。其目标是帮助20万微型食品企业进行技术升级以达到印度食品安全与标准司（FSSAI）制定的食品标准并帮助其创立品牌和进行市场营销。③推出“渔业发展计划（Pradhan Mantri Matsya Sampada Yojana）”并拨款2000亿卢比。其目标是通过发展渔港、冷链、市场等渔业基础设施实现海洋及内陆渔业综合、可持续、包容性发展。④启动“全国动物疾病控制计划（National Animal Disease Control Programme）”，其主要目标是通过对所有的牛、羊、猪注射疫苗防治口蹄疫（FMD）和布氏菌病（Brucellosis）。⑤1500亿卢比成立畜牧业基础设施发展基金，主要是为了支持乳制品加工私人投资、实现附加值和改善养牛基础设施。⑥将“绿色行动（Operation Greens）”由土豆、洋葱、西红柿扩展至所有的水果和蔬菜。⑦改革《基本商品法案》、农业市场和农产品定价以及质量保障政策。这些法律政策改革将谷物、豆类、油籽等农产品从基本商品名单上剔除，同时对农业市场进行改革。⑧2020年开始推出的“总理福利计划PM Garib Kalyan Ann Yojana”，旨在保障疫情影响下8亿配额卡持有人的粮食与营养安全。⑨“配额卡全国一卡通计划（One Nation One Ration Card Scheme）”，该计划使流动人口可以在全国任意平价粮店凭配额卡享受公共分配系统福利粮食。⑩农业基础设施基金：该计划由印度总理莫迪在2020年8月9日正式发起，计划执行期为2020/2021—2029/2030年。该基金为农民、各类农村合作组织、农业企业等提供低利率中长期贷款，以帮助其投资建设收获后管理基础设施以及社区集体农业资产。⑪中央政府推出的计划：“农民转移支付计划（Pradhan Mantri Kisan Samman Nidhi, PM-KISAN）”，该计划是由印度中央政府全额拨款，自2018年12月1日正式启动，覆盖所有农民（按照规定不符合标准的除外）。该计划向全体农民家庭转移支付每户每年总共6000卢比，分三次支付，即每四个月支付一次，每次2000卢比。一些地方政府也推出了各自的农民援助计划。例如奥里萨邦政府决定从2018/2019年冬粮季起连续五季对小农、边际农和无地农民分别进行资金援助以帮助其购买生产物资或维持生计；贾坎德邦根据土地面积对小农和边际农进行现金资助；特伦甘纳邦按照土地面积对所有农民生产投入进行援助。⑫“农民补贴计划（The Pradhan Mantri Kisan Samman Nidhi, PM-KISAN）”：2019年莫迪总理发起的中央计划，该计划向全国拥有耕地的农民家庭提供每年6000卢比的现金补助。

尤为重要的是，重新修订“农业综合发展计划（RASHTRIYA KRISHI VIKAS YOJANA, RKVY）”：该计划为印度农业与农民福利部2007/2008年发起的一个旗舰项目，该计划意在激励各邦制定农业综合发展计划，同时考虑到农业气候条件、自然资源和技术，以确保农业和相关部门的包容性和综合发展。该计划在2015/2016财年之前由印度中央政府全额拨款到各邦执行，2015/2016财年之后经费来源变更为60∶40（中央/邦），印度东北和喜马拉雅地区各邦的央地分摊比例则为90∶10。联邦属地则仍然是100%由中央政府出资。2017/2018财年，该计划被重新修订为“农业综合发展计划——振兴农业及相关产业部门增收之路（Rashtriya Krishi Vikas Yojana — Remunerative Approaches for Agriculture and Allied Sector Rejuvenation）”。新的计划聚焦于促进农业创业、创新和增值以及农作物收获前后的基础设施。由各邦首席秘书担任的审核委员会（SLSC）负责审核批准该计划下的各邦具体项目，并由各邦农业部门负责执行。这些项目涉及农业及相关产业部门的方方面面，例如：作物开发、园艺、农业机械化、农产品营销、农作物收获前收获后管理、畜牧业、乳品业发展、渔业、农业推广等。

重新修订后的计划包含以下目标：①建造收获前和收获后基础设施，使农民有机会利用高质量的生产、储存与市场设施，同时帮助农民更好地决策；②给邦政府更多自主权和灵活性，使其可以根据地方和农民的实际情况制定和执行计划；③促进与价值链增值挂钩的生产模式，帮助农民增加收入，并激励生产提高生产力；④减轻农民的风险，重点是额外的创收活动——综合农业、蘑菇种植、养蜂、芳香植物种植、花卉种植等；⑤通过若干子计划解决全国性优先任务；⑥通过发展技能、创新和以农业创业为基础的农业企业模式向青年赋能，吸引他们从事农业。

目前在该计划下的在执行子项目包括：①“作物多样化项目（Crop Diversification Programme, CDP）”，该项目从2013/2014财年启动，旨在通过技术创新鼓励农民选择替代作物；②“问题土壤改良计划（Reclamation of Problem Soil, RPS）”，该计划于2016/2017财年启动，旨在改良土壤肥力提高生产力以满足国家的粮食需求；③清洁印度项目（Swachh Bharat），该项目于2017/2018财年启动，主要是农业固体和液体废物管理；④动物健康和疾病控制项目，该项目于2018/2019财年启动，主要内容是控制母牛布鲁士病毒、加强兽医基础设施和移动兽医诊所、狂犬病控制和马鼻疽监测点设置；⑤“扩大腰果种植面积项目”，该项目于2018/2019财年正式启动，该项目旨在增加落后地区腰果种植面积和产量，包括各邦部落地区；⑥“最脆弱易干旱地区干预试点项目”，该项目于2018/2019财年启动，主要在安得拉邦、卡纳塔克邦和拉贾斯坦邦部分地区开展抗旱试点；⑦“创新和农业创业项目”，该项目于2018/2019财年启动，旨在通过提供资金支持和培育孵化生态系统，促进创新和农业创业。该项目鼓励与农业相关的初创企业创业，通过提供就业和相关机会增加农民收入。相关初创企业在各类农业企业孵化中心接受2个月的培训后方可获得政府资助资金。

在莫迪总理“自力更生的印度”宏伟蓝图下，印度食品加工工业部（Ministry of Food Processing Industries, MoFPI）启动了一项新的中央计划。该计划投入1000亿卢比，执行期为2020—2025年，预计通过信用卡补贴使20万微型食品加工作坊受益。该计划采用一县一品（One District One Product, ODOP）的模式在原材料采购、公共服务和产品营销方面获得规模效应。各邦根据现有集群及原材料供应情况确定一个品种食品。该产品将获得通用基础设施、品牌和市场营销方面的支持。该计划也重视充分利用资源（变废为宝型）、小型林产品和国家转型委员会（NITI Aayog）确定的112个重点扶持贫困地区。

（二）莫迪政府的农业改革

2020年9月27日印度总统批准了三项与农业相关的改革，分别是：《农产品贸易和商业（促进与便利）法［Farmers' Produce Trade and Commerce（Promotion and Facilitation）Act］》《农民（赋权与保护）价格保障和农业服务法协议［Farmers（Empowerment and Protection）Agreement on Price Assurance and Farm Services Act］》《基本商品法（修正案）［Essential Commodities（Amendment）Act］》。其主要内容如下。

1.《农产品贸易和商业（促进与便利）法》

该法试图创造一个生态系统，使农民和商人享有农产品买卖的自由。该法案赋予农产品买卖双方在农产品市场委员会市场体系之外进行交易的自由，以保障以竞争性的替代交易渠道促进高效、透明的邦内邦际农产品交易。

2.《农民（赋权与保护）价格保障和农业服务法协议》

该法试图为印度合同农业（订单农业）提供一个全国性制度框架，让农民在与农业综合企业、农产品加工商、批发商、出口商和大型零售商打交道时，在获取农业服务和未来农产品销售方面拥有话语权并得到保护。该法有意为各方提供一个公平的竞争环境，力图将市场不确定性风险从农民身上转移，同时帮助农民获取先进技术和更好的农业物资。同时，该法禁止出售、出租或抵押农民的土地，且不允许收回农民的土地，使农民的土地权得到保护。该法赋予农民在订单合约中对农产品价格有充分话语权，并且规定购买方需在3日内向农民付款。该法的一个重要内容是在全国成立10000个“农民生产者组织”。这些组织将把分散的小农组织起来，帮助农民从农产品中获利。

3.《基本商品法（修正案）》

该法力图将谷物、豆类、油籽、食用油和洋葱、土豆从基本商品清单上剔除。该法一旦实施，除特殊情况外，这些农产品将不再受频繁实施的囤积规定约束。该法旨在消除私人投资者对监管过度干预其业务运行的担忧。该法赋予的生产、囤积、运输、销售和供应自由将会促进规模经济的发展，并将吸引私营部门和外国直接投资进入农业部门。这项立法还企望借此促进冷链投资和食品供应链的现代化。这三项农业改革法的目标受益对象主要是占农民总数85%的小农和边际农，而这些农民也是传统的农产品市场委员会市场体制的最大受害者。新的农业改革法若能顺利推行实施，无疑是对印度农业市场的一次大解放，对印度农业的影响将是深远的。

这些改革措施预期带来的好处之一是消除印度农民在销售农产品时受到的各种各样限制。长期以来，印度农民是无法自由出售其农产品的，比如，只能在指定的农产品市场委员会管辖的市场区域出售农产品，且只能将农产品出售给政府颁发许可证的持有者。此外，由于各邦制定了各自的《农产品市场委员会法》，阻碍了农产品邦际自由流动。《农产品市场委员会法》被认为造成了诸多低效率并让农民利益受损，因为该法事实上催生了农产品多层级中间商，农民仅获得了很小一部分农产品收益。另外农产品市场委员会征收各种税费直接蚕食了农民的收益，而最终仅有很少部分被用于发展市场基础设施，而糟糕的市场基础设施进一步加剧农民价格实现问题。举例来说，人工称重、单一窗口、缺乏先进的分级和分拣手段等，这些落后基础设施造成长时间的耽误和对农民不利的计算错误。农民在农产品上市季在烈日下排起长长的队伍，即便别的市场可能价格更高也往往因为无力转运而将就，这是常态。各种耽误下来造成农民不小的成品损失。据估算，这种损失在谷物和豆类为4%—6%，蔬菜为7%—12%，水果为6%—18%，全部农产品收获后的成品损失价值2009年估计为4400亿卢比。[1]

然而处于问题中心的印度农民显然有不同的看法。农民认为三项农业改革法律损害了他们的生计，并为企业和资本主宰农业开辟了道路。农民因此进行了长达一年的抗议活动。印度政府坚持认为这些法律在农民出售农产品时将给予农民更多的选择、更好的价格并使农民摆脱不公平的垄断。政府声称这些法律旨在改

---

[1] 《印度经济调查2020/2021年》，第254页。网址：https://www.indiabudget.gov.in/budget2021-22/economicsurvey/doc/vol2chapter/echap07_vol2.pdf，查阅时间：2022年8月17日。

革过时的农产品收购程序，促进形成开放市场。2019 年 11 月 29 日，印度总理宣布撤销一年前公布的三项农业改革法，并许诺政府将成立一个委员会讨论农民要求立法保障 MSP 的问题。虽然随着三项农业改革法律中止实施，农民抗议活动持续了一年后宣布结束，但是农民的核心诉求之一，立法保证对农民进行 MSP 保护，却迟迟未能兑现，农民组织 SKM 警告说如果政府不履行承诺，农民组织将被迫采取行动恢复抗议活动。MSP 是政府收购农产品的价格，MSP 等于或高于基于农产品生产成本的 1.5 倍，对于大多数农产品来说，MSP 往往比市场价高出许多，而这实际上是政府财政补贴实现的。抗议的农民领袖们坚持要求政府将 MSP 政策保障覆盖所有农产品，而不仅仅是小麦、大米等少数农产品。在农民的抗议下，2022 年 7 月 18 日，印度政府在做出承诺后 8 个月成立了“最低价格支持委员会”。该委员会由前农业部秘书（Agriculture Secretary，相当于常务副部长）桑杰·阿格拉瓦尔（Sanjay Agrawal）担任主席，成员包括国家转型委员会（NITI Aayog）委员、共同事务中心（CSC）两名农业经济学家、农业成本与价格委员会委员，另外，印度政府颁发的最高公民荣誉奖“印度莲花奖”2019 年“莲花士勋章”获得者代表农民作为成员之一，成员还包括农民组织 SKM[1] 的三位代表和其他农民组织的五位代表。此外，该委员会还吸收了印度农民化肥合作社主席、农村非政府组织协会领导人、农业大学高级成员、中央政府部委秘书、四个邦的首席秘书（卡纳塔克邦、安得拉邦、锡金邦和奥里萨邦）。

农业改革三条法令被迫废除后，印度政府面临如何应对农民组织提出的“立法保证 MSP”要求。印度目前对 23 种农产品实施 MSP，如果按照农民组织提出的要求，对所有农产品实施 MSP，这就意味着 MSP 的覆盖范围一下子要扩展为 265 种。首先是财政负担问题。根据印度财政部网站数据，印度 2018/2019 年度的粮食补贴费用为 2.233 万亿卢比 [2]，同年财政总收入 23.164 万亿卢比 [3]，本

[1] SKM 即 Samyukta Kisan Morcha，印度的伞形农民组织，由大约 40 个农民组织组成。

[2] 印度财政部预算支出结果 2018/2019 年，网址 https://doe.gov.in/sites/default/files/OutcomeBudgetE2018_2019.pdf。

[3] 印度财政部预算收入结果 2018/2019 年，网址 https://www.indiabudget.gov.in/budget2020-21/doc/rec/ar.pdf。

年度用于粮食补贴的财政资金占财政收入的9.641%。2020/2021年印度财政收入30.952万亿卢比[1]，若根据印度政策分析专家、经济学家尤塔姆·古普塔估算的2020/2021年粮食补贴的费用超5万亿卢比[2]计算，则本年度粮食补贴费用超过了财政总收入的16%。即便按照现有的MSP政策支持范围，对于印度财政来说也是不可持续的。若将MSP扩大到所有农作物，古普塔认为这样补贴可能拖垮印度经济。更何况还跟世贸组织的规定相悖。

这就造成了印度政府在最低支持价政策（MSP）上的两难处境。最低收购保护价的初衷本意是给农民的产品进行合理的定价以保障农民在波动的农业生产中有合理收入，同时通过价格激励鼓励农民采用先进技术提高农业产量。理论上，农业产量提高市场供应增加，从而降低粮食市场价格，最终惠及消费者，但MSP提供的最低保护价水平远超农产品生产成本或者收购价几乎相当于市场价，造成的后果是MSP保护范围的农产品生产过剩、粮食库存过剩，而与此同时，MSP以外的农产品产量不足造成市场短缺，这种农业结构失衡在长时期内成为困扰印度农业的一大问题。

六、粮食安全与公共分配

（一）粮食安全

印度粮食安全系统的双重目标是一方面通过粮食补贴为穷人提供最低限度的营养支持，另一方面确保各邦粮食价格稳定。印度保障粮食安全的主要手段包括农业生产端的促进扶持和销售端的价格支持和激励、政府收购粮食并通过公共分配系统提供各类粮食补贴进行粮食分配。

[1] 印度财政部预算2020-2021年，网址 https://www.indiabudget.gov.in/budget2020-21/doc/rec/ar.pdf。

[2] Uttam Gupta, Farm Laws Needed to Fill a Void. DECCAN HERALD. https://www.deccanherald.com/opinion/in-perspective/farm-laws-needed-to-fill-a-void-1060173.html.

20世纪60年代印度在农业领域实现的突破性发展被称为“绿色革命”。在随后20年左右时间里，农业生产力和粮食产量的大幅提高在很大程度上是印度获得粮食安全的主要保障。

印度独立后直到20世纪90年代，长期执行中央政府主导的粮食收购政策。中央政府在播种前公布23种作物的最低支持价，其目的是为农民提供价格和市场保障，使其免受市场波动的影响。不过事实上政府收购的粮食仅占总产量的大约1/3，其余的粮食通过公开市场出售。事实上，除了旁遮普邦、哈里亚纳邦等产粮大邦外，大多数邦的农民并没有直接从MSP受惠。许多人甚至不知道MSP这个政策。有些农民即便知道MSP这样的政策，但由于村里没有收购中心，或者顾虑运输成本，或者粮油加工厂并不愿意收购农民零星少量的粮食等诸多原因，构成了事实上的障碍。此外，印度中央政府指定印度食品公司等代表中央政府执行收购任务，再由公共分配系统执行分配任务。这种政策不仅效率低下，而且增加的运输成本、粮食耗损等，形成巨大浪费。

着眼于此，印度从1999年开始改革政府收购方式，推行“分散采购计划（Decentralized procurement scheme）”。该计划率先在10个邦执行，分别是西孟加拉邦、北方邦、中央邦、恰蒂斯加尔邦、北安恰尔邦、古吉拉特邦、奥里萨邦、泰米尔纳德邦、卡纳塔克邦和喀拉拉邦以及联邦属地安达曼－尼科巴群岛。在分散采购计划下，这些邦通过“定向公共分配系统（Targeted Public Distribution System, TPDS）”和印度政府福利计划收购、储存、发放粮食。所产生的费用成本和价差由中央政府以补贴形式发放给邦政府。该计划带来的好处在于：将更多农民囊括到MSP下从而受益，提高了公共分配系统的效率，供应更适合当地口味的粮食品种，降低印度食品公司的运输成本。

实行粮食补贴是政府履行公正分配义务的手段，同时也是保障粮食安全的重要手段。印度粮食补贴由两部分构成：一是对印度食品公司收购和分配大米、小麦以及维持库存的补贴；二是对执行分散收购的邦的补贴。粮食补贴分配工作由中央政府和邦政府共同完成。中央政府负责粮食采购、分配和运输到指定仓库，邦政府负责分配和发放粮食，包括确定合格受益人或家庭、颁发口粮卡以及对具体发放粮食的补贴价粮店进行监督监管。印度粮食补贴计划覆盖6500万贫困线下家庭，通过大约45万个平价粮店作为具体粮食分配点。尽管小麦和大米的成本价格持续上涨，但中央公布的定价自2002年7月起就保持不变。

由于小麦、大米等最低支持价每年保持上涨趋势，而政府公布的出售价格不变。尤其是《国家粮食安全法》（NFSA）比原先的定向公共分配系统（TPDS）覆盖面更广，同时也对补贴对象类别进行了调整，发布的补贴粮食价格更低。因而，政府在各类粮食补贴及营养福利项目上的支出负担进一步加重，造成政府粮食补贴保持大幅增长趋势。中央政府每年针对不同的目标人群公布三个不同的价格，分别是贫困线以上（APL）、贫困线以下（BPL）、极端贫困（AAY），分别针对这些目标人群给予不同的配额标准。对于贫困线以下和极端贫困的家庭，每月配额标准是每家每月35千克（小麦、大米），而贫困线以上家庭配额标准则根据中央粮食库存情况决定，各邦标准大致在每个家庭每月10—35千克。

为了应对粮食供应造成的粮食安全问题，2007/2008年度，印度农业部启动了"国家粮食安全任务计划（National Food Security Mission）"。该计划旨在实现印度发展委员会（NDC）制定的水稻、小麦和豆类增产目标，即到"十一五计划"结束时大米、小麦、豆类产量分别增加1000万吨、800万吨和200万吨，并通过扩大种植面积和提高产量来实现这三种主要粮食作物的增产，具体措施包括：扩大面积、提高产量、恢复土壤肥力和产量、创造就业机会、提高种植经济效益、增强农民信心。在"十二五计划"期间，该计划继续进行，并设定新的目标，即至"十二五计划"末粮食增产2500万吨，包括大米1000万吨、小麦800万吨、豆类400万吨、粗粮作物300万吨。"十二五计划"结束后，决定继续执行该计划，并设定新的目标为：到2019/2020年粮食再增产1300万吨，包括大米500万吨、小麦300万吨、豆类300万吨、营养粗粮谷物200万吨，新增目标是通过有效的市场连接，提高农产品收获后的附加值以使农民更好地实现农产品价格兑现。2021/2022年的粮食安全目标是大米增产170万吨、小麦增产100万吨、豆类增产100万吨、营养粗粮谷物增产70万吨。

为了粮食安全问题，2013年9月印度公布了《2013国家粮食安全法》（National Food Security Act, NFSA, 2013）。该法案覆盖定向公共分配体系下城乡粮食补贴人口。根据该法案，优先保障家庭将获得每人每月 7 千克超低价粮食（包括大米、小麦和杂粮）。以低于 MSP 半价的价格给予一般家庭每人每月 3 千克以上粮食资助。该法案使 75% 的农村人口（其中 46% 属于优先保障家庭）、50% 的城市人口（其中 28% 属优先保障家庭）受益。该法案还为妇女儿童提供营养帮助，为特殊群体提供餐食，例如极端贫困者、无家可归者、遭遇紧急情况和受灾的等。该法案给予孕产妇为期 6 个月的孕产福利，按月支付现金福利。这些受益人群通过定向公共分配系统（Targeted Public Distribution System, TPDS）获得相应等级的补贴粮食。

尽管印度的粮食安全形势在不断得到改善，但是总体上看，印度粮食安全问题依然是农业需要长期解决的课题之一。根据英国《经济学人》发布的“2018 年全球粮食安全指数”，印度粮食安全指数得分 50.1（总分 100 分），低于平均分（58.4），在全部参评的 113 个国家中排第 76 位。根据这个粮食安全评分标准，印度粮食安全面临的挑战主要在于人均 GDP、粮食供应的充足性、农业科研领域的公共投入、蛋白质质量均低。

印度国内食用油需求严重依赖进口，是全球最大的食用油进口国。（见表 4-3）在全部进口食用油中，棕榈油占比 62%，大豆油占比 22%、葵花籽油占比 15%。近十年，印度食用油进口增长了 174%。2020/2021 年度印度进口植物油共计 1345 万吨。食用油进口增长主要原因是人口增长和人均年消费食用油的增加，印度人均食用油年消费 2012/2013 年为 15.8 千克，2020/2021 年增至 19.7 千克。近几年印度食用油需求尽管仍然依赖进口，但是进口增速已经明显放缓，这得益于印度近年大力推行的食用油增产计划初见成效。但是从人口增长态势和印度农业资源约束情况看，印度中长期内很难实现食用油自给自足目标。[1]

---

[1] 本部分及下表数据来源：《印度农业部 2021/2022 年度报告》。

表 4-3 近几年印度植物油供求变化

年份	国内总需求（百万吨）	国内总供应（百万吨）	进口（百万吨）	进口 / 国内总需求（%）
2015/2016	23.48	8.63	14.85	63.24
2016/2017	25.42	10.10	15.32	60.35
2017/2018	24.97	10.38	14.59	58.43
2018/2019	25.92	10.35	15.57	60.06
2019/2020	24.07	10.65	13.42	55.75
2020/2021	24.61	11.16	13.45	54.65

（二）公共分配体系

印度公共分配体系（PDS）的雏形形成于其独立之前。最初出现于部分城市地区，其目的是让消费者获得稳定的粮食供应而生产者避免粮食价格剧烈波动造成的损失。印度独立的初期阶段，公共分配制度是通过农业价格支持和缓冲库存来实现的。其目标是社会的脆弱阶层，即工业工人、固定收入群体、乡村弱势群体，以合理的价格获取大部分基本的生活必需品。20 世纪 70 年代末期，印度政府将公共分配制度确定为印度经济的永久特征，并将其作为价格稳定政策的一个组成部分。到 20 世纪 80 年代，逐渐演变为政府的粮食安全和减贫政策制度。这一制度由中央和地方政府合作，中央政府负责收购、贮存、运输和分配，地方政府负责甄别贫困人口资格、发放补贴卡、设立平价商店放粮等具体监督管理和运行。然而在具体运行过程中，出现了大量问题，比如滥用资源、管理混乱、腐败等，于是印度政府对该公共分配制度进行改革，并于 1997 年推出了新的公共分配制度（TPDS- 精准对象分配制度）。新的公共分配制度将目标人群区分为贫困线下人口（BPL）和贫困线上人口（APL）。新的公共分配制度向 6000 万贫困线下家庭提供每月 20 千克补贴粮食，补贴粮食价格仅为粮食成本价的 50%。然而新的分配制度仍然无法避免滥用资源和管理混乱等状况，其低效运作让政府投入的粮食扶贫资金仅有 16% 最终到了目标受益人手中，而绝大多数获益的却并非目标贫困人口。大量目标受益贫困人口在身份甄别这一环就被出局了。其中重要的因素一是制度本身的缺陷，另一个就是中央和地方的合作关系中缺乏中央对地方政府行为的有效监管与激励约束。一份调查[1]结果显示，当时31个邦中只有18个邦进行了贫困人口身份识别。而中央政府和基层村镇的完全脱节使得地方政府对政策漏洞有较大的利用空间，比如，泰米尔纳德邦政府干脆将本邦所有人口都认定为贫困线以下人口，向本邦全体人口发放粮食补贴卡，而安得拉邦发放出去的粮食补贴卡超过了其登记在册的贫困线下人口总数。

为确保中央粮食储备库中小麦和大米供应充足，控制公开市场粮食价格并保障粮食安全，中央政府采取了一些措施，包括：①鼓励邦政府，尤其是实行自主收购的邦政府，尽可能多收购小麦和大米；②维持500万吨战略储备粮食运营以应对极端情况；③通过《公开市场销售计划》出售小麦和大米以遏制粮食价格通胀趋势；④公共分配系统改革。例如推出“全国统一配额证”（One Nation-One Ration Card）、通过电子POS机进行身份认证等。《2013国家粮食安全法》以及政府制定的其他福利计划成为印度粮食分配的主要依据。

公共分配系统运行的首要问题是受益人身份识别问题。鉴于长期以来由于身份识别造成的公共分配系统漏洞和低效率，印度政府从20世纪90年代即着手引进技术手段，从解决身份识别问题入手，对公共分配制度进行完善。2019年印度所有邦已经完成口粮卡（受益人数据）数字化，所有邦已实行在线分配粮食，部分邦实行现金转移支付，供应链数字化管理基本完成，各邦建立了透明分配门户网站，部分邦已实现了口粮卡邦内一卡通。截至2019年3月，全国持有口粮卡的人数为2.3亿，全国设立了53.3万个平价粮店，其中39.5万个平价粮店安装了电子销售终端设备，实现了自动化。

印度公共分配系统目标群体是生活在贫困线以下且无力按市场价获取粮食的群体。该系统的运行程序包括政府采购（按最低保护价收购粮食）、建立和维护仓储、维持粮食库存、粮食分配。不过该系统一直以来被认为存在诸多弱点和漏洞，以至于许多目标受益人被排除在外无法受益，仅有少部分能到达目标受益

---

[1] Ruth Kattumuri, “Food Security and the Targeted Public Distribution System in India”. Working Paper, Asia Research Centre（LSE 伦敦经济学院亚洲研究中心）。

人手中。然而印度的公共分配系统成本却呈长期上升趋势，粮食补贴费用不断增加，一方面增加了印度政府财政负担，挤占了农业公共投资，另一方面大量财政补贴造成了市场扭曲。同时随着 MSP 不断提高，粮食价格随之上涨，进而推高了通货膨胀。莫迪政府农业改革的目标之一即试图减轻政府在农业补贴上的负担，同时纠正农业市场扭曲现象。从长远看，这本身应该是印度农业所需的，但现实证明这并非农民所需。

第五章　当代印度农业现代化进程

农业现代化不仅包括农业生产技术现代化、农业生产条件现代化以及农业生产组织管理现代化，也包括资源配置方式的优化、与之相适应的制度安排。对于印度这样的传统农业大国和人口大国来说，农业现代化的首要难题是人的问题，包括农民教育问题、农民收益问题、农业就业问题等。其次是投入问题，包括政府公共投资和私人资本投入。从长期趋势看，印度农业投资比例中私人资本保持扩张趋势，而政府公共投资呈收缩趋势。但是需要注意的是，私人资本内部存在巨大的分化，即私人资本投资增长主要是由于大地主大资本投资增长，而占比86%的小农、边际农自身缺乏资本积累能力，在利用现代化生产技术和生产条件、参与资源优化配置等方面处于天然劣势地位。此外，在依靠政府进行农产品收购和分配的条件下，如何实现资源优化配置也是不得不面临的问题。

第一节　现代农业管理

一、农业信息与统计

印度首次农业普查始于1970/1971财年，迄今已经完成十轮。印度全国范围内的农业普查每五年一次，中央政府全额支付用于开展农业普查的相关费用，由各邦政府/联邦属地在各自辖地执行。农业普查的主要目的是搜集全国农业活动的结构性信息，是相关农业信息的主要搜集渠道，包括：农业经营主体数量、农业经营面积及其他农业活动的基本特征，例如：土地使用、种植模式、灌溉、租赁状况、农资投入等。

印度农业普查分三个阶段进行，在统计上相互关联。数据搜集采用普查和抽样调查相结合的方式进行。第一阶段搜集农业经营基础数据信息，比如：不同土地经营规模农民（边际农、小农、半中农、中农和大地主）、不同社会阶层（表列种姓、表列部落及其他）以及不同性别（男、女）人群的土地所有权数据和土地经营规模数据；权属性质（个人、合伙或机构）等。第二阶段搜集农业经营详细数据，包括：土地使用、灌溉情况、租赁详情、种植模式等。第三阶段作为农业普查的后续调查，搜集与农业经营投入模式相关的数据。

通过农业普查生成的时间序列数据提供了印度农业部门各时期的全景图，并由此清晰可见农业部门随时间发生的结构性变化等宝贵信息。

2020/2021财年印度启动了第11轮农业普查。由于突发情况，第11轮农业普查第一阶段田野调查工作被推迟到2022年。本次农业普查顺应莫迪总理建设“数字印度”的宏愿，将数字科技手段融入农业普查的全过程。专业公司为此次普查开发了端对端应用程序，用于本次农业普查的数据搜集、加工、评估和图表制作。

印度农业与农民福利部下设附属办公室：农业经济与统计局，其主要任务就是通过可靠的数据和分析为农业与农民福利部制定政策和执行有关农民与消费者福利计划提供信息和决策支持。农业经济与统计局与各邦合作建立和维护一个强大的农业数据库，例如主要作物的面积、产量、政策保障支持的作物产量、种子、化肥、气候等数据，以便确定最低支持价。该局通过其设立在各地的区域办事处搜集价格数据并定期分析这些数据，以确定政策干预和稳定粮食价格的时机。农业经济与统计局作为印度农业部的信息库，不仅为政府决策提供信息和数据支持，也为多方对印度的农业领域研究提供数据支撑。

二、土地管理

印度独立后对土地关系进行了多轮改造，实现了部分目标。为了推进土地管理现代化，自2008/2009财年开始印度政府推行土地登记现代化制度。2008年通过了《国家土地记录现代化方案》（National Land Records Modernization Programme, NLRMP）。该方案整合了两个由印度中央政府全额资助的土地管理计划，即“土地记录计算机化”和“加强税收管理和更新土地记录”计划。整合后的方案目标是引入具有担保权的土地所有权制度，取代原来的土地所有权推定制度。该方案由中央政府提供资金，由邦级地方政府负责实施。主要内容包括：土地权利记录计算机化、土地地图数字化、利用现代技术对土地进行勘验/重新测量、土地登记计算机化、对相关官员和工作人员进行培训和能力建设，以及实现土地记录与登记办公室和各层级土地记录管理中心之间的数据联通。

三、农业投入和制度支持

农业现代化本质是农业长期稳定增长，农业长期增长的关键是提高产量，这有赖于综合有效利用种子、化肥、农药、微营养和灌溉、农业机械以及相关现代技术手段。

1. 杀虫剂

在印度，由于杂草、病虫害和啮齿动物侵害，导致农民的作物产量损失15%—25%。[1] 大田作物（field crops），诸如谷类、油籽、豆类、棉花、甘蔗等，尤易遭受虫害，杀虫剂被广泛应用到印度农作物种植上。不过，跟世界农业发达国家相比，印度单位面积杀虫剂使用量非常低。例如，印度每公顷用药0.5千克，而美国、欧洲、日本、韩国每公顷分别施用7千克、2.5千克、12千克和6.6千克。[2] 然而，印度农业的杀虫剂问题主要还不在于施用量过低，而在于印度农民缺乏相关知识教育，往往不按照说明使用杀虫剂、施用不达标的杀虫剂或者缺乏对杀虫剂的认识。这些问题导致印度农产品中的农药残留增加并威胁到环境和人的健康。

“绿色革命”以后，杀虫剂在印度农业上的运用大幅增加。“八五计划”政策重点是执行“虫害综合管理计划”，主要包括减少农药使用量和对农民进行培训等。近年来，着眼于生态系统与环境安全，开始重视植物保护，持续开展“虫害综合管理计划”，采用环境安全成本效益高的植物保护措施，包括病虫害监测、生态防治、示范和推广培训，重点覆盖水稻、棉花、油籽、豆类等作物。该计划在全国各地设立“虫害综合管理中心”，这些中心跟各邦农业部门、农业大学、印度农业研究机构联合会等合作。

2. 水利灌溉

印度绝大部分降水集中在6—9月，因此，灌溉成为农作物耕种最重要的水源，不仅对提高农业产量十分重要，对减少农业由于天气因素影响而出现大幅波动也很重要。在印度，发展灌溉还有助于创造乡村就业机会、减贫，从而减轻农村贫困人口流向城市的压力。因此，印度政府的农业战略中，建造灌溉基础设施并使其得到最大限度利用一直是优先考虑的问题。

---

[1] 《印度经济调查2015/2016年》，第109页。网址：https://www.indiabudget.gov.in/budget2016-2017/es2015-16/echapvol2-05.pdf，查阅时间：2022年7月13日。

[2] 《印度经济调查2015/2016年》，第109页。网址：https://www.indiabudget.gov.in/budget2016-2017/es2015-16/echapvol2-05.pdf，查阅时间：2022年7月13日。

中央政府发展水利灌溉的主要措施包括：

（1）1974/1975 年启动“中央资助灌区开发计划（CAD）”并在 2004 年经过重组，重新命名为“灌区发展和水资源管理计划（Command Area Development and Water Management Programme, CADWM）”，对原来的计划进行了增删。

（2）1996/1997 年启动“加速灌溉效益项目（Accelerated Irrigation Benefit Programme, AIBP）”，目的是帮助邦政府尽快推动大中型水利灌溉工程完工，自 1999/2000 年度起，印度东北地区各邦以及部分山区的地面小型灌溉项目也被纳入“中央贷款支持计划（Central Loan Assistance, CLA）”。自 2005 年起，AIBP 的支持范围进一步扩大，一般地区的小型灌溉项目灌溉潜力达 100 公顷及以上的也可以获得该计划贷款支持，优先考虑惠及最底层人、原住民部落和干旱地区。中央资助资金分拨款和贷款两部分，全国被分为两类地区，即一般地区和特殊地区，一般地区贷款和拨款的比率分别为 70% 和 30%，特殊地区贷款与拨款的比率则分别为 10% 和 90%。易旱、易涝、部落地区、东北各邦以及贾穆和克什米尔、喜马偕尔邦、锡金邦等山区，都被归为特殊地区。中央政府除了向邦政府提供贷款，以帮助一些大型灌溉工程和多功能水利工程尽早完工，还同时在干旱少雨的地区大力发展喷灌和滴灌系统，对地表水和地下水进行统筹利用，并让农民参与灌溉用水管理。

（3）2005 年印度政府批准了一项示范项目“与农业相关的水体修缮、翻新、恢复国家工程（National Project for Repair, Renovation & Restoration of Water Bodies directly linked to Agriculture）”，中央和邦政府按照 3 ∶ 1 的比率出资，其目标是恢复和提高水体储水能力以恢复和扩大其失去的灌溉潜力。

（4）2005 年印度政府启动“建设印度计划（Bharat Nirman）”，灌溉是“建设印度计划”目标中农村六大基础设施之一。水、电、路等农村基础设施的发展也是印度政府提出的“第二次绿色革命”的重要内容之一。

尽管印度通过大量修建农业水利工程，在灌溉基础设施方面取得了突出进展，但是灌溉效率始终不高，闲置率相当惊人，特别是大型水利设施，利用不足情况更为突出。其中主要原因之一在于，在印度，有关水的议题是各邦的责任范围。各邦政府在其管辖范围内发展灌溉设施。印度联邦政府的作用仅限于推动、提供技术支持或者资金支持。中央政府往往提供了资金，却对地方政府疏于监管，而地方政府只重视兴建新的大坝，却往往忽视修建农田引水沟渠。于是就出现了这种情况：一方面大力兴建水利灌溉设施，另一方面已有水利设施利用不足，建成的水利设施灌溉能力和实际利用灌溉面积之间存在较大的差距，且随着水利灌溉设施的增加，这个差距继续增大。（见表 5-1）其中又以大中型水利设施利用不足问题更明显。不同规模的水利设施利用不足还有多种不同的原因。对于大中型水利设施，农民从传统旱作农业转向灌溉农业需要一个过程，这要求农民学习新的农业技术，适应新的生产方式，这个转换过程通常是逐步实现的，而灌区平整土地、修建农田渠道等这些也是耗时费事的事情，因为这个过程不仅受到地方政府资金不足的钳制，征地困难是一个更大的难题，此外，还可能受到洪灾破坏等。此外，要说服农民，令他们愿意使用灌溉设施也不是一件容易的事。还有一点就是，由于相应区域种植模式与灌溉工程设计时计划的种植模式不同，实际的利用效率也达不到预期的效果。对于小微型灌溉设施来说，雨水不足或者供电不足都是利用率不足的主要原因。

表 5-1　印度不同时期水利灌溉潜力利用不足情况 [1]

“五年计划”时期	新增灌溉潜力（千万公顷）	新增利用灌溉潜力（千万公顷）	利用率（%）
七五计划	1.131	0.977	86
八五计划	0.517	0.436	84
九五计划	0.769	0.379	49
十五计划	0.882	0.623	71
十一五计划	0.95	0.271	29

大规模灌溉工程导致的后果还包括水涝和土壤盐碱化。这在灌溉水平更高的粮食主产区更为突出，例如哈里亚纳邦、旁遮普邦等。一些干旱地区由于灌溉导致的土壤盐碱化问题也日益显现，比如，拉贾斯坦邦北部区域。小微型灌溉项目

[1]　数据来源：《印度经济调查 2015/2016 年》。

主要是利用地下水。小微型灌溉项目不需要在水储存和水输送方面耗费投资，取用水也更灵活方便。而大中型灌溉工程依赖雨季储水，还需要长距离管道输送水，存在储水枯竭和终端用户水源不足的问题。此外，小微型灌溉项目的优势还在于，其需要的土地平整、地面沟渠管道设施等建设，农民自己就可以解决完成，且地下水灌溉项目大大减少了地表水灌溉常常出现的水涝和水蒸发浪费的问题。小型灌溉设施因其建设周期短、投资少而逐渐得到重视和推广。特别是自“绿色革命”后期开始，小型灌溉设施被作为优先发展目标。然而，随着印度农业越来越多地开采地下水，地下水过度开采的后遗症开始显现。

莫迪总理执政后推出了“总理农业灌溉计划（Prime Minister’s Krishi Sinchai Yojana, PMKSY）”，这是莫迪总理上台后为应对21世纪印度农业主要挑战——减贫和面对气候变化、水资源和土地资源约束为增长的人口保障粮食安全——而实施的一项计划。该计划喊出的口号是“让每块地得到灌溉（Har Khet Ko Pani）”。其目标是提高农业用水效率，通过精准灌溉（如喷灌、滴灌等）减少水的浪费。该计划再次将各种有关水资源利用的政府计划、项目进行整合，以此保障农业有足够水源可用。

3. 种子及种植材料

印度“绿色革命”时期开启的“种子革命”在20世纪70年代和80年代推动了粮食产量大幅增长。到90年代，这种势头已经逐渐减弱。印度执行种子新政之前，种子生产是由邦级和中央政府相关机构进行的。《1983种子控制令》对种子分销、供应和交易做出规定。种子生产和分销，特别是粮食作物和谷类种子主要还是由政府机构经营。1988年种子新政策实施以后，私人部门开始越来越多地参与到种子生产和分销中来。不过粮食类和谷物类种子生产仍然还是由政府公共部门垄断。

可以说，第一次“绿色革命”是由本土培育的小麦和稻谷高产杂交种子所驱动的。这让印度政府认识到，任何生产计划中，种子是核心因素，在缺乏高品质种子的条件下，其他农业投入，例如化肥、微量元素、水、除草等都无法实现产量增长。20世纪80年代开始，印度农业的种子策略被确定为三条：一是更广泛地推广高产品种使用；二是确保种子在五年内更新迭代，每年确保20%的替代率；三是确保种子育种和分配多样化和区域差异化，以防止特定品种在爆发病虫害或植物疾病时遭受全部损失。

尽管“绿色革命”的成功和20世纪70年代粮食产量的快速增长很大程度上归功于种子技术的突破，不过，种子技术在主要粮食作物获得突破性进展后发展放缓，其他重要的作物，包括油籽、豆类、蔬菜、水果等，都未能在种子技术上获得突破性进展。随着人口的增长，更重要的是随着消费者对非谷物类食品的需求增长，蔬菜、水果等这些季节性波动较大的农产品价格出现巨大波动。1988年颁布的种子政策允许小麦、水稻、杂粮作物、豆类作物和饲料作物种子进口而无须许可证。1989年颁布的《植物、水果和种子条例》允许以下作物用于播种和种植的种子无须许可证便可进口，包括：蔬菜、花卉、水果植物、根块茎作物、插枝/条、花卉水果的树苗/芽木等。规范种子质量的法令包括：《1966种子法》《1986种子条例》，这两部法律会随时进行修订。这两部法律由两个国家机构负责监管执行，即中央种子委员会和中央种子认证委员会，另外还有相应的邦级对口机构。

值得注意的是，“绿色革命”并非在印度所有地区或者所有作物领域都取得了成功，而仅仅是在以旁遮普邦、哈里亚纳邦、北方邦等为代表的部分地区取得了成功，作物方面则是以小麦为代表获得了显著的产量增长。这些取得农业成就的佼佼者无一例外是受益于高产种子的推广。

引领印度“绿色革命”成功的种子战略又被广泛地称为“种子革命”，由印度政府在20世纪60年代和70年代采取的“种子革命”战略是“绿色革命”获得成功的首位因素。

印度“种子革命”的成功经验，可以归结为四点：

（1）国家主导。种子的管理机构为“中央种子委员会”，在“种子革命”中承担主要任务的包括两个国家级种子公司：国家种子公司（NSC）和印度国营农场公司（SFCI），13家邦级种子公司以及大约100家私营种子企业。除此之外，重要的参与者还包括种子质检公司，其中包括19家国营种子认证机构和86家国营种子测试实验室。

（2）科研和市场信息的及时有效对接。农作物和园艺作物新品种通过“中央种子委员会”系统发布和公告。从20世纪60年代末“种子革命”开始，到90年代中期，共公告了近2000种农作物品种和340个园艺作物品种。

（3）政策法律保障。《1966种子法》和《1986种子条例》规定了种子最低认证标准，在全面提高种子质量方面起了重要作用。1983年印度政府根据《1955基本商品法》颁布了《1983种子管制法》，该法令从1994年7月开始生效执行。该法令目标是规范种子供应、分销和贸易。1988年制定的《种子发展新政策（NPSD）》着眼于为印度农民引进国外最好的种植材料，该政策促进了印度对各类种子的进口。该政策允许基于成功试验基础的各类作物种子进口，包括小麦、谷物、杂粮作物、油籽和豆类。农业领域的外国直接投资政策被修订，允许100%的外资比例在自动路径下投资种子开发。此前，外资政策允许外资在特定条件下投资种子开发。2001年出台《2001种子法草案（Draft Seeds Act, 2001）》，该草案取代1966年的《种子法》和《1983种子（管制）令》。主要内容：成立国家种子委员会（National Seeds Board）；任何用于播种或种植的种子需强制注册方可获得种子委员会批准；种子新品种注册之前需至少在多个地点进行至少三季试种；国家种子委员会授权印度农业研究所下属研究中心、邦农业大学以及私人机构在一定期限内对计划注册的种子进行种植评估和利用试验；种子生产和加工者需登记注册；对种子进出口进行监管（任何用于销售的进口种子必须通过注册登记，任何进口种子或种植材料均需申明其是否为转基因产品或者是否涉及基因使用限制技术。允许未经注册登记的种子品种限额进口以供研究和试验）。《2001国家种子政策》开始为种子行业的发展提供了一个制度性框架，根本目标是为印度农业获得优质、足量、丰富的作物种子和种植材料保驾护航。《植物品种与农民权利保护法（Protection of Plant Varieties and Farmers' Rights Legislation）》的立法目的是为保护植物品种和农民权利提供有效的法律制度，这也能刺激公共资本和私人资本在农业研发领域的投资，通过保障适当的投资回报促进农业新品种的开发。该立法通过利益共享和保护农民传统权利确认农民作为耕种者和保存者对植物品种的作用，以及传统的、乡村的和部落的群体对国家生物多样性的贡献。该法的创新之处在于，提出利益共享、社区权利和建立基因基金，基因基金有助于保护和可持续利用农业生物多样性。2001 年开始执行新的“国家种子政策”，为种子部门增长提供了制度框架。该政策目标是为农民广泛提供优质种子和种植材料。

（4）赋能支持。通过“国家种子工程”项目，对国家种子公司、国营农场公司以及邦级种子公司和各种子认证机构提供支持，帮助其提高种子生产、认证能力。该计划推动印度“种子革命”向纵深发展，使优良新品种覆盖更多耕地和更多作物。1999/2000 年，印度政府启动了一项“种子银行计划”，其基本目标是满足任何可能的种子需求，并发展种子生产和销售的基础设施。该计划通过国家种子公司、印度国有农场公司以及 12 家邦属种子公司执行。“种子繁育计划（Seed Multiplication Programmes）”涵盖谷物、豆类、油籽、纤维、饲料作物和土豆，由国家种子公司、印度农场有限公司、邦种子公司和邦级种子生产机构及私人种子公司执行。

作为《与贸易有关的知识产权协定》（TRIPS）下印度义务的一部分，2003 年印度《植物品种与农民权利保护法》正式生效，以保护育种者的知识产权和刺激植物新品种研发投资。2003 年出台了新的《种子法案》，以取代 1966 年的《种子法》。新的种子法案强制要求种子注册登记，解除对种子行业的管制，同时对售卖假种子实施更严厉的处罚。印度政府设立了一个与农业有关的生物技术应用问题高级工作组，制定农业生物技术长期政策，并就各部门现有的行政和程序性管理问题提出纠正意见，对农业部在农业生物技术的开发和应用中的作用提供建议。为鼓励种子出口，简化了种子出口程序，同时允许种子及种植材料进口。

2005/2006 年，印度中央政府推出中央种子计划“发展与加强优质种子生产与销售基础设施（Development and Strengthening of Infrastructure Facilities for Production and Distribution of Quality Seeds）”，由印度中央政府、各邦政府、印度农业研究委员会、各邦农业大学、种子合作社和私营部门共同参与推动，其目的是通过政策干预，解决基础设施不足问题，向全国农民及时供应各种作物的优质种子，以提高种子替换率、推动私人企业生产种子并促进国营种子公司提升种子生产。主要措施包括：通过“种子村项目”提高农民自留种子质量；通过“总理纾困计划”向自杀率较高的邦和地区农民以种子成本的五折价格向农民供应种子。

优质种植材料不足是印度各类园艺种植作物产量低的主要原因。育苗者、农民及相关方之间互相难以获取彼此信息。为了打通这种信息壁垒，印度政府近年来通过各种计划对育苗生产提供经济支持，进行苗圃认证和评级等，以在全国建立一站式优质育苗网络。印度农业部通过园艺委员会设立了“种苗在线数字平台”，以帮助农民、种苗供应商和其他相关方更容易获取周边优质种植材料市场信息。该数字平台以英语、印地语和地方语为农民、种苗供应者及相关方搭建供需信息发布平台，此外，还为用户开发了手机 APP，以帮助供求双方更容易实现对接。

4. 化肥

鼓励生产和使用化肥是印度“绿色革命”的主要战略之一。为了促进化肥使用，印度政府采取了多种措施，包括：通过合作银行、地区乡村银行和商业银行向农民提供更高额度短期贷款，以帮助农民购买化肥和其他农资；实施“肥料推广计划”并逐步扩大计划覆盖范围；确定主要化肥生产商、规定化肥消费目标并在每一个县设立化肥销售点。另外，为了确保农民在家门口就能获得足够的化肥供应，还在全国各地增设上万个化肥零售点；印度粮食公司是负责进口化肥管理和分配的主要机构，在全国建立了自己的市场组织，并且指定自己的化肥交易商，在每一个乡一级地区都会有印度粮食公司指定的化肥销售商。20 世纪 80 年代初，推出了“少量化肥包计划”，该计划针对干旱地区受不利天气影响的小农和边际农提供 20 千克化肥，各邦农业部门负责确保这些化肥被施用到地里。到 80 年代初，印度跻身于世界化肥消费大国。

1977 年推出的“保留价格及补贴计划（Retention Price-cum-Subsidy Scheme, RPS）”成为其后印度政府鼓励生产和使用化肥的主要政策工具。该计划的主要目标是使农民免受化肥价格上涨的影响，以确保化肥消费不受影响，因为化肥消费增长是印度农业革命战略的一个重要组成部分。该计划也旨在确保本土化肥生产商能从其投资中获得合理回报并吸引更多投资进入化肥生产领域。该计划证明其在刺激化肥生产和使用，进而提高农业生产力方面确实是有效的。化肥的保留价格（由政府确定的生产标准成本加 12% 税后净利润）减去政府宣布的销售价格再加上销售成本就是政府应付给化肥生产商的补贴费用。进口化肥和国产化肥都由政府统一定价并提供补贴。化肥使用量在20世纪80年代呈快速增长态势。1980/1981年，印度三大类化肥（氮、磷、钾）总共消费量为550万吨，1990/1991年为1260万吨，十年间增长了129%。在70年代末，大约有40%的化肥依赖进口。随着国内本土化肥产量的增加，到90年代初，印度进口化肥的比重降至大约21%。由于化肥补贴规模过大，给印度中央政府造成了沉重的财政预算负担，另一方面，整个80年代农产品价格在政府最低保护价 / 收购价支持下几乎涨了一倍，而化肥价格几乎保持没变。因此，1991年，印度政府对化肥价格进行了调整，实行化肥价格双轨制。一方面将化肥定价普遍上涨40%左右，对低浓度化肥，如硝酸铵钙、氯化铵等解除管制。另一方面，对小农和边际农则实行化肥免于涨价。为了降低化肥价格双轨制执行难度，中央政府制定了专门的指导方针并为邦政府和联邦属地政府提供专项基金。1992年8月25日，政府宣布解除对磷肥和钾肥的管制，结果导致这两种化肥价格飙升而消费量下降。为了缓解化肥价格上涨的影响并遏止消费量下跌，同时防止氮、磷、钾比率失常，1992/1993年印度政府推出了一项“特许补贴计划”，对这些化肥进行定额补贴。为了与经济自由化改革政策相一致，除了尿素以外的所有化肥价格、转运和分销都解除了管制。

由于化肥消费数量跟天气降雨存在紧密关系，干旱天气会导致化肥施用量减少，反之则会增加。随着印度农业灌溉设施的增加，耕地灌溉面积随之增加，加上高产品种覆盖面积的增加，对印度农业化肥消费量持续增加起着决定性推动作用。“绿色革命”初期（1967/1968年）印度农业消费氮、磷、钾三种复合肥总量为150万吨，到“七五计划”末期（1988/1989年）猛增至1104万吨。“粮食生产特别计划”进一步刺激印度农业化肥的使用量大幅增长。至80年代末，印度耕地面积大约70%为旱作农业，这部分耕地化肥消耗量仅占全国化肥消费量的20%。对此，印度政府在16个邦化肥消费量小的旱作农业区推行“全国化肥使用发展项目计划”，该计划在每一个项目实施地增设化肥零售点；在每一个项目区建10片示范地；开展农民培训；增设土壤测试实验室。印度政府鼓励增加化肥使用措施还包括统一全国化肥售价、提供化肥补贴、增进相关服务、取消化肥零售许可等。

在政府的鼓励和推动下，印度化肥消费快速增长。1955/1956年度，印度化肥消费量仅为13万吨，1993/1994年，增长至1240万吨，增长将近100倍。由于国内化肥需求的快速增长，化肥供需的巨大缺口只能依靠进口解决，其中钾肥生产几乎完全依赖进口。1992/1993财年，印度对化肥及其贸易政策做出重要调整，放开氮肥以外的化肥管制，对生产磷酸二铵的主要中间物磷酸进口免征关税，对本土生产化肥进行补贴。另外，为促进本土化肥工业发展，作为降低化肥厂资本成本的长期措施，自1992年9月23日起，取消了新建化肥厂以及改造、升级项目所需的资本货物进口关税。为了降低国内磷肥的生产成本，从1993年9月起取消磷酸二铵（DAP）主要中间品磷酸的进口关税。

尽管印度政府一直努力增加本土化肥的供应量，减少进口依赖，但是化肥生产的原材料仍然有赖于进口，生产磷肥所需的磷矿石大约80%需要进口，而所需的硫黄则全部需要进口。随着本土肥料产量的增加，进口肥料减少，但同时进口原材料大幅增加。1970/1971年度，印度本土肥料占国内市场需求的47%，1980/1981年，这一比例上升到54.5，仅仅一年之后，1981/1982年，这一比例大幅上升至67.5%。但是本土生产的化肥成本比进口化肥价格还高，因此，不得不对本土化肥生产给予大量补贴。随着本土化肥产量的增加，化肥补贴也相应增加。化肥消费的快速增长势头使得政府对化肥的补贴负担相当沉重。

20世纪八九十年代，随着灌溉设施和灌溉面积扩大，一些种植传统粮食作物的印度农民选择改种经济作物，这样就导致夏季作物化肥消耗进一步增加。到90年代末，印度国内氮肥和磷肥产量总缺口为12%[1]，国产化肥价格受政府管制并获得大量政府补贴，进口化肥由于价格倒挂也不得不进行大量补贴，而钾肥则完全依赖进口。另外本土生产的尿素价格、分配和转运全方位受政府管制。随着本土化肥产量增加，到“十一五计划”时期，印度氮肥本土产量已能满足需求的80%，但是钾肥和磷肥则主要依赖进口。2010年开始实施“化肥营养补贴政策（The Nutrient Based Subsidy, Policy, NBS）”每年按每千克营养素提供固定补贴，

[1] 《印度经济调查1999/2000年》。

对微量元素给予额外补贴，目的是根据土壤和作物需求对农民提供差异化补贴肥料。根据该计划，化肥生产商或经销商被允许确定最高零售价。农民只需支付半价购买磷肥和钾肥，政府以补贴形式承担其余的费用。2012 年政府颁布的《新投资政策》宣布肥料投资政策，鼓励投资本土肥料生产，以减少对进口肥料的依赖。由于受制于天然气短缺，印度政府鼓励印度公司在海外建立合资企业，以回购获取生产设施，同时获取长期化肥供应协议。

长期以来，印度化肥使用中存在的一些问题鲜有改善。例如，化肥施用存在区域差距。主要粮食产地旁遮普邦、哈里亚纳邦和安得拉邦等化肥使用量遥遥领先，与奥里萨邦、中央邦等化肥使用量相对较少的邦相比，前者单位面积化肥使用量是后者的 5—8 倍。以 2001/2002 年为例，旁遮普邦平均每公顷化肥使用量为 184 千克，高居榜首，而最低的奥里萨邦为平均每公顷 44 千克。不同的农作物施用化肥差异也较大。

为了更科学地使用化肥，政府展开了土壤微营养素分析，于 2008/2009 年推出新的计划——“土壤健康和肥力管理国家工程（National Project on Management of Soil Health & Fertility, NPMSF）”，该计划意在建立 500 个新的土壤测试实验室（Soil Testing Laboratories, STLs）和 250 个移动土壤测试实验室（Mobile Soil Testing Laboratories, MSTLs），同时加强已有的邦级土壤测试实验室。为了保障化肥的供应并对化肥质量、贸易和分销进行监管，印度政府根据《1985 化肥管制令》（Fertilizer Control Order, FCO 1985）宣布化肥为“必需品（essential commodity）”。

5. 农业机械

印度农业的机械化始于“绿色革命”模式的引入。“绿色革命”中，为了开垦土地和进行机械化耕作，成立了中央拖拉机组织。从那以后，由于农业机械化相对于传统农业手段所固有的优势而受到欢迎。农业机械使用的增加体现在通过提高种植强度间接增加了种植面积。印度农业机械化程度最高的地区也是“绿色革命”最成功的区域，例如旁遮普邦、哈里亚纳邦、北方邦西部。这些地区农民拥有大型农业机械比例全国最高。对于小农和边际农来说，单独拥有大型农业机械不经济也不现实，但他们仍然可以通过租赁实现机械化耕作。为了帮助小农、边际农等享受农业机械化带来的福利，印度政府推动全国各地成立农机 / 装备租赁中心。以农业机械化程度更高的几个邦为例，至 2020/2021 财年，旁遮普邦、哈里亚纳邦和北方邦分别有 9970、2866 和 4170 个农机租赁中心。

随着“绿色革命”的推进，印度农业机械化水平逐渐提高，传统役畜在农业耕作中的作用逐渐下降。1971/1972 年役畜对农业动力的贡献为 45.3%，到 2000/2001 年下降至 9.89%。同一期间，拖拉机和动力耕作机的动力贡献则从 7.75% 上升至 42.5%。2000/2001 年，拖拉机耕地面积占总播种面积的 22.78%，播种面积占 21.3%。此外，在灌溉、收割和脱粒等农业劳动中，机械化程度也有很大提高。到 2003/2004 年，机械和电力设施使用在农业动力中由 1971/1972 年的 40% 上升到 84%。

印度农业机械化受到农村电力供应不足和不稳定的制约。1975/1976 年印度农业供电水平为 0.48 千瓦 / 公顷，2012/2013 年为 1.73 千瓦 / 公顷。此外，耕地碎片化也是制约因素之一。由于占农民人数多数的小农和边际农持有耕地面积小而分散，而农业机械相对来说价值昂贵，土地面积少而经济上处于弱势的小农和边际农单独拥有农业机械既不现实也不经济。这种背景下，“十二五计划”时政府支持和特许设立“定制租赁”或农业服务中心，让“被排斥在外的农民”也能获得农业机械化带来的福利，另外设立“高科技机械银行”，帮助小农和边际农租用农业机械。

到“十二五计划”时期，印度虽然是世界上粮食生产大国，但是机械化水平仅为 40%，而发达国家同期水平为 90%，差距明显。自印度经济改革的 20 多年来，印度农业机械化水平增长率年均不足 5%。[1] 制约印度农业机械化水平提高的因素主要有：①印度农业高度多样化，各种不同的土壤和农业气候区，对农业机械装备要求各异；②土地所有权极为分散，小土地所有者占农民的绝对多数。这些小农和边际农各自拥有农业机械既不现实也不经济。这也就可以解释为什么流向农业部门的全部信贷中仅有 3% 用于农业机械。印度“十二五计划”启动了一个

[1] 《印度经济调查 2013/2014 年》。

专门的农业机械化任务计划，将“农业机械计划”作为其重要的一部分，重点目标是向小农和边际农推广农业机械化，并在电力供应短缺的地区推广农业机械化。

四、市场管理

1. 建立受监管的农业市场体系

印度农业市场管理的基本思想是通过规范的市场网络体系促进农产品市场组织化，以此确保农民的合理收益和消费者合理利益。

印度的农产品市场是通过一个受监管的市场网络进行的有组织营销，其目标是通过创造一个有利于公平供需的市场环境确保农民和消费者都能获得有利的价格。截至 2014 年 3 月底，印度受监管的市场数量为 7114 个，除此之外，还有 22759 个乡村定期市场。印度一个市场的平均辐射面积为 114.45 平方千米，而一个受监管的市场的平均辐射面积为 462.08 平方千米。不同地区之间也存在较大差异，例如，市场平均辐射面积较小的旁遮普邦为 118.78 平方千米，市场平均辐射面积较大的梅加拉亚邦为 11214 平方千米。印度农业委员会（The National Commission on Agriculture）2004 年提出市场设立原则是市场辐射半径为 5 千米或者辐射面积为 80 平方千米。市场密度太小会造成市场准入问题。印度粮食价格间歇性上涨表现为一个长期趋势，其中的重要原因在于邦际政策差异和政策壁垒导致农产品流通不畅、市场供应链受阻。

2. 建立全国合作社体系

在印度农产品营销中起主导作用的是各级合作社，分别是初级、邦级和全国级。在全国几乎每一个市场都设有营销合作社，其运作领域涵盖水果蔬菜加工、压榨甘蔗、轧棉及棉花初加工等。国家合作开发公司在全国范围计划和实施农产品生产、营销、贮藏和进出口的相关计划项目。印度全国农业合作营销联盟有限公司（NAFED）是印度最高合作组织，主要从事选定农产品的收购、分销和进出口。另外一些合作组织包括“全国烟草种植者联盟有限公司”“全国消费者合作联盟”、专门参与部落地区营销问题的"印度部落合作营销开发联盟有限公司(TRIFED)"。"专门商品委员会（specialised commodity boards）"负责管理橡胶、咖啡、茶叶、烟草、香料、椰子、油籽和植物油以及园艺作物等农产品市场营销。"国家乳制品委员会"除了管理乳制品市场同时也从事其他农产品市场营销。另外，还设立了一些独立的部门管理农业原材料的开发，例如蔗糖、黄麻、烟草、油籽、大米、小米、棉花、豆类、腰果仁、可可、槟榔果、香料等。除此之外，针对一些特殊农产品设立了开发委员会，这类农产品包括大米、豆类、黄麻、小米、棉花、烟草、油籽、油籽、蔗糖、可可、槟榔果等。在农业出口领域，除了国家贸易公司，一些相关的团体组织还包括"腰果仁出口促进会""虫胶出口促进会""农业及加工食品出口开发司"。合作社在农产品市场营销中的作用被大大地扩大。

3. 建立全国农业市场信息网络

除了印度《农产品市场委员会法》监管下的综合市场与各类专业市场外，分散在全国乡村的农村定期市场中也有大约15%处于监管之下。近年来，一些重要的农产品市场被逐步接入互联网，由此建立起一个快速搜集价格和市场相关的全国农业市场信息网络（Agricultural Marketing Information Network, AGMARKNET）。这是一个印度农产品市场信息的门户网站，提供全国各地市场数千种农产品价格。另外还推动设立"终端市场综合体"（terminal market complexes, TMC），在各邦重要的城市针对蔬菜、水果等易腐农产品设立专门市场，提供电子拍卖、冷链、物流等先进基础设施。这些终端市场通过设在邻近产地的初级集散中心运作。

4. 兴建乡村仓储设施

农产品易腐不易储存的特性使得农产品的仓储设施尤为重要。印度政府为了在农村地区建造科学的储藏设施，实施了一个乡村仓储建设中央计划。该计划自2001年开始执行，为私人或者合作团体修建仓储项目提供资金补助。该计划使农民得以在其庄稼附近储存农产品并帮助农民从银行获得抵押贷款和销售信贷，从而避免在收割季节被迫低价销售农产品。

5. 推动农产品期货交易

印度期货市场委员会（the Forward Markets Commission, FMC）根据《1952远期合约监管法》［the Forward Contracts（Regulation）Act 1952］对印度商品期货交易实施监管。

2003/2004 年，印度政府发布公告，取消所有商品期货交易禁令，设立全国期货交易所。这是印度政府向商品期货交易迈出的重大一步。在交易所进行期货交易的主要农产品有：大豆油、瓜儿胶、瓜儿树种子、鹰嘴豆、黄麻、橡胶、胡椒、姜黄、小麦、棉花等。2008/2009 年印度商品期货市场新增红槟榔、香菜籽和大蒜。

2013 年 9 月印度商品期货市场的监管机构“期货委员会”（The Forward Markets Commission，FMC）被收归印度财政部管辖。2013/2014 年度，已公布的 113 种期货商品仅有 46 种在全国 6 个期货交易所和 11 个特定商品交易所进行交易，其中，农产品占 15.8%。市场存在的一个主要障碍是信息不对称问题。为了解决这一问题，让农产品供应链上所有利益攸关者都受益，尤其是帮助农民对耕种模式和市场策略做出正确决策，期货委员会实施了《价格发布系统方案》（Price Dissemination Scheme）。根据该方案，全国各交易所的期货和现货价格，以及全国 1700 多个农产品市场的现货价格在报价机或报价板上实时呈现，这些报价板 / 报价机安装在全国各个农产品市场管理委员会等农民经常到访的地方。其后，为帮助农民及相关方从价格发现机制中受益，这种实时价格公布方式还在所有的农产品市场，包括农民市场推广安装。

6. 设立电子现货交易所（ELECTRONICS SPOT EXCHANGE）

建立四个国家商品现货交易所电子交易平台，分别是国家现货交易有限公司（National Spot Exchange Limited, NSEL）、国家商品及衍生品交易所现货交易所（NCDEX Spot Exchange, NSPOT）、信实现货交易所、全国农产品市场委员会。

7. 推动形成全国无障碍统一市场

2013 年，印度农业改革委员会提出建立全国无障碍统一市场。直到这一阶段，印度在建立有效的农业市场实践上所取得的进展是有限的。由政府监管的批发市场形成了市场垄断，阻碍了竞争性市场体系的形成。在农产品贸易自由化的国际背景下，对国内农业部门来说，要获取信贷全球市场准入机会红利，就必须形成和强化一个统一的国内农业市场体系。经过长时间的研究和准备，逐步形成共识，政府应该放松对农业市场的控制而让私人部门有更大的参与度，尤其是刺激农业市场发展所需的大规模投资。为此，印度中央政府通过修改《农产品市场委员会法》启动了农业市场改革，并于2003年将新修订的《农产品市场（发展与监管）法》（示范法）下发各邦参照采纳执行。本轮农业市场改革重点是在现行邦农产品市场委员会框架内解决部分问题，却无法解决邦际农产品贸易存在的垄断和非竞争现实操作。正如农业改革委员会2013年所指出的："（印度）农产品市场委员会已经成为由政府资助的市场服务和设施供应的垄断商，具备垄断特有的所有毛病和低效。"[1] 从这个层面上看，印度的《农产品市场委员会法》并未达成建立实体市场网络的基本目标。一些地方在尝试建立直营市场（direct marketing）[2] 的实践中取得了一定成功，例如旁遮普邦的阿普尼市场（Apni Mandi）、泰米尔纳德邦的乌扎瓦尔·桑德海（Apni Mandi）、马哈拉施特拉邦的谢特卡里市场（Shetkari Bazaar）、普奈邦的哈达斯普尔菜市场（Hadaspur Vegetable Market）、安得拉邦的瑞图巴扎（Rythu Bazar）、奥里萨邦的克鲁沙克集市（Krushak Bazaar）、拉贾斯坦邦的农民市场（Kisan Mandi）。

推动形成无障碍全国统一市场的措施包括：

（1）允许在所有市场买卖易腐商品，比如蔬菜、水果、牛奶、鱼等。未来这种措施可以延伸及所有农产品。

（2）免除蔬菜、水果的市场入场费，并下调高企的市场委员会对农产品/园艺产品征收的佣金。

（3）借鉴部分地区设立直营市场的成功经验，农产品市场委员会所辖或者

[1] 《印度经济调查2013/2014年》，印度财政部。网址：https://www.indiabudget.gov.in/budget2014-2015/es2013-14/echap-08.pdf（2022年6月28日查）。

[2] 农民直接进入市场销售农产品，减掉了农民与消费者之间的所有中间渠道。这类市场通常不允许零售商进入市场参与销售，进入市场的农民需要通过登记确认身份。

其他市场基础设施可以用于组织农民直销市场。鼓励农民生产者组织或农民自助组织在城市中心开阔地带组织农民市集、购物中心等。这种市场形式可以依据情况每天举行也可以仅在周末举行。

（4）《2013 年公司法》（Companies Act 2013）将“促进农贸市场组织”纳入企业社会责任（corporate social responsibility, CSR）活动许可清单，鼓励从事农业相关活动、食品加工等公司根据企业社会责任规定开展农贸市场建设相关活动，包括建立供应链基础设施。

五、综合管理

印度第十个五年计划也是新千年的开始，中央政府开始整合各类农业计划项目，对农业发展实施综合管理。

农业宏观管理计划（Market Intervention Scheme, MIS）：2000/2001 年，将 27 个由中央政府实施的相关农业计划和项目统一到“农业宏观管理计划”中，涵盖合作社、作物生产项目、流域开发项目、园艺作物、化肥、农业机械和种子。

农业综合发展计划（Rashtriya Krishi Vikas Yojana, RKVY）：该计划是 2007 年印度中央政府发起的农业旗舰计划。该计划在众多农业相关计划和项目中起着主要作用，该计划促进了邦政府将更多预算分配给农业部门，例如 2006/2007 年度，该计划执行前，邦政府全部预算开支中农业及相关部门份额占 5.11%，2008/2009 年这一比例上升至 5.84%。

农业科学之气象学：由于印度一半以上耕地仍然靠天吃饭，对降雨量的多少和广度进行提前预测十分重要。为提升对季风降雨的预测，印度地球科学部地球系统科学组织（the Earth System Science Organization, ESSO）在“十二五计划”期间启动了“国家季风计划（National Monsoon Mission）”，该计划旨在实施全时期季风预测动态框架，同时与国际国内季风研究科学家进行合作研究。

自然资源综合管理： 印度农业研究委员会（ICAR）在各地发展了 60 个农民参与式多业态农业综合体示范项目，这些项目旨在探索降低农业风险、提高农业生产力和利润水平、保障资源贫乏的小农和边际农生计。生物密集型种植体系由于其较高生产潜力、适合不同气候区，被重点推广至各邦。ICAR 还开发了一种农业光伏系统，用于在作物间隙区域发电，并从光伏组件的顶面收集雨水。这是朝着实现 10 万兆瓦太阳能光伏发电能力宏伟目标迈出的一步，也是向农民收入翻番目标前进的一步。

水资源管理：随着工业化、城市化进程加快，人口快速增长，水资源消耗快速增长，水资源开发压力增大。另一方面，由于农药、化肥的大量使用、工业有毒废水排放，这些都加剧了对水资源的污染。20 世纪 90 年代起，河流、湖泊和其他水体都面临着严重的污染。对水质的考量成为水资源管理的十分紧迫的内容，防止环境进一步恶化成为水资源管理的核心问题。“环境影响评估”成为所有大型工程在计划阶段必须完成的程序，各级环境监测委员会也会定期对环境保护执行进行监测。

干旱管理：按照印度政府部门职责划分规定，印度农业与农民福利部负责协调由干旱、雹灾、虫灾和寒潮及霜冻产生的救灾工作。每年 6—9 月份西南季风带来的降雨量占印度全年降雨量的 70% 以上，因此，这期间的雨量及空间分布决定了印度的干旱发生率。各邦分别设立了“邦级救灾基金”。各邦救灾基金由中央和地方共同出资。印度政府将各邦划分为一般类别和特殊类别，前者央地出资比例为 3 ∶ 1，大多数邦被归为一般类别，后者为 9 ∶ 1，例如东北各邦以及环喜马拉雅山地邦等。此外，印度中央政府还在救灾过程中提供必要的财政和后勤支持。除邦级救灾基金之外，中央救灾基金也为极端情况下的自然灾害提供额外财政援助。农业与农民福利部负责更新“干旱危机管理计划”，该计划明确了参与危机管理的各机构部门的作用和职责，包括媒体管理，各邦据此制定各自的危机管理计划。印度农业研究委员会下属的中央旱地农业研究所（Central Research Institute for Dryland Agriculture, CRIDA）制定了详细的地区应急计划，向农民提供广泛的建议。这些应急计划是根据不同天气条件（例如洪水、干旱、气旋、寒潮 / 霜冻等）的模拟模型，同时将作物、牲畜、水产等生产 / 养殖模式和地区实践以及土壤特征、基础设施等因素考虑在内，为全国各地量身定制的应急计划，给出了必要时可参考的替代计划。此外，根据印度《2005 灾害管理法》，各部委都需要制定灾害管理计划。农业与农民福利部制定了《农业灾害管理计划》，作为农业部门减灾的指导文件、工作议程和路线图。

2006 年，成立国家旱地管理司（National Rainfed Area Authority, NRAA），集中应对干旱地区农业问题。其任务不限于节水问题，还涵盖了旱地可持续发展和整体发展、无地农民和边际农民问题。

莫迪政府提出的打造国家数字农业生态系统（IDEA），其愿景是将印度农业部门的效率和生产力水平提升至更高层次，并且改善农民的福利和增加农民收入。其多重目标包括：①通过帮助农民及时获取有用信息使农民获得更高收入和更好的盈利能力；②帮助中央和地方各级政府、私营部门以及农民生产者组织更好地计划和执行、实施政策、各类计划和项目；③通过提供更便捷的信息和优化解决方案，提高土地、水、种子、化肥、农药和农业机械等资源的使用效率；④在农业生命周期中提供针对区域的个性化扩展服务，同时保护个人数据隐私；⑤建设全域数字农业和精准农业能力；⑥促进跨生态系统信息无缝交换和交互操作性标准；⑦通过获取高质量数据促进农业研究和创新，等等。

六、粮食管理

印度粮食管理的基本目标是：以惠农价格向农民收购粮食、以消费者可承受的价格分配粮食，粮食价格尤其顾及社会弱势群体、维持粮食弹性库存以维护粮食安全和价格稳定。为实现粮食管理目标，印度采用的主要粮食管理工具，一是最低支持价格（Minimum Support Price, MSP），二是中央公布价格（Central Issue Price, CIP）。重点是通过最低支持价格（MSP）机制确保农产品实现公平价值从而对农民形成激励；以补贴价向贫困线以下家庭分配粮食；在长期遭受粮食短缺的地区建立谷物银行，加强公共分配系统（PDS）。在最低支持价格下的粮食收购是不设限的，而粮食分配则取决于具体的分配规模和受益人的承购量。粮食承购主要是在定向公共分配系统（the Targeted Public Distribution System, TPDS）和其他福利项目下目标受益人按既定福利价购买粮食。粮食收购、分配和储存长期以来主要由印度粮食公司执行。1997 年启动的“分散收购计划（Decentralized Procurement Scheme, DCP）”旨在将粮食收购和分配的工作转移到邦政府手中，邦政府自愿选择是否加入该计划。选择参与该计划的邦政府依据中央政府的福利计划和定向分配系统自行收购、储存和分发粮食，中央政府提供相应补贴。分散采购计划目的是让更多农民受惠于最低保护价制度，同时使公共分配系统更有效率，减少粮食运输成本，也使得粮食品种更适合地方饮食习惯。中央政府鼓励各邦都加入该计划以节省粮食分配成本，同时使对农民的价格支持机制更好地惠及脆弱地区农民。为了解决日常收购中的信息差问题，开发了“在线采购监测系统”（Online Procurement Monitoring System, OPMS），每天报告和监测全国小麦、稻谷和杂粮的收购情况。实施稻谷分散收购的有西孟加拉邦、中央邦、昌迪加尔、北阿坎德邦、安达曼和尼科巴邦、奥里萨邦、泰米尔纳德邦、古吉拉特邦、卡纳塔克邦、喀拉拉邦和比哈尔邦。古吉拉特邦、中央邦、北阿坎德邦和比哈尔邦实施小麦分散收购。对粮食采取分散收购的策略主要也是由于印度食品公司的“规模不经济”造成巨大财政负担。分散收购可以节省运输成本、减少转运损失、增加粮食供应、降低公开市场粮食价格，同时减少政府粮食补贴支出。

为确保粮食安全，中央政府对粮食管理提出具体目标，即审慎管理粮食库存，确保小麦和稻谷中央粮仓供应充足以增加国内市场供应并保障粮食安全。措施如下：①提高小麦和谷物最低保护价以保护农民利益；②鼓励邦政府，尤其是执行分散收购的邦政府，通过邦相关机构尽可能多地收购小麦和稻谷；③按照现有的缓冲库存规则维持 500 万吨战略粮食储备以备极端情况下使用；④通过公开市场销售小麦和大米抑制市场上食品的通货膨胀趋势。

印度粮食安全目标是“为人民提供粮食保障”，即“随时、不间断地提供粮食”。莫迪总理上台后，这一目标发生了变化。在印度粮食总量供应有保障的情况下，粮食安全的重点是保障穷人能及时、不被中断地以负担得起的价格获得粮食。印度自 20 世纪 80 年代后期以来，特别是 90 年代经济改革后 GDP 保持快速增长，农业产量也有了很大提高，但是饥饿的阴霾并没有完全从印度消失，而是一直笼罩在那些极贫人口头上。印度拥有营养不良人口数居世界第二（2015 年数据），达 1.95 亿。另外有 27% 的人口处于贫困线以下。一方面印度拥有庞大的营养不良人口，另一方面印度农产品价格波动大，在这样的双重作用下，印度维持着全球最大规模的粮食计划以确保粮食安全。这些计划包括婴幼儿喂养项目，例如“儿童综合发展计划（Integrated Child Development Scheme, ICDS）”（涵盖所有6岁以下的儿童、孕产妇）、“午餐计划（Mid Day Meal Schemes, MDMS）”；食品补贴项目，例如定向公共分配体系“安纳布尔纳”项目（Annapurna）（向赤贫人口免费发放每人每月10千克粮食）；以工代赈项目，例如“马哈迪玛甘迪全国乡村就业保障计划（Mahatma Gandhi National Rural Employment Guarantee Scheme）”（最低工资100天工作机会）。

印度通过两种粮食分配渠道分配粮食，即根据《国家粮食安全法》进行的粮食分配和根据“总理贫民福利计划（Pradhan Mantri Garib Kalyan Anna Yojana, PM-GKAY）”进行粮食分配。其中《国家粮食安全法》已经在印度全部36个邦/联邦属地执行，根据该法，粮食按月发放。2020/2021财年，为支付粮食邦际流动产生的运输费用以及平价粮店粮商的利润，中央政府向地方邦政府支付的补贴费用为367.982亿卢比。

粮食分配身份识别主要依靠配额卡全国一卡通（One Nation One Ration Card），印度粮食与公共分配部与各邦协作执行的中央计划“公共分配综合管理系统（Integrated Management of Public Distribution System, IM-PDS）”，根据《国家粮食安全法》引入全国通用配额卡，通过“同一国家统一配额卡”系统运行实施。该系统使配额卡持有人得以在全国任何地方任何一家平价粮店凭同一张配额卡提取其应得的配额粮食。截至2020/2021财年，该体系已在32个邦/联邦属地无缝运作，覆盖6.9亿受益人（约86%的粮食安全法所保障的目标人口）。昌迪加尔和本地治理两地则是以现金转账的方式直接将补贴粮食等价金额支付给受益人。

印度农业基础设施不足一直是农业发展的制约因素，其中的粮食储藏能力是较为明显的短板。现有的仓储设施不仅仓储能力有限，而且能储藏的作物品种也十分有限。政府公共部门收购的小麦和稻谷仅有不到一半能得到妥善存放。蔬菜、水果这类易腐农产品持续存在季节性通胀，却没有有效的措施以可持续的方式解决通胀问题。关键在于冷藏能力不足。根据印度计划委员会2012年的统计数据，印度各类冷藏能力总共仅为2900万吨，然而仅土豆产量就有3500万吨。印度的冷链设施仅能储存印度生产的水果、蔬菜产量的10%（印度计划委员会

2011 年数据）。截至 2020 年底，印度粮食公司及邦粮食储藏机构总的粮食储藏能力为 8191.9 万公吨（MT），其中房式仓 6691 万吨，立筒仓 1501 万吨。印度粮食公司拥有总储粮能力的 49.78%，另外 50.22% 的储粮能力来自各邦粮食收储机构。截至 2021 年 1 月，印度中央粮储小麦和稻谷总量为 5295.9 万吨。为提高国家粮食储藏能力，印度政府通过“私人企业家担保计划（Private Entrepreneurs Guarantee Scheme, PEG）”以公私合作模式（PPP）兴建房式粮仓，另外，为了使粮食仓库基础设施现代化并延长粮食保存期，印度政府批准了兴建钢制筒仓的行动计划。截至 2020 年底，已建成钢制筒仓储量能力为 82.5 万吨。

通过“公开市场销售计划（Open Market Sale Scheme）”向市场出售粮食是政府抑制通胀的一种手段。主要通过两种渠道：一是由中央粮食库存调拨粮食给邦政府，由邦政府分销给零售商；二是由印度粮食公司通过公开招标将粮食卖给批发粮商。

2013 年印度政府颁布《国家粮食安全法》（National Food Security Act, NFSA, 2013），该法自同年 7 月 5 日开始生效。本法的重要之处在于把通过公共分配系统获得粮食确定为一项法定权利。根据该法案规定，在定向公共分配系统（TPDS）下，75% 的农村人口和 50% 的城市人口可以获得补贴粮食，补贴的粮食包括杂粮、小麦、大米，补贴价分别为 1 卢比 / 千克、2 卢比 / 千克、3 卢比 / 千克，补贴标准为“AAY 计划（Antyodaya Anna Yojana）”[1] 下覆盖的家庭每户每月可获取 35 千克粮食，优先保障家庭每户每月 5 千克。部分地区以现金转移支付的方式进行补贴，通过银行账户直接将补贴款发放给受益人，受益人可以选择从公开市场购买粮食。

此外，印度中央政府还适时修订了中央粮食储备标准并于 2015 年 1 月正式生效。中央粮食储备的主要目标是满足规定的粮食安全最大库存标准；确保公共分配系统和其他福利项目每月发放粮食需求；在作物遭遇意外歉收、自然灾害等

[1] 20 世纪 90 年代后期印度政府启动的一项粮食安全计划，该计划只针对印度的一小部分极贫人口。其为穷人中最贫穷者单独做出了规定，并单独规定了资格标准，以非常低廉的价格向这些目标群体发放粮食。

情况下增加粮食供应。

七、现代技术手段运用到农业

印度信息技术产业的成功也为农业发展战略带来启示。近年来，印度政府逐渐将现代技术手段应用到农业上。比如：运用现代技术手段提供农业信息（包括遥感技术、信息和通信技术、地理信息系统、农业气象学、陆基观测等）；建立现代气候预测系统——由农业部支持的“农业气候风险管理拓展范围预测系统（Extended Range Forecasting System for Climate Risk Management in Agriculture, ERFS）”，主要参与机构包括印度气象司、国家中期天气预测中心、大气科学中心、德里印度理工大学、农业与合作部。该预测系统提前25—30天发布相关信息，以帮助农民有充分的时间做种植决策，也有助于政策制定者采取适当措施对突发情况进行纠偏。

农业国家电子政务计划（NeGP-A）。适时提供实时农业信息一直是印度农业面临的一大挑战。对此，在印度农业与农民福利部主导下，推动实施“农业国家电子政务计划”。该计划的目标是通过将信息通信技术运用到农业使农业相关信息能及时传达至农民。印度农民长期因为缺乏及时有效的农业信息而遭受损失，该计划旨在通过技术的桥梁为农民畅通农业信息渠道。该计划自2010/2011财年启动，第一阶段率先在印度7个邦试点推行，包括：阿萨姆邦、喜马偕尔邦、贾坎德邦、卡纳塔克邦、喀拉拉邦、中央邦和马哈拉斯特拉邦。随后第二阶段（始于2014/2015财年）在全国所有邦和7个联邦属地推进实施。认识到数字技术和其他新兴技术的重要性，在农民收入翻倍委员会（DFI）推动下，进一步扩大和加强印度政府的数字农业举措，借助现代技术手段实现现代农业管理，如遥感技术、地理信息系统、数据分析和云计算、人工智能和机器学习、物联网、机器人、无人机及传感器以及区块链技术等。

案例：印度咖啡委员会运用区块链激活咖啡电子市场

印度咖啡委员会发起的基于区块链技术的咖啡电子市场是一个试验性项目。通过该项目有望帮助农民透明地融入市场，实现咖啡生产者价格公平。同时减少咖啡生产者和购买者之间的中间环节，使农民增收。印度咖啡是全世界少有的全遮阴种植、人工采摘、天然晾晒的咖啡，主要为小规模种植，或者东、西高止山脉地区邻近国家公园和野生动物保护区的部落民种植。印度咖啡在国际市场上有着较高价值，属于较为优质的咖啡。但是咖啡农最终获得的收益却非常微薄。基于区块链的咖啡市场应用程序旨在提高印度咖啡贸易市场透明度，确保从咖啡豆到咖啡杯的可追溯性，以便消费者品尝到地道的印度咖啡、咖啡种植者获得公平回报。此举不仅可以减少咖啡生产者对中间商的依赖，以合理的价格直接跟买家建立联系，同时还帮助咖啡生产者在一定的时间内找到出口商并通过提升透明度建立更高信任度。相关方，包括咖啡农、贸易商、出口商在平台注册交易。咖啡农需要注册相关证明，例如咖啡产地、作物详细信息、海拔等。每位农民出售的每单商品都会创建一个区块链，所有相关信息被全程长期保存。

2016 年在莫迪政府推出了名为 Kisan Suvidha 的农业综合应用 APP。这是莫迪总理推出的“数字印度”蓝图的一部分。这是一款快速向农民提供相关信息的综合移动应用程序，以简洁的界面向农民提供有关天气、农资经销商、市场价格、植物保护、专家咨询、土壤健康卡、冷库和仓库、作物保险、政府计划等重要信息。该 APP 还与农民呼叫中心连接，农民可以直接通过该 APP 向专家咨询农业相关问题。该 APP 开发了一些独特功能，例如极端天气预警、周边地区产品市场价格以及本邦和全国的最高价格。

第二节　农业服务

一、农业科技和教育

（一）印度农业科研与教育组织体系

印度农业研究与教育部（Department of Agricultural Research & Education, DARE）隶属于印度农业部，成立于1973年。其主要功能是协调与促进印度农业研究与教育发展。该部下辖四个独立机构，分别为印度农业科研委员会（Indian Council of Agricultural Research, ICAR，以下简称农科委）、英帕尔中央农业大学（Central Agricultural University CAU Imphal）、比哈尔普萨Dr Rajendra Prasad博士中央农业大学（Dr Rajendra Prasad Central Agricultural University, Pusa, Bihar）、北方邦詹西拉尼拉克希米拜中央农业大学（Rani Laxmi Bai Central Agricultural University, Jhansi, UP）。印度农业研究与教育部也是印度农业研究与教育领域国际合作的核心机构。

印度农科委是印度最高农业研究机构，其功能包括协调、指导和管理印度农业（含园艺、水产、动物科学）研究与教育，推动农业相关的科学和技术方案实施，包括农业研究、新技术教育和示范等。该委员会承担农业传统领域和前沿领域的基础和应用研究，解决资源保护和管理的相关问题，以及提高农牧渔生产力的相关问题。印度农业研究与教育部衔接农科委与政府联系。印度农科委建立了一个全国性的农业科研网络，组成一个庞大的农业研究体系，这个体系中包括97个ICAR研究所、53所农业大学、6个办事处、18个国家研究中心、25个项目部门以及89个遍及全国的全印协调研究项目。此外，在全国各地还设立有农业技术培训中心（Krishi Vigyan Kendras），向农民、农村妇女和乡村年轻人提供农业技能培训。在政府机构之外，还活跃着一些非政府组织，它们也是印度农业科教推广体系的一部分，参与到农业科技研究、推广和落地。1994/1995 年，两项以自愿组织为主导的“自愿组织农业推广计划”和“农业妇女计划”启动实施。在 ICAR 领导下的印度农业研究体系（National Agricultural Research System, NARS）仅 2014 年 5 月到 2020 年 11 月期间，就发布和公告了 1406 种大田作物新品种。至 2020/2021 财年，ICAR 开发了至少 17 种生物强化的大田和园艺作物新品种，生物强化作物品种总数超过 71 种。

印度农业科研与教育的这些机构和组织可以概括为两大系统：一是印度全国农业研究系统（包括印度农业研究委员会 ICAR、其他中央研究机构以及印度农业研究委员会在各地设立的研究中心），二是农业大学系统，这两大农业科研教育系统在印度农业“绿色革命”中起了关键作用。印度农科委的标志性成就是其在印度“绿色革命”中所起的引领作用。“绿色革命”之后农业科研投入下降，农业科技几乎再没有取得重大突破。印度农科体系存在自身的弱点，主要包括：其一，若以农业 GDP 在邦 GDP 的占比来比较，那些占比更大因而农业相对更重要的邦农业教育反而更弱（以农业大学注册学生数量来衡量）。这一点在北方诸邦（旁遮普邦和哈里亚纳邦例外）和东部各邦都得到了印证。这些地区农业大学存在普遍的问题诸如资源短缺、难以吸引有才能的老师、与国际同行的联系和合作有限、科研转化能力弱、缺乏创新力等。印度地方农业大学是印度农业技术和信息以及相关农业公共政策传播推广的重要一环， 地方农业大学发展弱化必然影响到农业新技术及实践传播推广、农业公共政策的宣传执行。其二，农业研究公共投资不足。印度农业投入主要依靠中央政府。按照农业科研投入与农业 GDP 的比重比较，印度 2010 年农业投资强度为 0.31%，同期中国为 0.65%。其三，激励机制问题导致公共研究部门科研生产力低下。

印度农科委一方面帮助农业研究政策和计划的制定，同时在农业新技术的开发、试验和推广方面起着重要作用。除了在土壤科学、园艺种植和农业推广方面的工作外，该委员会还对几乎所有具有重要经济价值的农作物展开了研究。印度因此成为世界上重要的生物基因中心之一，包括植物、动物和鱼类三大种。

（二）农业科技与应用

自“绿色革命”起，科学技术在印度农业发展中起着主导作用，使印度粮食实现自给自足，并且多种农产品产量列居世界前列。由技术推动的历次农业革命包括：粮食作物为主导的“绿色革命”、油籽生产的“黄色革命”、牛奶生产的“白色革命”、鱼类生产的“蓝色革命”、园艺领域的“金色革命”。这些都是技术突破在不同农业领域推动农业进步的代表。2000年，在拉贾斯坦邦阿杰梅尔市（Ajmer）塔布基农场（Tabji Farm）建立了一个国家级种子香料研究中心（National Research Centre on Seed Spices）。同年在拉贾斯坦邦另一个城市比卡内尔（Bikaner）设立的国家干旱园艺研究中心（The National Research Centre on Arid Horticulture）升级为中央干旱园艺研究所（Central Institute of Arid Horticulture）。畜牧技术突破主要是在牛的繁殖和动物疾病防控上取得了突破，牛的产仔率大大提高，并且建立了亚洲第一所畜禽外来疾病控制和诊断实验室。

20世纪90年代，印度耕地面积可拓展空间已经十分有限，提高农业产量主要得依靠提高生产力，农业生产力的提高主要有赖于各种农业生产要素的合理使用，例如灌溉、化肥、种子和作物保护等，另一方面，还需要依靠作物的科技进步研究。印度农科委启动了几乎所有前沿领域的研究项目，包括：作物、土壤科学、园艺、农业推广，以期开发出抗病虫害、适宜旱作环境和不同农业气候区的高产种子品种。印度农科委通过其遍布全国的农科网络，成功地在印度农业多个领域实现了技术进步，比如：作物品种、土壤、作物栽培、畜牧、水产等，并通过示范和培训将这些技术应用到农业中。这一时期，印度政府在包括印度东北地区和其他联邦属地的主要邦重新组织了农技推广服务。在中央和邦两级分设培训基础设施，在中央一级依托农业推广管理研究所，在邦级则依托分社在各邦的15所高级培训机构和4家农技推广教育机构，通过这些培训机构培养各层次的农技推广人员。1994/1995年度，两项新计划开始实施，分别为“农业资源组织推广计划”和“农业中的女性计划”。

农业科研技术从实验室向农田转化：印度全国设有716个农业科学中心（Krishi Vigyan Kendras, KVKs），这些科学中心与遍布全国的337万个一般农业服务中心建立了联系，使农业科学更贴近农民，以提供需求驱动型服务和信息。农业科学中心通过农场试验和前沿示范，将实验室技术转化为田间实践。这些科研活动传播种植技术的同时，也生产了大量优质种子和种植材料以及改良的家畜种苗，这些都以成本价提供给农民。大量农民参与了此过程，其中部分农民被培训成技术骨干，对有前景的技术进行进一步推广传播。

在印度农科委的主导下，在印度首都新德里建立了全国基因库，一度是亚洲最大的基因库。

（三）农业数字化平台

印度农业研究委员会（ICAR）依托其遍布全国的研究所和农业科学中心建立了数字农业平台——信息农业物理融合系统（Cyber Agro-Physical Systems, CAPS）。该系统将传感器的应用与计算机、卫星图像、超级计算机设备融合进行研究，通过人工智能就关键农业活动和气候现象向农民提供预警，这有助于减少农业活动中的风险和不确定性。此外，该数字 APP 也是为了使农业适应莫迪政府提出的“数字印度”愿景而开发的新的应用程序。农业研究与教育部推出了农业教育门户网站 EKTA（Ekikrit Krishi Shiksha Takniki Ayaam）作为集成在线管理信息系统。该系统开发了 9 款手机 APP，比如：芒果 APP、油棕榈 APP（分别用三种语言：英语、印地语、泰卢固语）、石榴 APP、洋葱和大蒜 APP、黑胡椒 APP、蘑菇 APP，以及多个农业社区 APP。遍及全国各地的农业科学中心通过“移动农业（mKisan）”门户程序向农民提供短信服务，短信内容包括各种农作物及相关经营活动一揽子实践改进信息、天气预警以及各类政府计划、政策的相关信息等。

（四）农业教育

印度开展农业教育课程的主要机构：27 所邦农业大学，分布于 16 个主要邦；1 所中央农业大学，设立于印度东北曼尼普尔邦；4 个研究所，分别为印度农业研究所（IARI）、印度兽医研究所（IVRI）、印度乳制品研究所（IDRI）、中央水产教育研究所（CIFE），这 4 所研究所被赋予了大学的地位，它们除了进行各自领域的研究工作外，也提供研究生课程教学。ICAR 的技术转让责任是通过向农民、政府技术推广部门、政府农业部门和参与农业发展到非政府部机构示范最新农业技术来实现的。20 世纪 90 年代，ICAR 的所有技术转让都通过农业科学中心（Krishi Vigyan Kendras）网络进行，该网络由分布在印度各地的数百个农业科学中心组成。这些农业科学中心对年轻人、农民、农村妇女和农业工人进行农业各领域的现场职业培训。

二、农业技术推广与信息服务

由印度农业与农民福利部支持的全国农业培训机构网络由各级农业推广骨干机构组成。包括：全国农业推广管理研究所（海得拉巴）、4 所区域农业推广中心教育机构以及各邦级农业管理和推广培训机构。全国农业推广管理研究所对邦政府高、中级别相关工作人员提供培训，同时也对执行中央政府“（农业）推广改革计划”的项目人员提供培训支持。除了以上财政支持培训课程，该所还提供自费课程，例如为期两年的农商管理研究生课程、为期一年的农业推广管理研究生远程教育课程、为期一年的农业推广服务学历课程假期班等。4 所区域推广中心教育机构分别位于哈里亚纳邦、特伦甘纳邦、古吉拉特邦和阿萨姆邦。区域推广中心主要目标是提高邦 / 联邦属地农业及相关部门农业推广领域中级工作人员的技能和工作能力。2015 年农业与农民福利部全国农业培训机构网络推出了为期一年的“农业投入品经销商常规课程”，目的是向农业投入品经销商提供农业及相关领域的教育，以助其在生意与服务之间建立业务关系。

为了让农业技术和信息向农业社区转移，印度政府实施了多种计划。2005/2006 年启动“支持邦推广项目和推广改革计划（The Support to State Extension Programmes for Extension Reforms Scheme）”，该计划目标是通过为农业技术传播提供新的制度安排，在地区层面设立农业技术管理代理机构这种新的农技推广组织形式形成以农民为主体的推广体系。为此，在地区一级设立“农业技术管理站”（Agricultural Technology Management Agencies, ATMA），实施推广改革，积极参与的主体包括农民和农民团体、非政府组织以及其他相关机构。其他相关的农业支持计划还包括大众传媒对农业部门的支持，重点是全印电视台和全印广播公司制作播出与农业相关的节目，向农民群体提供农业相关的信息和知识，另外还利用全印广播电台调频 96 个频道播送地方特色农业节目；农民呼叫中心通过免费热线提供农业信息；农业诊所和农业商务中心有偿服务；通过农博会传播农业情报；通过地区层面的推广培训教育提高推广技术和职业技能。

充分发挥大众媒体的作用是印度农业推广的一大特色。印度中央政府为此专门出台了“大众媒体支持农业推广计划”。该计划利用全印广播电视台基础设施和网络，通过广播和电视节目宣传推广最新农业实用技术和方法。这种宣传推广方式的优势在于其覆盖面广且成本十分低廉。目前这种大众媒体的农业节目已经形成多层次（既有全国性的，也有邦级和县市级乃至村镇层级）、多维度、形式灵活、全域覆盖的局面。例如：全印电视台通过一个全国电视中心和 18 个地区电视中心每周五天每天半小时发送农业节目；全印广播电台通过全国 96 个乡村调频以多种印度地方语言 24 小时不间断发送各类农业农村节目。这些节目除了宣传推广最新农业科技和实用农耕实践技术、各类农资信息、市场行情信息、招工就业信息等，也是各级政府农业及相关政策、农业发展计划等的重要宣传渠道。

印度政府 2002 年启动的《农业诊所与农业商务中心方案》，开始推动农村地区建立农业诊所和农业商务中心。该方案为农科专业毕业生和农业中介创造有报酬的自就业机会，政府为其提供金融扶持成立个体农业诊所和农商中心，这些个体企业转而为农业公共推广提供助力。该方案指定国家农业推广管理研究所（National Institute of Agricultural Extension Management, MANAGE）负责方案设计的培训工作，通过分布于各邦的指定培训机构执行具体培训工作。国家农业与农村发展银行代表印度政府发放补贴资金，并通过商业银行监督对农业诊所和农商中心的信贷支持。

印度政府还推出“农民呼叫中心计划（Kisan Call Centers, KCC）”，向农民提供个性化服务。该计划通过全国统一免费热线向农民群体提供信息问询服务，解答农民有关农业及相关领域的问题。农民呼叫中心在全国设立 21 个运营中心，覆盖所有邦和联邦属地。每周 7 天每天从早上 6 点到晚上 10 点以 22 种语言不间断提供服务。农民呼叫中心后台还设立了“农民信息管理系统”（Kisan Knowledge Management system, KKMS），详细记录来电数据，若接线员未能解决来电问题，则问题会被转至相关的官员并在规定时间给出回复。农民呼叫中心应用了大量现代科技元素，比如一体式过程控制系统、100% 通话录音、呼叫驳运（barging）、语音邮件服务、自动语音服务、专家电话会议、每次通话结束反馈、在等待时间向农民播放本邦官方通告、以短信方式向来电农民发送呼叫中心农业顾问的答复、各运营中心安装中央监控和生物识别考勤系统等。

此外，在印度城市化和工业化的带动下，男性农业劳动力非农趋势明显，女性劳动力在农业生产中更加活跃。根据印度劳工部的数据[1]，印度女性就业总人数为 1.498 亿人，其中在农村就业者为 1.218 亿人，占比 81.31%。这些农村就业女性中，80% 从事农业生产活动。全部农业劳动力中女性占比 33%，而个体农民中 48% 是女性。农业女性在主要作物生产、牲畜生产、园艺、收获后生产活动和渔业等农业生产活动中起着重要甚至关键作用。鉴于女性在农业生产中的重要性，印度农业与农民福利部设立了“农业性别资源中心”（National Gender Resource Centre in Agriculture, NGRCA）。该中心是农业及相关领域所有关于性别议题的协调中心，解决农业政策和各类计划方案中涉及性别层面的问题，并对各邦 / 联邦属地将针对性别问题的干预措施纳入农业政策体系提出建议。该中心参与制定农业与农民福利部对各类福利项目和计划指导原则的修订，确保农业女性获得相应的福利待遇。

21 世纪初期，印度前总理瓦杰帕伊执政后期开启了印度农业的第二次革命。农业推广是印度第二次农业革命任务的一部分，印度政府为此制定了“农业推广子任务（Sub Mission on Agricultural Extension, SMAE）”，其目的是重构和加强农业推广机制，重点是：推动大规模农业推广人员到位、通过相关领域专家和定期能力建设提高推广质量、重视信息传递互动方式、构建公私伙伴关系、广泛而创新地使用信息通信技术和大众媒介、将印度中央政府和邦政府的各种计划和方

[1] 印度劳工部 2021/2022 年度报告，网址：https://labour.gov.in/sites/default/files/annual_report-21-22.pdf。

案进行融通整合。随着印度农业发展战略的调整，邦政府在农业推广中逐渐发挥主要作用。“农业推广子任务”由多个子计划组成。其中之一“各邦推广改革支持计划”（ATMA Scheme）自2005年开始实施，目前已经在全国28个邦和5个联邦属地开展实施。该计划通过制度性安排，即由县一级的农业技术管理机构（ATMA）负责农业技术传播，推动形成以农民为中心的农业推广体系。该计划向邦政府发放中央拨款，以支持邦政府建设有活力的农业推广体系和提供农业各领域最新技术。在这方面，邦政府的主要工作包括：培训农民、提供农业技术示范、建设农村科技中心、动员农民组织、设立农民学校等。

印度第70次抽样调查表明大约59%的农民并未从政府资助的研究机构或推广服务中得到多少技术支持和知识技能，反而依赖农民中的能人、媒体、私人商业机构（如种子、化肥、农业经销商等）获取有用的技术信息。[1]到印度“十二五计划”时期，印度的技术推广人员与农民的比率大致为1∶1000—1∶800，农民很少有与技术专家的直接接触机会。为解决新技术和信息的推广最后一千米难题，印度加强通过电视农民节目，宣传推广农业技术、节水技术和有机农业技术，弥补农技专业人手的短缺。

随着智能手机的普及应用，移动手机端成为向农民提供农业服务的重要途径。印度农业部开发了一个农民移动门户网站（mkisan.gov.in），已经有大约5200万农民登记注册。来自印度气象局、印度农科院、印度政府部门和各农业大学等各部门的专家、科学家通过该门户网站以12种地方语言向农民发送各类农业信息，这些信息包括：①天气信息（比如可能的降雨、气温等），以帮助农民在作物选择、播种时机、收获时间等问题上做出更理智的选择；②市场信息，帮助农民在销售农产品时更充分掌握农产品价格和质量需求信息，在价格和时机上做出最优选择，以减少由于市场波动导致的农民低价出清。自2013年启动以来，该系统共计发送短信息超过246.2亿条。

---

[1] 引述自《印度经济调查2013/2014年》。

三、农业金融

（一）农业信贷

印度农业信贷政策的基本思路是向农民提供及时足额的信贷支持，重点是小农和边际农以及其他农村弱势群体。印度农业信贷的制度性框架包括合作银行、区域性乡村银行、商业银行乡村部、全国农业与农村发展银行。这些政策性银行提供多用途贷款，比如农业贷款、农村工业贷款、乡村手工业贷款，以及为“农村综合发展计划（IRDP）”指定人群贷款。贷款期限根据资金用途分为短期、中期和长期贷款。其中合作银行在满足农业部门短期贷款需求方面起了重要作用，特别是偏远贫困山区。

印度农业信贷随着“绿色革命”的推进而迅速发展，信贷政策成为印度农业战略的重要内容之一。其重点从一开始便关注小农和边际农。初期承担农业信贷业务的机构包括合作银行、商业银行和地区乡村银行。主要目标包括：赋能农民特别是小农、边际农和其他弱势群体，帮助其采用现代技术，促进农业生产，以提高生产力和产量；另外，也为中央政府实施的多项农业发展项目提供金融支撑，例如“旱地农业计划”“豆类发展计划”“粮食生产特别计划”“水稻生产特别计划”等，国家农业与农村发展银行则为各农业信贷机构提供再融资并为邦政府提供相关的农业贷款。农业信贷提供的贷款相对商业贷款利率更低。

为了让机构信贷更多地流向农业及相关部门以减少农村穷人对非机构渠道借款的依赖，印度采取多部门协同办法，使机构流向农业部门的信贷数额持续增加。1951/1952 年机构信贷占农业部门信贷总量的 7%，1961/1962 年这一数据增至 19%，1971/1972 年继续增至 29%，1983/1984 年则增至 40%。其中，合作银行所占信贷份额最大，超过 50%；为了支持农业及相关产业发展，印度 1969 年将商业银行国有化，同时在全国农村地区和城乡接合部大量开设分支机构。商业银行的全部分支机构中有 53.8% 设在乡村地区。这些商业银行机构在国有化之初对农业部门的放款仅占其放款总量的1.3%，到“六五计划”末（1983/1984年）这一比例上升至15%；印度区域乡村银行是1975年开始出现的一个银行机构新品种，其设计目标就是让银行更大程度地参与解决弱势群体、小农和边际农、无地劳工、手工业者和小企业主的信贷需求。到“六五计划”末期，已经有148家区域乡村银行及其6000多个分支机构在乡村运作；1982年7月，印度设立国家农业与农村发展银行，这是在理顺农村信贷机制上迈出的重要一步。国家农业与农村发展银行接管了此前农业再融资与发展公司（ARDC）和印度储备银行（RBI）对农业及相关部门的再融资功能，其中前者是向邦级土地开发银行（SLDBs）、邦级合作银行（SCBs）、商业银行（CBs）以及区域乡村银行（RRBs）对农业及相关部门的投资信贷提供再融资，后者是对邦级商业银行的生产贷款及中期贷款以及区域乡村银行的一般性贷款提供再融资。

不过印度农业信贷的一个显著问题是逾期率相当惊人，20世纪80年代末期超过40%。中央政府不得不在1990/1991年度启动债务减免计划，即“豆类作物债务纾困计划”，通过中央预算对非恶意违约者在国有银行和地区乡村银行的贷款进行上限为10000卢比的债务减免，邦政府则对合作银行的逾期农业贷款进行相似的操作。该计划自1990年5月启动实施，该计划覆盖政府银行借款者、从事农业及相关部门的从业者、从事乡村产业活动的从业者如手工业、纺织、建筑等。

1991/1992年印度农业与农村发展银行提出一项融资计划“自助组织”（Self-help groups, SHGs），通过将自助组织与正规信贷机构关联，正式和非正式机构均可以向穷人提供资助。SHGs发展非常迅速，2001/2002年已经发展出46万个这样的组织，覆盖780万个农村家庭。这使得印度农村SHGs成为世界上规模最大的小额信贷计划。“自助组织”重点是无法持续获得银行贷款的农村贫困人口，因此该计划的目标群体是小农、边际农和非农劳工、手艺人和工匠以及其他小摊小贩。

为确保信贷流向农业部门，规定各商业银行农业贷款比例需达到其贷款总额的18%。为了确保流向农业部门的信贷大幅增长，印度储备银行制定了一项计划，要求各银行提交各类项目农业贷款的年度行动计划，制定信贷目标，印度储备银行对执行情况进行监督。根据要求，各银行发放农业贷款年度增长率需超过 25%。各类农业信贷政策结果促成了大规模的农业信贷扩张。1996/1997—1999/2000 年，印度农业信贷规模几乎翻了一番。

1998 年印度农业与农村发展银行推出了农民信用卡计划（Kisan Credit Card Scheme），这是一项向农民提供短期贷款的创新计划，为农民从商业银行和地区乡村银行获得信贷提供便利。该计划在信贷额度内向持卡农民提供消费贷和投资贷。

印度农业与农村发展银行于 2001/2002 年启动了一项融资计划，为建立农业医院和农业服务中心提供融资。该融资计划除了向银行提供再融资外，农业与农村发展银行还通过银行以优惠条件向有需要的企业主提供保证金援助。该计划还帮助改善农业推广服务和向农民提供技术支持，并为农业专业毕业生提供就业机会。公共部门银行还推出了一项小农和边际农土地购买融资计划，印度农业与农村发展银行在该计划中提供再融资。该计划旨在帮助佃农、收益分成农户以及小农巩固其土地所有权。

2004 年中央政府宣布的“农民信贷一揽子计划（Farm Credit Package）”，促进了机构信贷资金加速流向农业部门，该计划宣布后的三年，机构流向农业的信贷资金翻了一番。同时，初期推出的“农民信用卡计划”并不覆盖所有农民，而是设定了一定的门槛。在一揽子计划下，“农民信用卡计划”扩大覆盖范围，将所有农民纳入计划之中。

2006 年，印度中央政府宣布“振兴短期农村合作信贷机构一揽子计划”，中央拨款，农业与农村发展银行负责执行该计划，为此还设立了合作振兴和改革部。各邦政府被要求跟中央政府和农业于农村发展银行签订合作备忘录，承诺执行复兴计划中的法律和制度等各项改革。另外，政府宣布了自 2006/2007 年夏季作物开始，实施农民信贷利率补贴计划，为农民提供最高 30 万卢比的农业贷款，利率为 7%，对于及时还款的农民，下一年贷款利率实行减让，因此，农民获得贷款的实际利率可能为 5%。另外，对合作信贷结构进行改造。

此外，还宣布了“困境农民一揽子纾困计划（Rehabilitation Package for Distressed Farmers）”，该计划是一项“农民特别救济计划”，印度中央政府在 31 个自杀率较高的地区实施的一揽子纾困计划，覆盖 4 个邦，即安得拉邦、马哈拉施特拉邦、卡纳塔克邦和喀拉拉邦。该计划分短期和中期步骤，旨在建立一个可持续的和可行的农业和生计支持体系，具体途径包括免除农民债务、改善机构信贷供应、改进以作物为中心的农耕方式、保障灌溉、流域管理、改善农业推广及服务、通过园艺 / 畜牧 / 乳品业 / 渔业增加农民收入等。该计划使信贷逾期的农民可以从银行系统获得新的贷款，产生的相关费用由中央政府和邦政府共同分担。该计划给短期逾期的农民一年的暂缓还贷时间，然后重新安排 3—5 年的贷款期限。中央政府和邦政府对这 31 个地区的信贷资金做出保障。

印度农民普遍使用非正规民间借贷。根据印度第 70 轮抽样调查数据，印度农民借贷资金中 40% 来自非正规渠道。来自地方放债人的资金占本地全部农业贷款的 26%。[1]2010 年印度政府成立了民间借贷工作组（Task Force on Private Money lenders），由农业与农村发展银行主席任工作组组长，调查大量农民向私人贷款的情况，该工作组于 2010 年 6 月提交了调查报告。

乡村基础设施发展基金（Rural Infrastructure Development Fund, RIDF）的资金来源于上一年度未完成农业（优先）部门贷款计划的商业银行，农业与农村发展银行按照未完成计划的数额将资金集中起来投入到乡村基础设施发展基金。

（二）农业保险

农业是高风险行业，尤其是旱作农业。当农业歉收的时候，农作物保险可以帮助农民继续获得信贷支持。印度政府希望农业保险的引入可以和最低支持价格制度一起起到稳定农业生产的作用。印度农业保险是从 1985 年开始起步的。

为了减少农民在各种自然灾害中的损失，印度从 1985 年 4 月开始启动了“综合作物保险计划（Comprehensive Crop Insurance Scheme, CCIS）”，从 1985 年夏季作物开始实施。该保险计划作为一个农业风险管理工具和为农作物因自然灾害受损的农民纾困的方式，是印度政府为稳定农业生产、保障粮食安全采取的战略性举措。该保险计划实际上是以早前推出的农业贷款计划为基础的。该计划本

[1] 《印度经济调查 2015/2016 年》，第 109 页。网址：https://www.indiabudget.gov.in/budget2016-2017/es2015-16/echapvol2-05.pdf，查阅时间：2022 年 7 月 13 日。

着自愿的原则，所有参与农业贷款的农民都可以加入保险计划。该保险计划覆盖主要的粮食作物包括小麦、稻谷、小米、油籽和豆类，该计划跟种植面积和信贷挂钩。所有从合作信贷机构、地区乡村银行、商业银行申请贷款用于种植上述指定粮食作物的农民都可以加入该保险计划。保额跟所申请的贷款额度一致。每位农民可获得的额度上限为 10000 卢比。不同的作物保费有略微差别，小麦、稻谷和小米为 2%，油籽和豆类为 1%。该保险计划的目标是：在发生自然灾害庄稼绝收时为农民提供金融支持；在农民庄稼绝收时帮助其维持获得贷款资格以便能够进行下一季作物种植；支持和激励谷物、豆类和油籽生产。印度保险总公司和邦政府按照 2 ∶ 1 的比例合作共同承保，为农民提供金融支持，使农民在作物歉收时仍然能获得贷款进行下一季作物种植。因而所有申请农业贷款的农民都被纳入该项计划之中，保费被一起计入农民的贷款额中。政府为小农和边际农提供保费补贴，小农和边际农的保费的 50% 自行承担，另外 50% 由中央政府和邦政府按照 50 ∶ 50 的比例进行补贴。该农业保险计划自启动以后，逐步推广到全国。不过执行的第二、第三年，由于先后遭遇干旱和洪灾，导致保险赔付金额高涨，其后对该保险计划进行了修改，一是降低了作物保额，二是给单个农民获取保险赔偿金额设立了上限。该计划运行到 90 年代末期的十多年，保费收入和实际赔付额度之间差额 5 倍以上，收入远远低于赔付金额。其中不足的部分由中央政府和相应的邦级政府按照 2 ∶ 1 的比例进行补贴。

该保险方案存在明显不足。举例来说，1985—1997/1998 年，仅古吉拉特邦的一种作物——花生获得的赔付金额就占全国总额的 48.8%。此外，该保险方案并不覆盖没有参与农业贷款项目的农民。为了将更多的农民纳入保险范畴，1997/1998 年度，印度政府推出了另一项保险方案“作物保险试验计划（Experimental Crop Insurance Scheme）”。该保险计划覆盖的是试验区范围内没有参与农业贷款项目且种植特定农作物的小农、边际农。该保险计划在 5 个邦的 14 个地区推广实施。保费完全由政府补贴，中央政府和邦政府按照 4 ∶ 1 的比率分担保费。

为了将更多农作物纳入作物保险范畴，将保险范围扩大至所有农民，同时，降低保险单位面积，印度政府 1999/2000 年度冬季作物开始启动了一项新的作物保险计划——“全国农业保险计划（National Agricultural Insurance Scheme 或 Rashtriya Krishi Bima Yojana）”。该保险计划取代了之前实施的“综合农业保险计划（CCIS）”。新的农业保险计划覆盖所有农民，既包括农业贷款计划参与者也包括没有参与农业贷款计划的农民，也不管其持有多少土地面积。保险对象涵盖所有粮食作物（谷物、小米和豆类）、油料作物和一年生园艺作物及经济作物（涵盖 11 种作物：甘蔗、土豆、棉花、生姜、洋葱、姜黄、辣椒、黄麻、木薯、香蕉、菠萝）。其他的园艺作物和经济作物将在随后几年陆续纳入保险范围。政府为小农和边际农提供为期五年的保费补贴，补贴费用由中央政府和邦政府各承担 50%。新的保险计划由通用保险公司（General Insurance Corporation, GIC）代表印度农业部执行。该保险计划的目标是使农民在因为自然灾害而庄稼受损时为其提供保护，主要是通过恢复其信用价值以便能继续下一季生产。同期，农业和合作部制定了“农业收入保险计划（Farm Income Isurance Scheme, FIIS）”，该计划锚定农民收入的两个关键部分，即产量和价格，通过这样一个政策工具，为农民收入提供保护。该计划首先在小麦和水稻两种作物上进行试点。

此外，相机推出的农业保险计划还包括：

“种子作物保险计划（Scheme for Seed Crop Insurance）”，自 1999/2000 开始生效。该计划在主要的种子生产邦实施，为种子繁殖和种植者提供歉收保险。覆盖指定的作物，包括水稻、小麦、玉米、高粱、鹰嘴豆、红鹰嘴豆、花生、大豆、向日葵和棉花。

“牲畜保险”，保险依据是“牲畜保险政策（the Livestock Insurance Policy）”，执行的机构是印度通用保险公司（General Insurance Corporation of India, GIC）。牲畜保险对象主要是牛，另外也涵盖羊等部分牲畜。

印度计划委员会于 2002/2003 年决定成立单独的农业保险公司，由印度通用保险公司、印度保险有限公司、新印度保险有限公司、东方保险有限公司和印度联合保险有限公司以及印度农业与农村发展银行共同出资设立独立的“印度农业保险有限公司”。随后推出的保险计划包括：2007/2008 年在卡纳塔克邦进行的“基于天气的作物保险试点计划”；2009/2010 年推出的“椰子树保险计划（Coconut Palm Insurance Scheme, CPIS）”。该计划在部分椰子主产区试点，包括安得拉邦、果阿邦、卡纳塔克邦、喀拉拉邦、马哈拉施特拉邦、奥里萨邦、泰米尔纳德邦。2016年印度中央政府推出“作物保险计划（Pradhan Mantri Fasal Bima Yojana, PMFBY）”，该计划全程覆盖从作物播种前一直到作物收获后，以抵御不可抗的自然风险。该保险项目对夏粮季、冬粮季和粮油作物及其他经济作物分别设定了不同保险费率。各邦自愿选择是否执行该保险计划，例如2017/2018年，有26个邦/联邦属地通过招标等方式确定保险公司执行了该保险计划，2018/2019年有23个邦/联邦属地。

“总理作物保险计划（Pradhan Mantri Fasal Bima Yojana, PMFBY）”是莫迪总理推出的一项雄心勃勃的农业保险计划，被称为是一项“里程碑式的举措”。该计划旨在以全国统一的最低保费为农民提供全面的风险解决方案。作为一种针对农民的缓解风险机制，该保险计划将保险覆盖范围扩大整个作物生产周期，从播种前一直到收获后全程覆盖。保额也大幅提高，在此计划推出前的作物保险平均保额为15100卢比/公顷，新的保险计划将其提高至40700卢比/公顷。印度的身份证（Ardhar card[1]）推广使得农民理赔程序大大简化，赔偿款直接转至其银行账户。

第三节　印度农业“第二次绿色革命”

一、对“第二次绿色革命”的解读

印度农业的“第二次绿色革命”与“第一次绿色革命”存在本质区别。印度农业“第一次绿色革命”本质上是对生产端的“革命”以解决粮食供给问题，重点是增加技术层面的投入，主要通过种子、化肥、水利灌溉等农业生产投入要素

[1]　Ardhar card是每个印度公民必须拥有的身份证明，由印度身份证管理局（UIDAI）颁发。这种卡内置芯片，包含公民个人基本信息以及虹膜扫描信息和指纹信息。

来实现。印度农业“第二次绿色革命”从严格意义上来说是一种农业发展新理念，是对印度农业发展进程的一个阶段性总结和方向性引导。如果说印度农业“第一次绿色革命”核心是“量”，那么第二次绿色革命的核心则转移到“质”上，它的产生基础是对印度农业多年发展积累的矛盾和问题的深刻洞察与认识。这些矛盾包括：①农业技术进展缓慢。农业部门自20世纪60年代以来粮食产量实现了高增长，其他众多农产品产量也实现较大增长，然而60年代“绿色革命”取得农业技术突破之后，印度农业基本上没有实现较大的技术突破。这主要是由于农业领域的投资增长不足和资本形成率低。从而随着需求的增加和结构的变化，供给侧反应迟缓，通货膨胀压力增大导致日益突出的供需矛盾问题。②印度农业内部结构问题，如粮食作物和经济作物发展不协调；除小麦以外的粮食作物单位面积产量普遍偏低，且产量年际波动大，主要粮食产量地区差异明显；重要粮食作物、豆类作物和油料作物产量无法满足国内需求，严重依赖进口。③农业政策问题。印度小麦和大米产量居世界前列，很大程度上归功于印度政府长期以来实施的价格支持政策明显偏向小麦和大米。这种偏向性政策扭曲了农业种植模式和农业投入/投资偏好；此外，农产品市场主要还是以政府收购为主导，对市场形成决定性干预；农业补贴对政府财政造成巨大压力。④农民贫困问题。印度独立以来，尤其是“第一次绿色革命”以来，农业发展成就显著，却始终无法从根本上解决农民贫困问题。由于政策和监管框架存在的漏洞，如何让投入农业的资源最终转化为农民的福利和发展，这成为当代印度农业面临的最大挑战之一。⑤农产品市场问题。印度过时的粮食收购和公共分配系统，加上尚未形成全国统一的农产品市场，这些问题对印度农业产生的负面效应都不容忽视。

这些矛盾和问题对当代印度农业发展形成巨大挑战。最根本的几点：第一是如何持续提高公、私资本对农业领域的投资；第二是如何让农业资源造福农民，让农民获得持续发展；第三是如何让农民与市场实现对接，提高农民的收益。此外，印度近一半的耕地为雨养地，这既是印度农业生产力低下的主要原因之一，也意味着较大的增产潜力，如何释放这部分增长潜力既是印度农业多年来努力的方向之一也是当代印度农业面临的一大挑战；印度食品深加工的水平还比较低，如何让农产品深加工产业整体提档增速；随着人口的快速增长，印度人均粮食占有量呈下降趋势，如何一方面确保人均粮食供应量，另一方面保障食品篮子里其他食物供应，以保障粮食安全和营养安全；如何完善农业部门基础设施，特别是仓储、道路、通信和市场等；经济增速高于农业增速，人们收入水平也相应提高，继而促成消费结构的变化，这些给农业部门畜牧产品带来压力，导致肉、蛋、奶产品价格上涨传导致通货膨胀，如何从供给端解决这一问题；持续上涨的最低支持价也是食品价格上涨的因素，如何平衡政策带来的负面作用和对农民的福利作用。

正是这些问题和挑战把印度农业推到十字路口。为了使农业年增长率提高到一个新水平，各邦各机构就必须在各个层面上扩大农业改革规模、提升改革质量。这些改革措施本质上来说就是在一个整体框架内更有效地利用资源和进行水土生态保护，实现可持续发展。其中重要的部分是水、电、路等农村基础设施的资金来源问题。这也是印度农业第二次绿色革命要解决的基本问题。

如果说印度农业的第一次绿色革命是以“产量为中心”，以技术为保障，那么第二次绿色革命则是“以农民为中心”，以体制机制为路径。印度农业部被更名为“农业与农民福利部”即体现了这种农业发展重心的转变，即农民的福利成为当代印度农业发展的核心。此外，重视农业可持续发展、弥补农业短板平衡农业内部结构、扶持农业落后地区（印度东北地区、部落山区等）消除地区发展差距、改革过时的农业制度（土地租赁、粮食收购、农产品销售流通等）、改革完善农业金融支持体系、发展农业多元化产业体系、提升农业吸引人才吸收劳动力的能力等，这些都是第二次农业革命的重要内容。如果第一次绿色革命注重农业发展的速度，那么第二次农业绿色革命更强调农业发展的质量，其主要的衡量标准是农民的发展和福利、农业的良性可持续发展，但这并不完全意味着单纯的农业转型。

把印度农业推向第二次绿色革命的根本矛盾和问题，从很大程度上说，也是印度整体经济和社会矛盾与问题的投射。1991 年印度经济改革以后，以信息技术和生物制药等产业为代表，经济出现了一波高增长，带动城市化的进程加速。不过由于制造业发展整体滞后，经济增速并未能带动就业同步增长，每年还新增上千万年轻劳动力涌入就业市场，这一不仅导致近年来印度劳动参与率呈下降趋势，尤其是女性下降更多，更重要的是由此而引发的社会、经济等一系列连锁反应。印度农业“第一次绿色革命”大大提高了农业生产力，也在一定程度上释放了部分劳动力，为其后启动工业化、城市化进程准备了条件。而“第二次绿色革命”，在相当程度上，担负着留住更多劳动力、减轻人口涌入城市的压力。（见图 5-1）

图 5-1 印度 15 岁以上人口劳动参与率 [1]

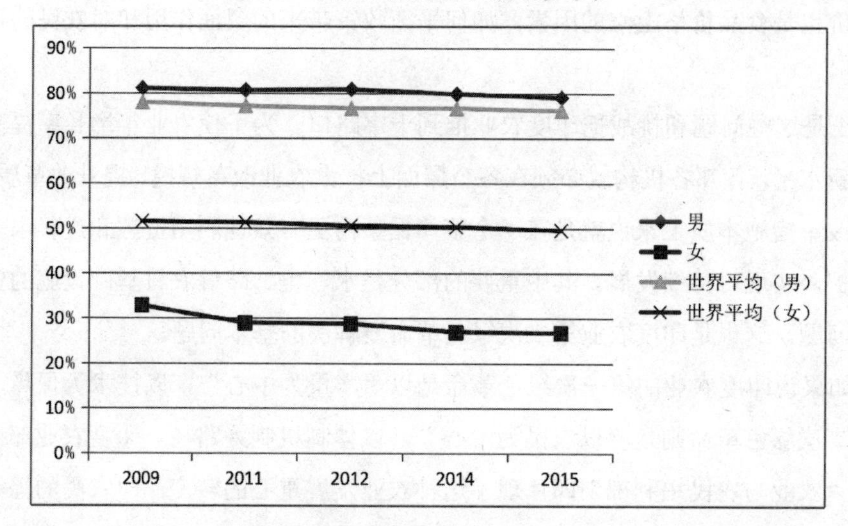

二、相关的农业发展计划或措施

印度“十一五计划”提出了提高农业产量的战略：将灌溉面积增长率提高一倍；改善水资源管理、雨水收集和流域开发；改造退化土地，重点在土壤质量；多元化发展高价值产品，如水果、蔬菜、花卉、草药和香料、药用植物、竹子、生物柴油，采取足够措施确保粮食安全；促进畜牧业和水产业发展；以支付得起的利率提供便捷的信贷渠道；改善激励结构和市场运行；再次聚焦土地改革议题。此前成立的全国农民委员会已经为这个整体框架奠定了基础。与国际水平相比，印度的农业研发支出水平较低。因此，提高农业研发投入水平也是这一时期政策重

[1] 数据来源：《2018 年印度统计年鉴》，网址：https://www.mospi.gov.in/web/mospi/reports-publications/-/reports/view/templateTwo/8201?q=TBDCAT。

点。2006 年 7 月启动了“全国农业创新工程”（National Agricultural Innovation Project），该项目以同农民组织、潘查亚特（印度基层组织）和私人部门合作的模式，以改善民生为目标，致力于加强前沿农业科学基础和战略研究。

印度农业是各邦政府主要负责的领域，因此，提高农业生产力、提升农业产量、挖掘农业潜力的主要责任在各邦政府，中央政府制定的各种计划和项目主要起引导和推动作用。主要中央计划包括：

（1）“国家农业可持续发展计划（National Mission for Sustainable Agriculture, NMSA）”：该计划寻求解决气候变化给农业带来风险的情况下农业可持续发展问题。该计划力图采用调试性、纾困式战略确保粮食安全、增加谋生机会、维持国家整体层面经济稳定。其主要目标是提高粮食安全和资源保护，比如土地、水、生物多样性、基因资源等。农业生产一方面受天气影响，同时农业生产本身也是全球气候变暖的贡献因素。该计划是印度“应对气候变化国家行动计划”八个计划之一，它寻求在与气候变化有关的风险背景下解决农业可持续发展问题，通过制定适宜的调试性战略以确保粮食安全、改善民众生计并促进全国经济稳定。该计划将促进旱地农业发展作为首要任务，同时在雨养地区发展畜牧、水产等综合农业体系，以此促进农业可持续发展。此外，该计划还强调利用传统知识和农业遗产就地保护遗传资源的必要性。该计划确定了促进农业可持续发展的十大关键问题，并制定了行动纲领。该行动纲领通过对已有的主要科研发展计划和期间项目进行升级、改造开展实施，包括“农业综合发展计划（Rashtriya Krishi Vikas Yojana, RKVY）”“国家园艺使命计划（National Horticulture Mission, NHM）”“国家粮食安全计划（National Food Security Mission, NFSM）”等。除此之外，作为对该发展计划的进一步完善和补充，引入新的干预计划，并通过与其他国家计划对接以及与关键部委协调进行制度衔接以解决跨部门问题。

（2）“农业宏观管理计划（Macro Management of Agriculture, MMA）”：该计划目标是提升中央推动各邦提高农业生产力和产量的辅助效力，并帮助各邦利用其与作物产量和自然资源管理相关的计划项目灵活创新，2008 年印度中央政府对“农业宏观管理计划”做了修改。该计划以向邦政府拨款的方式进行，制定了相应的拨款标准。

（3）“国家粮食安全任务计划（National Food Security Mission, NFSM）”：该计划于2007/2008年发起实施，是一项作物增产计划，该计划目标一是通过扩大种植面积和提高生产力实现大米、小麦和豆类增产，到“十一五计划”末（2011/2012年）增产粮食2000万吨，结果提前一年超额完成了计划目标；二是创造就业机会；三是提高农业经济效益以恢复农民信心。

（4）“农业综合发展计划（Rashtriya Krishi Vikas Yojana, RKVY）”：2007/2008年由中央政府发起该计划，目的是激励邦政府提高农业领域的公共投资，使农业及相关部门在“十一五计划”期间实现4%的增长率。该计划允许将国家优先事项作为子计划，允许各邦在项目选择和实施时拥有相当的灵活性。“农业综合发展计划”将中央对邦的资助的50%与邦政府分配给农业及相关部门的预算比例挂钩，以激励邦政府提高在农业领域的投入，亦即中央政府的援助取决于各邦对农业及相关部门的预算开支。该计划的主要目标包括：激励各邦在其邦计划中增加农业投资份额；在农业及相关部门的计划和执行中给予邦灵活自主权利；确保各地区和邦基于农业气候条件、技术条件和自然资源制定计划；确保各地比较优势得以体现发挥；通过重点干预缩小重要作物产量的地区差异；实现农民受益最大化。该计划已成为印度农业部门发展筹资的主要工具。2010/2011年在该计划下启动了多个子计划。①将“绿色革命向印度东部地区延伸（Extending the Green Revolution to the eastern region of the country）”，该计划旨在解决制约东印度水稻种植体系的瓶颈因素。该计划覆盖印度东部七个邦，分别为阿萨姆邦、比哈尔邦、恰蒂斯加尔邦、北阿坎德邦、奥里萨邦、北方邦和西孟加拉邦。该计划的目标是通过精耕细作和使用推荐的农业技术与一揽子农耕方法提高这些地区的作物产量。②“干旱地区豆类和油籽特别发展计划”。在政府确定的地区组织6000个豆类油籽生产村，向这些村的农民以租赁方式提供农业机械设备。③在贾姆和克什米尔地区执行“藏红花国家计划”。④“雨养区发展项目（Rainfed Area Development Programme）”。雨养区耕地面积大，农业潜力尚待释放。该计划是作为RKVY的试行方案实施，重点关注小农、边际农和农耕体系。它采用“端到端方法”，涵盖集成农业、农场用水管理存储营销以及增加农产品附加值以提高雨养区农民收入。此外陆续开展的子计划还包括：“油棕推广”“蔬菜集群方案”“营养谷物项目”“国家蛋白质补充任务”“加速饲料发展计划”。

（5）“油籽、豆类、油棕和玉米综合计划（Integrated Scheme of Oilseeds, Pulses, Oil Palm and Maize, ISOPOM）”：油籽主要种植于雨养地区，是印度干旱半干旱地区小农和边际农的重要生计。该计划给予邦政府在作物多样化选择上更多的灵活性。中央政府通过该计划在种子、种植材料、农作物需要的相关农药、除草剂、灌溉工具等方面提供支持。该计划在 14 个主要的油籽和豆类生产邦、15 个玉米生产邦、10 个油棕生产邦执行，2010 年 4 月起，该计划中的豆类部分被并入印度“国家粮食安全使命计划”。该计划赋予邦更多的灵活性，在差异化基础上促进作物多样化。其中，参与油棕发展项目的邦包括：安得拉邦、卡纳塔克邦、泰米尔纳德邦、古吉拉特邦、果阿邦、奥里萨邦、喀拉拉邦、特里普拉邦、阿萨姆邦和米佐拉姆邦。玉米发展项目在以下各邦进行：安得拉邦、比哈尔邦、恰蒂斯加尔邦、喜马偕尔邦、查谟 - 克什米尔邦、古吉拉特邦、卡纳塔克邦、中央邦、马哈拉施特拉邦、奥里萨邦、旁遮普邦、拉贾斯坦邦、泰米尔纳德邦、北方邦和西孟加拉邦。

（6）“国家园艺使命计划（National Horticulture Mission, NHM）”：该计划自 2005/2006 年开始执行。园艺作物范围广泛，被印度政府认定为是提升生计安全、创造就业、实现粮食和营养安全以及通过增加附加值提高收入的理想选择。该计划通过各种措施建立园艺产业的前后向联系以实现园艺部门的整体发展。园艺产品的易腐坏特性使得园艺产品收获后容易遭受损失，因此建立了国家冷链发展中心作为示范，以推动全国冷链设施和能力的发展。

（7）“东北各邦、锡金邦、查谟 - 克什米尔邦、喜马偕尔邦、北阿坎德邦园艺技术综合开发计划（Technology Mission for Integrated Development of Horticulture in North Eastern States, Sikkim, Jammu and Kashmir, Himachal Pradesh, and Uttarakhand）”：该计划在 2001/2002 年由印度中央政府发起，2003/2004 年，该计划将环喜马拉雅的三个邦也纳入其中，目的是解决东北各邦与园艺作物相关的问题，包括生产力和产量、收获后处理、营销和加工等园艺作物从生产到消费的整个前后向过程中涉及的问题。该计划后来被更名为“东北及喜马拉雅地区各邦园艺计划”。该计划推动的相关活动包括：各类园艺作物种植面积增加、原有果园产量得到提高、有机农业得到推广、建成一批关键性基础设施（包括苗圃、蓄水池、管井等）、滴灌技术获得推广、建成多个园艺示范中心 / 药用植物园 / 疾病预测组织等。该计划强调对一些价值较高的作物进行设施栽培，例如西红柿、彩椒、草莓、花卉等，以提高其品质。特别关注推广普及园艺机械化。此外，该计划还通过推广自助组织为女性农民赋能。

（8）“国家微灌计划（National Mission on Micro Irrigation, NMMI）”：该计划 2010 年 6 月启动，叠加 2006 年 1 月已经开始实施的“微灌计划”执行。该计划通过在全国范围推广采用滴灌和喷灌系统提高用水效率。该计划为全体农民提供 50% 的成本补贴，对小农和边际农则提高补贴至 60%。

（9）“作物多样化计划”：很长时间以来，印度农业种植模式和水资源利用方式的不可持续性就成为关注的焦点。旁遮普邦和哈里亚纳邦是“第一次绿色革命”最成功的邦之二，被称为“印度的饭碗”。但是其种植模式导致了地下水位大幅下降，长期来看，这种模式是难以持续的。因此印度政府推出了该“作物多样性计划”，目标是促进技术创新，鼓励农民在旁遮普邦、哈里亚纳邦和北方邦西部选择种植替代作物，以解决产量滞涨和地下水位下降的问题。此外，在 2014/2015 年预算中，印度政府还宣布了一些新的措施，包括：“流域综合管理计划（Pradhan Mantri Krishi Sinchayee Yojana）”“国家流域管理工程（Neeranchal）”“国家适应气候变化基金（The National Adaptation Fund for Climate Change）”“农民土壤健康卡任务计划”。

（10）“农民收入翻倍行动计划”：2019 年，莫迪政府为农民增收设定了“至 2022 年翻一番”的目标，并为此专门成立了一个部级委员会审查与农民收入倍增（DFI）的相关议题并提出战略建议。该委员会确定了七个农民增收渠道：①提高种植业生产力；②提高养殖业生产力；③有效利用资源或节约生产成本；④提高种植强度；⑤向高价值种类的作物多样化；⑥提高农民端的农产品价格；⑦将农民向非农产业转移。已经推出的几项措施包括：倡导邦政府进行渐进式市场改革；鼓励邦政府颁布《订单农业示范法》（Model Contract Farming Act）；将农村集贸市场（Gramin haats/ rural haats）改造升级为农村农业市场；建设全国农业电子市场，为农民提供电子在线销售平台；向农民发放土壤健康卡以帮助农民合理施用化肥；通过 Pradhan Mantri Krishi Sinchayee Yojana（PMKSY）提高水的使用效率；通过 Pradhan Mantri Fasal Bima Yojana（PMFBY）为作物提供更好的保险以减轻风险；为短期作物贷款提供最高至 5% 的利息补贴；将农民信用卡和利率补贴适用范围扩展至畜牧养殖业及相关生产活动。2018/2019 年，政府将 MSP 价格提高至生产成本的 1.5 倍，大大增加了农民的收入。此外，为了给小农和边际农提供社会安全网，使这些没有储蓄能力的人在年老失去生计的情况下有所保障，政府实施了一项新的中央计划，即针对小农和边际农的养老金计划，该计划为自愿缴费的养老金计划。

（11）“农业基础设施基金项目（Agriculture Infrastructure Fund, AIF）”：这是印度中央实施的农业基础设施融资计划，执行期自 2020/2021 财年至 2032/2033 财年。该项目的目标是建造田间农业基础设施。该计划通过利息补贴和财政支持，为农产品收获后管理基础设施和社区农业设施项目提供中长期债务融资支持。根据该计划，银行和相关金融机构向以下对象提供总计 1 万亿卢比贷款：初级农业信贷社（Primary Agricultural Credit Societies）、市场销售合作社（Marketing Cooperative Societies）、农民生产者组织（Farmer Producers Organizations）、互助组（Self Help Group）、个体农民联合责任集团（Joint Liability Groups）、综合合作社（Joint Liability Groups）、农业企业、各级公私合作项目、农产品市场委员会、全国或邦级合作社联合会、邦级机构等。该计划下的贷款获得政府提供的 3% 的利率补贴，最高期限 7 年，最高上限为 2 千万卢比，并由政府提供担保。

第六章　当代印度农业发展的困境与前景

一、资源困境

以水资源短缺为代表。尽管水资源是印度最稀缺的自然资源之一，但是印度耗费在单位粮食产量上的水却是中国的2—4倍。自独立以来，印度在水利灌溉上进行了大量投资。但是水资源通常是通过漫灌的方式用在农业上。自20世纪90年代印度政府开始逐步推广喷灌和滴灌技术并推行雨水收集计划。在印度，政府对农业电力的补贴也被认为是推动水资源浪费的一个主要因素。此外，尽管极度缺乏水资源，在印度政策刺激下，印度还正在通过出口高耗水农产品对外“出口水”[1]。印度在20世纪80年代之前一直是“净进口水”的国家，随着粮食出口增加，印度逐渐成了“净出口水”的国家——每年大约通过出口粮食损失掉1%的可用淡水资源。[2]

---

[1]　《印度经济调查2015/2016年》，第74页。网址：https://www.indiabudget.gov.in/budget2016-2017/es2015-16/echapvol1-04.pdf，查阅时间：2022年7月11日。

[2]　《印度经济调查2015/2016年》，第74页。网址：https://www.indiabudget.gov.in/budget2016-2017/es2015-16/echapvol1-04.pdf，查阅时间：2022年7月11日。

二、农业生产率低

印度农业面临的关键性挑战是生产率低，这明显地表现在普遍平均单产水平上，特别是豆类产量。虽然印度的许多农作物产量处于世界领先水平，但是单位产量水平却显著偏低。此外，不同作物的产量水平差距和同一作物产量水平区域差距情况仍然显著。以印度主要的粮食作物小麦和大米为例。这两种粮食作物占据了印度最肥沃和灌溉条件最好的土地。印度政府对农业的投入很大部分被这两种作物分流，比如水、化肥、电力、信贷和最低支持价格制度下的粮食收购。然而直到 2015/2016 年，印度小麦和水稻的平均单产水平大大低于中国（水稻低 46%，小麦低 39%）。跟世界平均产量水平相比，印度小麦平均产量低于世界产量水平，但是印度产量最高的旁遮普邦和哈里亚纳邦的小麦产量水平却高于世界水平，而大多数其他邦的小麦产量水平甚至不及孟加拉。稻谷产量情况更不乐观。即便印度产量最高的地区也比中国平均产量低，大多数邦稻谷产量低于孟加拉邦的平均产量。再以豆类为例。印度是世界上豆类生产和消费大国，且豆类是印度人食物蛋白质的主要来源之一，然而印度的豆类产量比大多数国家都低。部分邦的豆类产量相对较高，即便拿产量最高的安得拉邦与中国相比也仅为中国产量的 3/5。作为像印度这样体量的豆类消费大国，依赖进口解决国内的需求是不现实且不可持续的，因此，必须将有限的资源向豆类适当倾斜。

各种农作物生产率低下也从另一个方面表现了印度农业的增长潜力。印度 2013 年的“农业家庭状况调查（Situation of Agricultural Households Survey, 2013）”数据显示，豆类生产模式典型特征是：各邦大多数生产豆类的耕地缺乏灌溉，且全印度生产的豆类几乎大多产自靠天吃饭的地区。相较之下，绝大部分小麦、水稻和甘蔗（主产地为旁遮普邦、哈里亚纳邦和北方邦）产自灌溉良好的地区。而在缺乏水资源的马哈拉施特拉邦，所有的甘蔗种植都是靠天吃饭。因此，要增加豆类产量必然要扩大豆类在灌溉耕地上的种植面积，而这要求印度的农业政策做出调整。

几乎所有的农作物单位面积产量均偏低，这是印度农业的一个普遍特征。一些作物总产量在世界名列前茅，但是单位面积产量普遍低于世界平均水平。举例来说，2004/2005 年，印度稻谷产量占全球的 21.8%，但是单产不及韩国、日本，跟埃及相比，仅为埃及单产的 1/3。类似的，2004/2005 年，印度小麦产量占全球 12%，但是单产低于全球平均水平，不足英国产量水平的 1/3。印度杂粮作物和主要油籽单产分别为世界平均水平的 1/3 和 46%。棉花的情况要稍好一些，其单产水平相当于世界平均水平的 63%。

农业生产率低效导致农民收入不稳定，同时使大量土地浪费在低价值农业上。

三、供需矛盾

农业部门自 20 世纪 60 年代以来粮食产量实现了高增长，其他众多农产品产量也实现较大增长，然而随着需求增加，供给侧反应迟缓，常常导致通货膨胀压力。60 年代“绿色革命”取得农业技术突破之后，印度农业基本上没有实现较大的技术突破。另一个严峻问题是土地供给规模受限，印度粮食播种面积过去三十年以来呈持续减少趋势。粮食增产主要依靠生产力的提高。在耕地面积增长受限的背景下，需要依靠增加研发投入，提高农业生产力实现产量增长。拥有小块土地的小农和边际农在印度农民中占绝对多数，而且多年来，农民拥有土地平均面积还在继续缩小。这种土地碎片化趋势既不利于推广农业机械化也对土地经营效益形成制约。此外，部分作物产量波动过大，像豆类等产量与国内市场缺口相差过大，容易遭受国际市场价格波动的冲击。农产品附加值低，限制了农民收入增加。在分配上，福利不能顺利到达目标人群手中，造成大量“福利泄露”，由于过程复杂，一些真正需要支持的目标人群无法获得政府给予的福利。农业可持续发展问题上，土壤侵蚀、地下水位降低、地表灌溉降低以及水侵和气候变化等都是印度农业不得不面对的问题等。需求方面，人们购买力增强，对肉蛋奶等高蛋白食物需求增加，但是相应的供给却跟不上，导致价格上涨。由于农业灌溉基础设施依然不能满足农业需求，印度农业主要还是依赖季风降雨。这种靠天吃饭的现实增加了农民面临的风险。气候变化、极端天气也给农业带来不确定因素，农业保险计划需要及时修改，弥补不足。农产品仓储能力是印度农业面临的一个主要问题，包括仓储、交通通信和市场在内的农业基础设施不足也是影响农业增长速度的重要因素。农民与市场的连接问题是另一个需要改进的问题，尤其是实时市场情报和农业市场改革，让农民在农产品供应链上直接与市场对接。食品深加工水平还比较低，需要鼓励对食品加工、冷链、处理、包装等进行投资。

四、土地持有模式问题

印度农业平均土地持有规模小（1.15 公顷），且自 1970/1971 年以来呈持续下降趋势。持有土地面积不足 2 公顷的小农和边际农占比 72%。印度农业小规模经营者占绝对多数，这极大限制了印度农业享受规模经济发展带来的红利。另外，小农和边际农由于极少盈余出售而成为价格的被动接受者，缺乏主动议价能力。基于土地持有规模的农业家庭负债情况分析显示负债额与土地持有规模呈相反关系。该分析以西孟加拉邦和比哈尔邦为例，80% 的边际农家庭负债，大多数邦的大地主负债最少。印度这种土地持有模式和农业家庭情况表明印度农业不仅小农和边际农占绝对多数，而且小农和边际农普遍背负债务，经济上极为脆弱。

根据 2015/2016 年的《农业普查》，2015/2016 年印度农业实际用地 1.46 亿公顷，边际农（持有土地不足 1 公顷）所占比例由 2000/2001 年的 62.9% 上升至 2015/2016 年的 68.5%，而持有土地面积为 1—2 公顷的小农比例由 18.9% 下降至 17.7%，持有土地面积超过 4 公顷的大地主比例从 6.5% 降至 4.3%。同期，小农和边际农耕种的土地面积由 38.9% 上升至 47.4%，大地主经营的土地面积由 37.2% 降至 20%。由此可见，印度耕地碎片化程度进一步加深。

五、土地改革执行迟缓

尽管几乎全国所有邦都有立法宣布持有土地超过限额的土地为剩余土地，并宣布将其分给无地或者小农，但是剩余土地征收和分配过程极为缓慢。到 1977 年 11 月末，宣布的 166 万公顷剩余土地仅有 54 万公顷成功分配给无地农业劳工。

巩固土地所有权则是土地改革中的另一项重要任务。这一时期印度农业发展的主要战略是依靠高投入实现农业增产，其关键在于占绝对多数的小农，一方面是他们对土地进行投资的意愿，另一方面是他们能够受益于别的农业生产设施的可能性，比如公共的或者合作的灌溉设施，其关键在于巩固小农的土地所有权。从土地改革的进展和成效总体上看，全国都很缓慢，收效甚微，且各邦又存在执行上的差异，具体进展并不统一。印度中央政府鼓励各邦将土地改革放在优先考虑位置，并且考虑到土地权属明确在灌溉工程的灌区能产生更大的红利并能产生示范效应，所以支持这些灌区率先进行土地确权，并开始强调保存土地记录。

六、农民负债突出

印度全国抽样调查办公室（National Sample Survey Office）针对 2003 年 1—12 月做的抽样调查第一次对农民负债问题做了调查，该调查结果显示：48.6% 农户家庭有负债；在全部负债农民中，61% 持有耕地面积不足 1 公顷；在全部未偿债中，有41.6%是用于与农业无关的目的，仅有27.8%用于与农业活动相关的用途在全部未偿债中，总金额的 57.7% 来源于各类正规金融机构，42.3% 来自民间借贷，包括放债者、商人、亲戚朋友；据估计，民间借贷中超过 1/3 的借款利率达到 30% 甚至更高。农民负债的原因既有内在原因也有外在因素，外部原因包括天气因素导致的不确定性等。内在原因包括优先于还债的农民消费需求等，因为对很多农民来说，现实情况是农业收入不足，根本没有盈余。时至今日，印度农民高负债状况并未得到明显改善。这也是导致印度农民自杀率居高不下的原因。

七、农业市场的供应链管理问题

提升农产品供应链的运行效率、提高农产品价格，需要一种将农产品批发加工、物流运输和零售与农业生产活动直接连接起来的机制，这种市场连接机制没有私营企业参与是很难实现的。因此，2012/2013 年度，印度政府开始允许外国直接投资（FDI）参与零售。

八、价格风险

农民一年四季面临农产品价格不确定性，主要源于供求波动、商人投机囤积。而农产品市场委员会监管下的市场低效率引发的价格风险对农民影响更深，因为农产品的特性易腐，而农民没有储藏能力，无法在农产品有盈余和短缺之间做调剂以抵御损失。此外，农产品市场价格波动会影响农民种植决策，而农作物生长周期往往导致农民的决策滞后，从而形成反周期播种模式。而这往往迫使农民低价贱卖其农产品。印度中央政府每季对23种主要作物宣布最低支持价格（MSP）以帮助农民应对价格风险，在MSP基础上的国家收购目的是让农民受惠。但是实际执行中，只有稻谷和小麦的最低收购价政策广为人知且得到较好执行。

九、信贷风险

在现实层面，资源有限的农民尤其是小农和边际农等，正规渠道的信贷往往是难以企及的。印度抽样调查办公室对2013年的抽样调查数据显示，农民40%的资金需求来源于民间借贷，印度农业贷款的26%来源于本地放贷者。民间借贷利率通常高于金融机构。2016/2017年，农业信贷与农业GDP的比率上升至40%。农业信贷也存在地区差距问题。在印度东北地区和东部地区，农业信贷非常低。

十、其他风险（市场、政策）

市场风险源于农产品国内外贸易，而这是由政府不时调整农产品贸易和市场政策引起的不确定性导致的。

此外，印度农业面临的多种挑战还包括：农业可持续发展与农民收入调和问题；由于土壤侵蚀、土壤盐渍化和水涝及过度使用化肥造成的土地和水退化问题；

水资源过度取用的问题，特别是在“绿色革命”带，问题尤为严重；气候变化和极端天气问题；人口增长导致人均粮食供应下降的问题；东部印度和东北印度农业增长速度长期以来低于其他地区，这种地区间发展差距过大的问题；糟糕的道路和初级市场基础设施；过度监管；等等。

结 语

印度独立之后农业政策基本目标是实现自给自足，为此实施的各类农业战略、政策均紧扣粮食增产的主题进行。20 世纪 60 年代的“绿色革命”让印度农业走上了粮食产量高增长之路。“绿色革命”的成功使印度基本上实现了主要粮食自给自足的目标，但是伴随而来的农业结构失衡、土地肥力下降、农业基础设施不足、缺乏农业新技术突破以及农业过度管控等问题形成了印度农业增长长时间的束缚。印度政府从 20 世纪 80 年代后期，特别是 90 年代经济改革之后开始进入农业政策调整期。针对农业突出问题推出各类计划。这些计划中，许多由于财政投入有限或者执行力度不够最终导致计划效果并不理想。90 年代经济改革之后，农业增长速度相对于整体经济更加趋缓。这既与农业本身的劣势和相对严格的管控有关，更重要的是，自“绿色革命”以来，印度农业在经历了二十年的增长之后已经达到增长瓶颈，而农业技术却再也没有什么重大的突破，农业增长失去了动能。农业增长停滞堆积下来的多种问题把印度农业推上了“第二次绿色革命”之路。从瓦杰帕伊政府开始，各届政府先后推出了多种农业改革措施。尤其是莫迪总理上台后推出了激进的农业改革措施。虽然这些改革措施最终搁浅，但也引发了印度社会对农业问题的重新审视和广泛讨论。印度农业一方面有着保障国计民生的重要功能，另一方面又背负着生产力低下、基础设施薄弱、投入不足、农民贫困的现实。在现实的各种约束下，传统的发展路径难以使印度农业快速走上现代农业之路。印度信息技术产业的“跨越式”成功经验对农业发展方向无疑有着很好的借鉴。